临水深基坑围护设计与工程案例

顾宽海　肖　望　谢立全　编著

U0250869

同济大学 出版社
TONGJI UNIVERSITY PRESS
·上海·

内 容 提 要

本书基于临水深基坑工程的设计和施工特点，着重论述了临水深基坑工程的计算理论与设计方法，介绍了临水深基坑工程的施工及质量控制方法，以及勘察、设计、施工、监测、环境保护及防汛防潮等应注意的问题，并介绍了6个典型临水深基坑工程案例，反映了深基坑工程建设在临江沿海环境下的新成果与发展趋势。本书由专业设计人员与高校教师合作编著，这不仅加深了理论与实践的结合，也有利于一些工程实际问题的解决，可以给从事临水深基坑工程的设计、施工人员提供很好的参考借鉴。

图书在版编目(CIP)数据

临水深基坑围护设计与工程案例 / 顾宽海，肖望，
谢立全编著. --上海：同济大学出版社，2023.7
ISBN 978 - 7 - 5765 - 0535 - 1

Ⅰ. ①临… Ⅱ. ①顾…②肖… ③谢… Ⅲ. ①深基坑
支护－施工设计－案例 Ⅳ. ①TU46

中国国家版本馆 CIP 数据核字(2023)第 071026 号

临水深基坑围护设计与工程案例

Technical Design and Engineering Cases for Retaining and
Protection of Near-Shore Deep Foundation Excavations

顾宽海　肖　望　谢立全　**编著**

责任编辑：　李　杰
责任校对：　徐春莲
封面设计：　陈益平

出版发行　同济大学出版社　www.tongjipress.com.cn
　　　　　　(地址：上海市四平路1239号　邮编：200092　电话：021-65985622)
经　　销　全国各地新华书店、建筑书店、网络书店
排版制作　南京月叶图文制作有限公司
印　　刷　常熟市华顺印刷有限公司
开　　本　787mm×1092mm　1/16
印　　张　14.5
字　　数　362 000
版　　次　2023 年 7 月第 1 版
印　　次　2023 年 7 月第 1 次印刷
书　　号　ISBN 978 - 7 - 5765 - 0535 - 1
定　　价　88.00 元

前　言

随着我国沿海经济的高速发展,水上工程以及水陆交界区域工程越来越多,尤其是海边土建地下工程、船坞工程、船闸工程、水闸工程、电厂和 LNG 接收站的取水排水工程以及桥墩基础工程等。这些项目的临水深基坑工程处于水陆交界处或直接位于水域环境中,受潮流、波浪、洪水等自然条件的影响,其建设比陆上基坑工程更复杂,其整体稳定控制、地下水渗流控制、变形控制等技术难度更高,甚至成为工程建设成败的关键,因此不能照搬陆上基坑的常规设计与施工方法。

基坑工程是土木工程中经常遇到且最为复杂的技术领域之一,而临水深基坑工程属于结构工程、岩土工程和工程水文的跨学科领域。本书基于临水深基坑工程的设计和施工特点,在总结多个临水深基坑工程设计施工案例的基础上,结合监测分析结果,整理归纳汇编而成,对临水深基坑工程的设计理论及设计方法有较为清晰的认识与把握,可作为勘测、设计、施工等从业人员的参考书,希望对他们有所裨益。基于对临水深基坑工程设计、应用、研究及教学的认识,编著者对全书的内容做了精心的选择与安排。本书具有以下特点:

一、全书共 6 章,按临水深基坑的概述、计算分析理论、设计方法、施工工艺、应注意的问题和典型工程案例的顺序进行编写。

二、主要依据现行行业标准《建筑基坑支护技术规程》(JGJ 120—2012)的条款编写,但考虑到临水深基坑的复杂性,亦参考了上海市工程建设规范《基坑工程技术规范》(DG/TJ 08—61—2018)的相关内容。

三、对于临水深基坑计算分析理论的内容,第 2 章增加了分析算例,有助于读者对计算方法和分析理论的理解。

四、针对典型基坑围护设计和施工方法,第 6 章结合工程案例进行了分析。

五、参考了基坑工程国内外最新研究成果,也融入了编著者的研究成果与设计经验。

全书由顾宽海统稿,各章编写人员如下:第1章由顾宽海、谢立全编写;第2章由谢立全、肖望、陈明阳、叶上扬、司鹏飞、冯光瑞、刘艳双、张雨剑编写;第3章由顾宽海、叶上扬、周旋、陈梦、张勇、刘术俭、肖芳玉编写;第4章由肖望、陈梦、夏俊桥、刘速、隗祖元、张子寅编写;第5章由顾宽海、周旋、叶上扬、谢立全、顾海英、冯光瑞、刘磊、寇佳编写;第6章由顾宽海、程泽坤、陈明阳、谢立全、冯光瑞、田利勇、龙飞编写。整个著书过程得到了中交第三航务工程勘察设计院有限公司、连云港金海岸开发建设有限公司、同济大学等单位的大力支持与热忱协助,确保了图书质量。在此,对所有付出辛勤劳动并给予帮助的同志致以衷心的感谢!

本书虽经多遍审阅校核,可能还存在疏漏与不足之处,恳请读者批评指正。

编著者

2023 年 6 月

目 录

第 1 章 绪 论

1.1 概述

1.1.1 引言

基坑工程是为保证基坑开挖、基坑降水、地下水控制和环境保护等施工技术能安全实施而采取的地下围挡措施,包括工程勘察、围护结构设计与施工、土方开挖与回填、地下水控制、信息化施工及周边环境保护等工作内容,集地质工程、岩土工程、结构工程和工程施工等于一体,是一项复杂的系统工程,广泛应用于建筑、港口、水利、路桥、市政和地下等多个工程领域。

自 20 世纪 80 年代起,随着我国城市地下空间开发的快速发展,基坑工程越来越多,其围护结构形式也不断变化发展,从钢板桩、地下连续墙、排桩围护,发展到水泥土重力式围护墙、土钉墙、SMW 工法桩、环形围护等结构形式。随着一系列规模庞大、超级复杂的高难度基坑工程顺利实施,我国基坑工程设计水平、施工技术手段及基坑开挖变形控制能力不断得到提高,基坑工程安全事故大大减少。同时,为适应时代节能、环保等需要的新技术(如围护结构与主体结构相结合技术、超深水泥土搅拌墙技术、超深地下连续墙技术、预应力装配式型钢组合支撑技术等)迅速进入了工程应用行列,并在有些方面已经达到了国际先进水平。

近年来,随着国民经济与社会需求的不断发展,可利用的土地资源日益减少,越来越多的土地开发转向临江、沿海地区,水上、水陆交界工程项目在我国不断涌现,主要涉及临江沿海的土建地下工程、船坞工程、船闸工程、水闸工程、电厂和 LNG 接收站的取水排水工程、桥墩基础工程等,分属于港口、水利、桥梁等多个领域,作为水上工程建设的基础工程,临水深基坑的重要性逐渐凸显并受到越来越多的关注。临水深基坑由于处于水陆交界处或直接位于水域,工程受波浪、潮流等动荷载作用,面临比陆上更加复杂的自然条件,基坑的整体稳定控制、地下水渗流控制、变形控制等技术要求更高,其往往成为工程建设成败的关键,这也决定了陆上基坑的常规设计与施工方法不适用于水上基坑。在这种背景条件下,急需一本内容综合全面、使用方便、能充分反映当前国内外临水深基坑设计施工技术水平和经验的工具书,给临水深基坑工程设计、施工相关人员提供一个内容丰富、实用好用的基坑工程设计、施工和管理的强有力工具。

1.1.2 临水深基坑的定义

临水基坑,通常是指单边、部分或多边直接临水的基坑围护工程,以及围堰与挡水堤坝内受渗流影响的放坡开挖工程。基坑不直接临水但坑边与水域边线距离小于 5 m 或小于 2 倍基坑开挖深度时,也按临水基坑进行设计。临水深基坑是指开挖深度超过 3 m(含 3 m)的临水基坑工程。临水深基坑的开挖深度是指临水侧的设计高水位或非临水侧地面至坑底的深度,取其大值。临水深基坑周边典型环境条件主要有以下六种(图 1.1):①周边无建筑物;②周边已有深基础建筑物;③周边已有浅基础建筑物;④周边有地下管线;⑤基坑不直接临水;⑥基坑各侧直接临水。

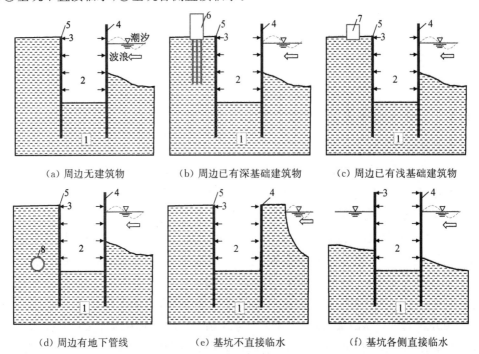

(a) 周边无建筑物   (b) 周边已有深基础建筑物   (c) 周边已有浅基础建筑物

(d) 周边有地下管线   (e) 基坑不直接临水   (f) 基坑各侧直接临水

1—地基;2—基坑;3—内支撑;4—临水侧围护结构;5—临土侧围护结构;
6—深基础建筑物;7—浅基础建筑物;8—地下管线。

图 1.1　临水深基坑周边典型环境条件

临水深基坑的典型工程场景如图 1.2 所示。

(a) 围护结构不直接临水   (b) 围护结构四周直接临水

图 1.2　临水深基坑的工程现场图片

1.1.3 临水深基坑事故

临水深基坑工程由于其临水的特殊性,一旦发生安全事故,补救较难,且往往会导致人员伤亡和重大经济损失。临水深基坑工程导致的工程事故屡见不鲜,如 2003 年 7 月,上海地铁 4 号线浦西联络通道特大涌水事故引起严重地面沉降,黄浦江大堤断裂、周边建筑倒塌,经济损失达 15 亿元。2006 年,武汉临江大道某深基坑工程发生挖方塌方事故,造成人员伤亡和重大经济损失。影响临水深基坑稳定性的因素很多,主要包括基坑工程地质、水文地质、周边环境、降水、基坑开挖面积及深度、围护结构的临水条件等。这些复杂因素的综合影响易导致基坑围护变形、基坑坍塌、坑底水突涌、地下管线位移、附近建筑物倾斜或开裂等险情,从而使得临水深基坑风险更大。

引发该类基坑工程事故的设计风险主要有两个方面:一方面来自土,即计算中过高估计了土体强度,从而致使土压力等荷载的低估,所设计的围护结构不能抵抗坑外荷载;另一方面来自水,比如潮汐引起的作用于临水侧围护结构的水压力、波浪引起的作用于围护结构的波压力和波吸力以及非临水侧的地下水位控制没有达到要求等。因此,要重视临水深基坑的特殊性,控制好临水深基坑工程的风险。

1.2 临水深基坑工程的特殊性

1.2.1 陆上深基坑工程特点

基坑工程是临时性结构工程,包括基坑围护体系设计、施工及土方开挖等内容,其综合程度大、系统性强,对工程的顺利实施起着至关重要的作用,需要岩土工程和结构工程技术人员的密切配合。陆上深基坑工程特点如下。

1. 临时结构,安全储备小

一般情况下,基坑围护作为施工的临时措施,工程地下结构主体施工完毕即意味着围护体系的任务结束。相对永久结构而言,围护结构设计时,除了少数的"两墙合一"围护结构要考虑永久使用荷载外,其他大部分围护结构设计计算时无需考虑永久使用荷载,且在强度、变形、防渗、耐久性等方面的要求也会低于永久结构,再加上建设方对基坑工程认识上的偏差,为降低工程费用,安全储备相对较小。

2. 地域性强,制约因素复杂

基坑工程与工程地质条件、水文地质条件和气象等自然条件联系密切,设计和施工中必须充分了解工程所处的自然条件及其相互影响。基坑工程作为一种岩土工程,受地域影响大,而我国幅员辽阔,地质条件在各地的变化范围很大,有软土、砂性土、砾石土、黄土、膨胀土、红土、风化土和岩石等,这导致各地基坑围护结构的巨大差异。同时,即使是同一种土质,不同的水力特性(含水率、地下水位、是否有承压水)也会导致基坑工程的巨大差异。另外,相邻建筑物、地下构筑物、地下管线及周边环境的容许变形量也是基坑工程的重要制约因素。因此,基坑工程在设计和施工过程中要根据具体的地质条件因地制宜,不可简单搬用不同地区的经验,但可借鉴参考。

3. 综合性强,经验要求高

基坑工程设计、施工不仅要充分掌握岩土工程和结构工程的知识,还要充分掌握其计算方法半理论半经验的特点。同时,基坑工程中设计和施工是密不可分的,设计人员要懂得施工及工程经验,施工人员也要充分了解设计方法及采用的技术标准,设计计算工况与施工实际工况的一致性要得到充分保证。

4. 时空效应强

实践发现,基坑工程具有明显的时空效应。基坑工程的空间大小和形状对围护体系的工作性状具有较大影响。在其他条件相同的情况下,基坑工程的面积大,风险大;形状变化大,风险大;面积相同时,正方形基坑的风险比圆形的大;基坑周边凸角处比凹角处风险大。基坑土方的开挖顺序对基坑围护体系的工作性状也有较大影响。另外,基坑工程具有时间效应,土体(特别是软黏土)所具有的强蠕变特性对作用于围护结构上的土压力、土坡的稳定性和围护结构变形等也有很大的影响,随着土体蠕变的发展,土体的变形增大,抗剪强度降低。因此,在基坑围护结构设计和土方开挖中要重视和利用基坑工程的时空效应。

1.2.2　临水深基坑的特殊性

临水深基坑由于处于水陆交界处或直接位于水域环境中,相比陆上基坑工程,自然条件更加复杂,结构常面临波浪、潮流等动荷载作用,且围护结构具有明显的空间非对称性,更容易发生渗流破坏等险情。临水深基坑既具有陆上深基坑的特点,同时又有其独特的重点、难点问题,总体上包括以下四点。

1. 设计技术标准缺失,技术风险大

临水深基坑虽与陆上深基坑的围护结构、支撑体系等有相似之处,但也有极大的区别,主要在于临水深基坑位于水边或水中,围护结构及支撑体系直接受到动水环境影响,其设计水位和设计波高的取值将决定基坑设计、施工方案。但由于临水深基坑相应设计技术标准不完善,广大设计人员往往按陆上深基坑设计的相应标准去设计,并按自身经验选取设计参数,易造成取值过大或者过小,最终导致工程投资浪费或安全风险增加。

2. 受波浪、潮流等动荷载作用,基坑整体稳定要求高

由于临水深基坑围护受波浪、潮流等动荷载作用,支撑体系会受到往复的拉压作用,这对支撑整体稳定性要求会更高。同时,不同结构面面临的水流、波浪均不相同,会出现坑外土体易受淘刷、受力不均衡等情况以及坑内土体太差而造成变形过大等现象,均需要采取措施来加强基坑整体稳定性、可靠性。

3. 水文条件差,止水、防水技术要求高

临水深基坑建设处于自然环境条件相对恶劣的水岸边或水中,从以往工程案例可知,临水深基坑围护结构不仅常常要直接面临复杂的潮汐、波流动力作用,而且坑底的地下水与坑外水体直接相联系,水源补充丰富,截水、止水、防水等要求比常规基坑更高。止水、防水是临水深基坑设计中的一项重要内容,其成功与否直接关系到工程的成败。

4. 环境条件复杂,围护结构选型难度大

临水深基坑位于水边时,往往会遇到建设堤防等工程留下的大量块石等障碍物;在水中时,其表层往往覆有较深厚的软土层且离陆地有一定距离,这不仅给围护结构方案选择带来困难,也给施工带来极大不便。

1.3　临水深基坑工程发展及展望

随着我国临水空间的不断开发,临水基坑工程的研究与应用越来越受到重视。对于临水基坑所面临的技术难题,上海市《基坑工程技术规范》(DG/TJ 08—61—2018)单独列出一章进行阐述,给出了临水基坑的设计、计算、施工与检测要求,特别强调临水基坑设计与施工应充分考虑防汛、潮位、波浪所产生的影响。不少学者对此也进行了深入研究,并基于过去近 40 年所积累的常规陆地基坑先进变形控制方法、新的施工工艺,提出了一些临水深基坑的先进设计理念与方法。比如,顾宽海等论证了临水深基坑第一道支撑采用现浇钢筋混凝土结构的必要性,提出了冲孔咬合桩结构在临海深基坑深厚抛石地基中的适用性;李小军等提出了坞口建造采用水上钢板桩基坑围护方案;丁勇春等通过对不同施工工况下地下连续墙和复合钢板桩两种围护结构的变形和受力特征进行分析,提出既能满足水上施工作业又能满足变形控制要求的复合钢板桩基坑围护方案;司鹏飞等通过数值模拟论证了临水基坑结构变形的非对称性及临水距离对变形的影响规律;杨志伟和王新通过对某临水深基坑围护进行数值分析,提出临水深基坑的设计关键在于是否合理考虑两侧土压力不平衡和采用可靠的止水降水。

综上可知,临水深基坑的设计理论与工程应用虽然已经取得了长足的进步,但鉴于临水深基坑工程的特殊性,还存在较多的关键技术难题有待进一步研究。近年来,以下四个方面的内容引起了人们广泛的关注。

1. 完善设计技术标准

目前的基坑设计规范标准主要针对陆上基坑进行编写,临水深基坑相应的设计技术标准缺失,广大设计人员往往参考陆上深基坑设计的相应标准进行设计,并按自身经验选取一些设计参数,易造成取值过大或者过小,最终导致工程投资浪费或安全风险增加。因此,完善临水深基坑围护结构及支撑体系的设计水位、设计波高取值等技术标准,显得尤为重要且紧迫。

2. 优化计算理论与方法

临水深基坑围护技术属于交叉学科,其综合性强,理论不成熟,很难用一种或者一套计算理论方法涵盖。其设计与施工面临各种水环境条件下的动荷载作用,常需要考虑不平衡水土压力、循环作用的波浪力、往复变化潮位下的水压力及水流力等。但目前的临水深基坑工程设计计算理论还是主要采用陆上基坑的计算理论,与工程实际情况不完全吻合。如何优化计算理论与方法,提出实用可靠的临水深基坑计算理论与方法,特别是发展充分考虑各种水环境中动荷载作用下的临水深基坑设计理论,将是未来的重要发展方向之一。

3. 发展新型围护结构形式

由于城市用地以及周边环境条件的限制,常常需要充分利用滨水岸线土地进行开发。虽然已有较多的临水基坑围护结构形式得到了应用,但是为了适应复杂环境、满足新的使用要求、方便施工、节省投资,将催生更为高效的临水深基坑新型围护结构形式与施工技术,如何根据工程实际来发展新型围护结构形式,这将是临水深基坑围护技术的重要发展方向之一。

4. 施工标准化、便利化、信息化

临水深基坑施工所处环境条件复杂,施工风险大、难度高。为加快施工进度、降低施工风险、及时获取现场施工状况,进一步研究施工的标准化、便利化、信息化,以便建立信息化施工管理体系,通过对现场施工监测数据的实时分析与预测,动态调整设计与施工工艺,提高施工的安全可靠性。

第2章 临水深基坑计算理论与稳定性分析

　　基坑稳定性分析、围护结构内力与变形计算及其对周围建筑物的影响,是基坑工程设计的重要内容。其中,临水深基坑设计与施工面临各种水环境条件下的动荷载作用,通常需要考虑不平衡水土压力、循环作用的波浪力、往复变化潮位下的水压力及水流力等,其目前的主要设计计算理论还是采用陆上基坑的计算理论,但与工程实际情况不完全吻合,即便如此,有关计算理论对解决这类实际工程问题,仍然具有非常重要的指导意义。本章主要结合临水深基坑特点,介绍其土压力、水力荷载、基坑稳定性验算及围护结构分析等计算理论以及算例分析。

2.1 土压力计算及水土分算与合算

2.1.1 土压力计算

　　土体作用于基坑围护结构上的压力称为土压力,其大小和分布主要与土体的物理力学性质、地下水位状况、墙体位移、地面超载、支撑刚度等有关。基坑围护结构上的土压力计算是基坑围护工程设计的必要步骤。

　　根据围护结构的位移方向和大小的不同,存在三个特定的土压力值:静止土压力 E_0、主动土压力 E_a、被动土压力 E_p,如图 2.1 所示。

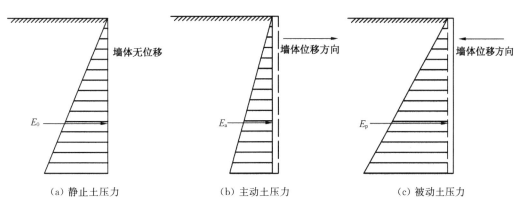

（a）静止土压力　　　　　（b）主动土压力　　　　　（c）被动土压力

图 2.1　三个特定的土压力示意图

（1）静止土压力 E_0：围护结构（墙体）静止不动，在土压力的作用下不向任何方向发生移动，墙后土体处于弹性平衡状态，作用在围护结构上的土压力称为静止土压力。

（2）主动土压力 E_a：若围护结构（墙体）在土压力的作用下背离土体方向移动，墙后土压力逐渐减小，当围护结构偏移到一定程度，墙后土体达到主动极限平衡状态时，作用在围护结构上的土压力称为主动土压力。

（3）被动土压力 E_p：若围护结构（墙体）在外力作用下向土体方向偏移，墙后土压力逐渐增大，当围护结构偏移至土体达到被动极限平衡状态时，作用在围护结构上的土压力称为被动土压力。

1. 静止土压力计算（图 2.2）

在土体表面下任意深度 z 处的静止土压力可按以下方法计算。

1）静止土压力压强 P_0

$$P_0 = \gamma z K_0 \qquad (2.1)$$

2）静止土压力合力 E_0

$$E_0 = \frac{1}{2} \gamma H^2 K_0 \qquad (2.2)$$

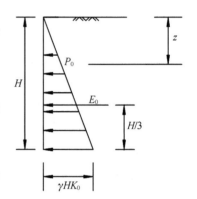

图 2.2 静止土压力分布图

式中　γ——土的重度（kN/m³）；

　　　z——计算点深度（m）；

　　　H——围护墙高度（m）；

　　　K_0——计算点处土的静止土压力系数。

静止土压力系数 K_0 是计算静止土压力的关键参数，通常优先考虑通过室内 K_0 试验测定，其次可采用现场旁压试验或扁胀试验测定，在无试验条件时，可按经验方法确定。

砂性土：

$$K_0 = 1 - \sin \varphi' \qquad (2.3)$$

黏性土：

$$K_0 = 0.95 - \sin \varphi' \qquad (2.4)$$

$$\varphi' = 0.7(c + \varphi) \qquad (2.5)$$

式中　c——土的黏聚力（kPa）；

　　　φ——土的内摩擦角（°）；

　　　φ'——土的有效内摩擦角（°）。

2. 主动土压力计算（图 2.3）

1）朗肯主动土压力压强 P_a

无黏性土：

$$P_a = \gamma z K_a \qquad (2.6)$$

黏性土：

$$P_a = \gamma z K_a - 2c\sqrt{K_a} \qquad\qquad (2.7)$$

$$K_a = \tan^2\left(45° - \frac{\varphi}{2}\right) \qquad\qquad (2.8)$$

式中 K_a——主动土压力系数。

对于黏性土，由式(2.7)可知其土压力分为两项，其中一项是由土体自重产生的土压力，另一项是由黏聚力 c 引起的负侧压力（可视为拉力）。由图 2.3(b) 可以看出，墙后土压力在 z_0 深度以上出现负值，这表明在 z_0 深度以上，土的黏聚力对围护结构产生拉应力，但实际上土体不会对围护结构产生拉应力，在 z_0 深度以上可认为土体对围护结构的土压力为零。

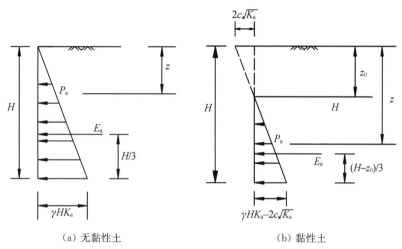

（a）无黏性土 （b）黏性土

图 2.3 主动土压力分布图

2）朗肯主动土压力合力 E_a

无黏性土：

$$E_a = \frac{1}{2}\gamma H^2 K_a \qquad\qquad (2.9)$$

黏性土：

$$E_a = \frac{1}{2}\gamma(H - z_0)^2 K_a \qquad\qquad (2.10)$$

式中，

$$z_0 = \frac{2c}{\gamma\sqrt{K_a}} \qquad\qquad (2.11)$$

3. 被动土压力计算（图 2.4）

1）朗肯被动土压力压强 P_p

无黏性土：

$$P_p = \gamma z K_p \qquad\qquad (2.12)$$

黏性土：

$$P_p = \gamma z K_p + 2c\sqrt{K_p} \tag{2.13}$$

$$K_p = \tan^2\left(45° + \frac{\varphi}{2}\right) \tag{2.14}$$

式中 K_p——被动土压力系数。

2）朗肯被动土压力合力 E_p

无黏性土：

$$E_p = \frac{1}{2}\gamma H^2 K_p \tag{2.15}$$

黏性土：

$$E_p = \frac{1}{2}\gamma H^2 K_p + 2cH\sqrt{K_p} \tag{2.16}$$

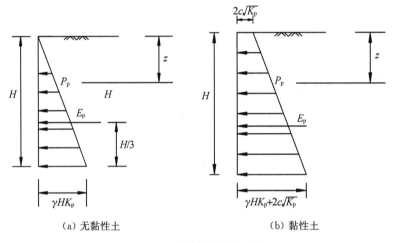

（a）无黏性土 　　　　　　　（b）黏性土

图 2.4　被动土压力分布图

2.1.2　水土分算与合算

基坑工程设计经过多年的发展，一般认为地下水位以下的黏性土土体侧压力采用水土合算，地下水位以下的砂性土土体侧压力采用水土分算。

水土分算原则即分别计算土压力和水压力，二者之和为总的侧压力。这一原则适用于土孔隙中存在自由重力水的情况或者土的渗透性较好的情况，一般适用于砂土、卵石和块石。

水土合算原则认为土孔隙中不存在自由重力水，而是存在结合水，它不传递静水压力，以土粒与其孔隙水共同组成的土体作为对象，直接用土的饱和重度计算侧压力，这一原理一般适用于黏土和粉土。

但有的学者指出,采用水土合算违背了土体有效应力原理。按照有效应力原理,土中骨架应力与水压力应分别考虑。水土合算方法低估了主动状态中的水压力,高估了被动状态中的水压力,偏于不安全;水土分算概念清楚,但在实际应用中存在有效指标确定困难等问题。因此,在临水深基坑水土压力计算中,无论采用哪一种计算原则,都应选用与其相匹配的参数取值。

1. 水土压力分算(图 2.5)

采用水土分算时,作用在围护结构上的侧压力可采用以下方法计算。

地下水位以上部分:

$$P_a = \gamma z K_a \tag{2.17}$$

地下水位以下部分:

$$P_a = K_a [\gamma H_1 + \gamma'(z - H_1)] + \gamma_w(z - H_1) \tag{2.18}$$

式中　H_1——地面与地下水位处距离;

　　　z——计算点与地面距离;

　　　γ——土的天然重度;

　　　γ'——土的浮重度;

　　　γ_w——水的重度。

需注意的是,计算 K_a 应采用土的有效抗剪强度指标 c' 和 φ',这样才能与土的有效自重应力 γ'_z 相匹配。

一般认为砂质土宜采用这种计算模式,实际上只有当墙插入深度很深,墙底进入绝对不透水层,而且墙体接缝滴水

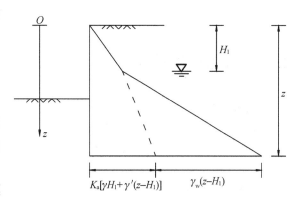

图 2.5　水土分算示意图

不漏时,才符合这种计算模式。由于围护体接缝、桩之间的土及底部向坑底渗漏现象的存在,以及渗透系数不大于 10^{-4} cm/s 的黏性土和围护体接触面很难累积重力水,现场实测的孔隙水压力均明显低于静水压力值。

在实际应用中,经常会面临一些问题和困难,比如有效指标 c' 和 φ' 的确定困难等。因此,在应用这种方法进行水土压力计算时,可采用总应力指标,之后再将土压力和水压力结合起来进行分析。

2. 水土压力合算(图 2.6)

采用水土合算时,作用在围护结构上的侧压力可采用以下方法计算。

地下水位以上部分:

$$P_a = \gamma z K_a \tag{2.19}$$

地下水位以下部分:

$$P_a = K'_a [\gamma H_1 + \gamma_{sat}(z - H_1)] \tag{2.20}$$

式中　γ_{sat} —— 土的饱和重度；

　　　K_a' —— 水位以下土的主动土压力系数，计算 K_a' 时，土体的强度指标应取总应力指标 c 和 φ 进行计算。

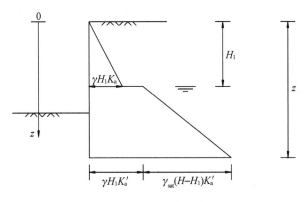

图 2.6　水土合算示意图

2.2　水力荷载计算

临水深基坑面临着各种水环境条件下的动荷载作用，需考虑循环作用的波浪力、往复变化潮位下的水压力及水流力等水力荷载。因此，本节不仅对渗流影响下的静水压力计算理论进行分析，同时还对波浪力、水流力等水力荷载的计算原理进行介绍。

2.2.1　水压力分布与计算

1. 不考虑渗流作用

不考虑地下水渗流作用时，水压力通常按静水压力考虑。在主动区，基坑内地下水位以上，水压力呈三角形分布；基坑内地下水位以下，考虑主动区与被动区静水压力抵消后，水压力呈矩形分布，如图 2.7 所示。

围护结构两侧作用的水压力，在侧压力中占有很大的比例，尤其在软土地基中地下水位较高的情况下，要比作用的土压力大。当基坑围护结构中隔水帷幕进入地基土中的相对不透水层，且有一定深度，能满足抗渗流稳定性要求，隔水帷幕能形成连续封闭的基坑防渗止水系统时，基坑内外地下水的作用可按静水压力直线分布计算，不考虑渗流作用对水压力的影响。在软土地区，常以地基土的渗透系数大小来划分其渗透性的强弱程度。当土层的渗透系数小于 10^{-6} cm/s 时，可看作相对不透水层。

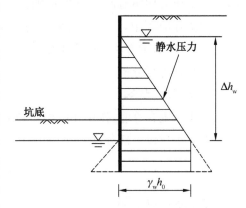

图 2.7　不考虑地下水渗流作用时的水压力分布模式

2. 考虑渗流作用

当隔水帷幕下地基土透水性很强，且坑内外存在水头差时，基坑开挖后，在渗透作用下，地下水将从坑外绕过帷幕底渗入坑内。由于水流阻力的作用，作用水头沿程降低，坑外、坑内的水压力强度呈现不同程度的变化，坑外作用于帷幕上的水压力强度将减小，而坑内作用于帷幕上的水压力强度将增大。在这种情况下，计算中应考虑渗流作用对水压力带来的影响。当考虑地下水渗流作用时，作用于围护墙上的水压力可按照以下近似方法计算。

1）流网法

在很多情况下，比如围护范围内或者围护体以下存在多个含水层的条件下，地层实际上处于渗流状态，渗流矢量的竖直分量十分明显。这种情况将造成渗流场的压力水头或孔隙水压力分布状态比较复杂，此时，作用于围护结构的水压力将不再是静水压力，而是由渗流造成的压力水头。在这种条件下，通常需要进行渗流分析，并采用流网法计算水压力。

采用流网法计算水压力应先根据基坑的渗流条件作出流网图，如图 2.8（a）所示。按流网计算的墙前与墙后水压力分布如图 2.8（b）所示，作用于墙体上的总水压力如图中阴影线部分所示。而作用在墙体不同高程 z 处的渗透水压力 P_w 可用其压力水头形式表示。

$$\frac{P_w}{\gamma_w} = xh_0 + h' - z \tag{2.21}$$

式中　x——某一点的总水头差 h_0 剩余百分数（或比值），从流网图中读出；

　　　z——某一点的高程；

　　　h'——坑底水位高程；

　　　h_0——总水头差。

画流网图计算水压力的方法较为合理，但要绘制多层土的流网非常困难，故这种方法的适用性受到一定的限制。

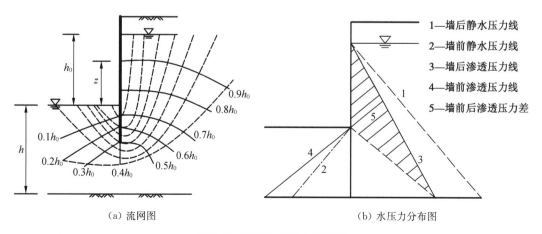

（a）流网图　　　　　　　　（b）水压力分布图

1—墙后静水压力线
2—墙前静水压力线
3—墙后渗透压力线
4—墙前渗透压力线
5—墙前后渗透压力差

图 2.8　流网及水压力分布图

无论何种围护体都有纵横接缝,流网图不能反映这些接缝对渗透性的影响,但按流网图计算的水压力一般是偏于安全的。

2) 直线比例法

工程中还常采用一种按渗径由直线比例关系确定各点水压力的简化方法。如图2.9所示,作用于围护墙上的水压力分布按以下方法计算。

基坑内地下水位以上 A、B 两点之间的水压力按静水压力直线分布,B、C、D、E 各点的水压力按图2.9(b)的渗径由直线比例法确定。

确定计算深度:设防渗帷幕墙时,计算至防渗帷幕墙底;围护墙自防水时,计算至围护墙底。

计算渗流时,水压力可近似采用直线比例法,即假定渗流中水头损失是沿围护墙渗流轮廓线均匀分配的,其计算公式为

$$H_i = \frac{S_i}{L} h_0 \qquad (2.22)$$

式中　H_i—— 围护墙轮廓线上某点 i 的渗流总水头;

　　　L—— 经折算后围护墙轮廓的渗流总长度;

　　　S_i—— 自 i 点沿围护墙轮廓至渗径终点的换算长度;

　　　h_0—— 基坑内外侧水头差。

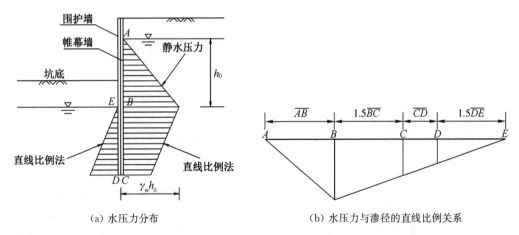

(a) 水压力分布　　　　　　　　(b) 水压力与渗径的直线比例关系

图 2.9　直线比例法

3) 数值模拟方法

基坑降水将引起地下水的三维渗流,往往具有复杂的边界,并存在渗透各向异性等问题,较难有解析解,常采用数值模拟方法求解。目前用于求解渗流问题的数值模拟方法有有限差分法(FDM)、有限单元法(FEM)和边界单元法(BEM)等,其中有限单元法应用较为广泛。

(1) 有限差分法

在近似水平展布的饱和含水层中,在重力作用下,地下水的运动可以看作二维平面运

动。常见的二维地下潜水在各向同性介质中非稳定流的方程式如下。

边界条件：

$$\frac{\partial}{\partial x}\left(kM\frac{\partial h}{\partial x}\right)+\frac{\partial}{\partial y}\left(kM\frac{\partial h}{\partial y}\right)+\varepsilon(x,y,t)=\mu\frac{\partial h}{\partial t},\ (x,y)\in D,\ t>0 \quad (2.23)$$

初始时刻：

$$h(x,y,0)=h_0(x,y),\ (x,y)\in D,\ t=0 \quad\quad (2.24)$$

水头边界条件：

$$h\mid_{\Gamma_1}=\bar{h}(x,y,t),\ (x,y)\in\Gamma_1,\ t>0 \quad\quad (2.25)$$

流量边界条件：

$$kM\frac{\partial h}{\partial n}\mid_{\Gamma_2}=q(x,y,t),\ (x,y)\in\Gamma_2,\ t\geqslant0 \quad\quad (2.26)$$

式中　D——求解区域；

　　　Γ_1，Γ_2——水头边界条件和流量边界条件；

　　　h_0——各点的初始水位；

　　　M——含水层的厚度；

　　　k——渗透系数；

　　　μ——给水度；

　　　$\varepsilon(x,y,t)$——源函数，表示地下水的垂直补给；

　　　$\bar{h}(x,y,t)$，$q(x,y,t)$——已知水头边界条件和已知流量边界条件。

（2）有限单元法

有限单元法是把流动区域离散成有限数目的小单元，用单元函数逼近总体函数，适用于多种边界、非均质地层、各向异性介质、移动的边界（用连续变化的网格表示）、自由表面分界面、变形介质和多相流等的地下水计算，大多数工程地下水问题都可以用有限单元法求解。采用有限单元法时，先决条件是被研究区域必须有边界，且要已知若干边界条件，很多工程问题发生在无边界含水层，求解这类渗流场就可能需要采用势函数等其他方法。

（3）边界单元法

边界单元法需要准备的原始数据较简单，只需要对区域的边界进行剖分和数值计算等，具有降维、可解决奇异性问题、特别适合解决无限域问题以及远场精度高等优点。一旦求得边界值，就可以由积分表达式解析地求出域内解，处处连续，精度较高。边界单元法的主要缺点是它的应用范围以存在相应微分算子的基本解为前提，对于非均匀介质等问题难以应用，故其适用范围远不如有限单元法广泛，而且通常由它建立的求解代数方程组的系数阵是非对称满阵，对解题规模产生较大限制。对一般的非线性问题，由于在方程中会出现域内积分项，从而部分抵消了边界单元法只要离散边界的优点。

2.2.2 波浪力及水流力计算

受波浪、潮汐、水流影响的临水深基坑,其作用力的计算与波态、波要素、水深、入射角等因素有关,较为复杂。波浪力可参考国家现行规范《港口与航道水文规范》(JTS 145—2015)计算,水流力可按国家现行规范《港口工程荷载规范》(JTS 144—1—2010)计算。

1. 波浪力

作用于图 2.10 所示的板式临水基坑建筑物上的波浪可分为立波、远破波和近破波三种波态,波态的区分可按表 2.1 确定。

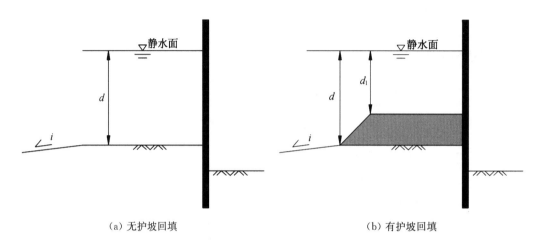

（a）无护坡回填　　　　　　　　　　　　（b）有护坡回填

图 2-10　临水基坑围护结构示意图

表 2.1　　　　　　　　　　　　板式临水基坑建筑物前的波态

坑外回填类型	产生条件	波态
低回填体 $\left(\dfrac{d_1}{d} > \dfrac{2}{3}\right)$	$\overline{T}\sqrt{g/d} < 8,\ d \geqslant 2H$ $\overline{T}\sqrt{g/d} \geqslant 8,\ d \geqslant 1.8H$	立波
	$\overline{T}\sqrt{g/d} < 8,\ d < 2H,\ i \leqslant 1/10$ $\overline{T}\sqrt{g/d} \geqslant 8,\ d < 1.8H,\ i \leqslant 1/10$	远破波
中回填体 $\left(\dfrac{1}{3} < \dfrac{d_1}{d} \leqslant \dfrac{2}{3}\right)$	$d_1 \geqslant 1.8H$	立波
	$d_1 < 1.8H$	近破波
高回填体 $\left(\dfrac{d_1}{d} \leqslant \dfrac{1}{3}\right)$	$d_1 \geqslant 1.5H$	立波
	$d_1 < 1.5H$	近破波

注：H—建筑物所在处行进波的波高(m)；L—波长(m)；$\overline{T}$—波浪平均周期(s)；g—重力加速度(m/s²)；d—建筑物前水深(m)；d_1—坑外回填体上水深(m)；i—建筑物前水底坡度。

各种情况下的波浪力可按表 2.2 计算获得。

表 2.2　　　　　　　　　　　　波浪力计算公式

分类情况	计算图示	计算公式
立波 $d \geqslant 1.8H$ $d/L =$ $0.05 \sim 0.139$	波峰作用 静水面 P_{ac} η_c P_{oc} h_c P_c P_{bc} d $d/2$ P_{dc} i	静水面以上 h_c 处的波面压力: $\dfrac{h_c}{d} = \dfrac{2\eta_c/d}{n+2}$ $\dfrac{\eta_c}{d} = B_\eta (H/d)^m$ $B_\eta = 2.3104 - 2.5907 T_*^{-0.5941}$ $m = T_* / (0.00913 T_*^2 + 0.636 T_* + 1.2515)$ $T_* = \overline{T} \sqrt{g/d}$ $\dfrac{P_{ac}}{\gamma d} = \dfrac{P_{oc}}{\gamma d} \cdot \dfrac{2}{(n+1)(n+2)}$ $n = \max \{ 0.636618 + 4.23264 (H/d)^{1.67}, 1.0 \}$ $\dfrac{P}{\gamma d} = A_p + B_p (H/d)^q$ 单位长度墙身上总波浪力计算公式: $\dfrac{P_c}{\gamma d^2} = \dfrac{1}{4}\left[2\dfrac{P_{ac}}{\gamma d} \cdot \dfrac{\eta_c}{d} + \dfrac{P_{oc}}{\gamma d}\left(1 + \dfrac{2h_c}{d}\right)\right.$ $\left. + \dfrac{2P_{bc}}{\gamma d} + \dfrac{P_{dc}}{\gamma d} \right]$ 单位长度墙身上的水平总波浪力矩: $\dfrac{M_c}{\gamma d^3} = \dfrac{P_{ac}}{2\gamma d} \cdot \dfrac{\eta_c}{d}\left[1 + \dfrac{1}{3}\left(\dfrac{\eta_c}{d} + \dfrac{h_c}{d}\right)\right]$ $+ \dfrac{P_{oc}}{24\gamma d}\left[5 + \dfrac{12h_c}{d} + 4\left(\dfrac{h_c}{d}\right)^2\right]$ $+ \dfrac{P_{bc}}{4\gamma d} + \dfrac{P_{dc}}{24\gamma d}$
	波谷作用 静水面 η_t P_t P_{ot} d P_{dt} i	波面高程: $\dfrac{\eta_t}{d} = A_p + B_p (H/d)^q$ 波压力强度: $\dfrac{P}{\gamma d} = A_p + B_p (H/d)^q$ $A_p = A_1 + A_2 T_*^\alpha$ $B_p = B_1 + B_2 T_*^\beta$ $q = a T_*^b \, \mathrm{e}^{cT_*}$ 单位长度墙身上的水平总波浪力: $\dfrac{P_t}{\gamma d^2} = \dfrac{1}{2}\left[\dfrac{P_{ot}}{\gamma d} + \dfrac{P_{dt}}{\gamma d}\left(1 + \dfrac{\eta_t}{d}\right)\right]$

分类情况	计算图示	计算公式
立波 $H/L \geqslant 1/30$ $d/L = 0.139 \sim 0.2$	波峰作用 	波浪中线超高：$h_s = \dfrac{\pi H^2}{L} \operatorname{ch} \dfrac{2\pi d}{L}$ 静水面处波浪压力强度：$P_s = (P_d + \gamma d)\dfrac{H + h_s}{d + H + h_s}$ 静水面以上$(H + h_s)$处波浪压力强度为零； 水底处波浪压力强度：$P_d = \dfrac{\gamma H}{\operatorname{ch}\dfrac{2\pi d}{L}}$ 墙底处波浪压力强度：$P_b = P_s - (P_s - P_d)\dfrac{d_1}{d}$ 单位长度墙身上的总波浪力： $$P = \frac{(H + h_s + d_1)(P_b + \gamma d_1) - \gamma d_1^2}{2}$$
	波谷作用 	水底处波浪压力强度：$P'_d = \dfrac{\gamma H}{\operatorname{ch}\dfrac{2\pi d}{L}}$ 静水面处波浪压力强度为零； 墙底处波浪压力强度： $$P'_b = P'_s - (P'_s - P'_d)\frac{d_1 + h_s - H}{d + h_s - H}$$ 静水面以下深度$(H - h_s)$处波浪压力强度： $$P'_s = \gamma(H - h_s)$$ 单位长度墙身上的总波浪力： $$P' = \frac{\gamma d_1^2 - (d_1 + h_s - H)(\gamma d_1 - P'_b)}{2}$$
立波 $H/L \geqslant 1/30$ $0.2 < d/L < 0.5$	波峰作用 	静水面以上高度 h 处波浪压力强度为零； 静水面处波浪压力强度：$P_s = \gamma H$ 水底处波浪压力强度： $$P'_d = \frac{\gamma H}{\operatorname{ch}\dfrac{2\pi d}{L}}$$ 墙底处波浪压力强度： $$P_b = \gamma H \frac{\operatorname{ch}\dfrac{2\pi(d - d_1)}{L}}{\operatorname{ch}\dfrac{2\pi d}{L}}$$ 静水面以下深度 z 处波浪压力强度： $$P_z = \gamma H \frac{\operatorname{ch}\dfrac{2\pi(d - z)}{L}}{\operatorname{ch}\dfrac{2\pi d}{L}}$$ 单位长度墙身上的总波浪力： $$P = \frac{1}{2}\gamma H^2 + \frac{\gamma H L}{2\pi}\left[\operatorname{th}\frac{2\pi d}{L} - \frac{\operatorname{sh}\dfrac{2\pi(d - d_1)}{L}}{\operatorname{ch}\dfrac{2\pi d}{L}}\right]$$
	波谷作用（参照第二种情况）	由第二种情况的波谷计算公式计算即可。静水面以下深度 $z = L/2$ 处的波浪压力强度可取零

（续表）

分类情况	计算图示	计算公式
远破波	**正向波波峰作用** 	静水面处波浪压力强度： $$P_s = \gamma K_1 K_2 H$$ 静水面以下深度 $z = H/2$ 处波浪压力强度： $$P_z = 0.7 P_s$$ 水底处波浪压力强度： $$\begin{cases} P_d = 0.6 P_s, & d/L \leqslant 1.7 \\ P_d = 0.5 P_s, & d/L > 1.7 \end{cases}$$ 斜向作用时，对正向作用计算出的波浪力进行折减，折减系数为 $$k_p = \frac{1 + \cos(\beta - 22.5)}{2}$$
	正向波波谷作用 	静水面以下深度 $z = H/2$ 处至水底波浪压力强度： $$P = 0.5\gamma H$$
近破波	**正向波波峰作用** 	静水面以上高度 z 处波浪压力强度为零： $$z = \left(0.27 + 0.53\frac{d_1}{H}\right)H$$ 静水面处的波浪压力强度： 当 $\frac{1}{3} < \frac{d_1}{d} < \frac{2}{3}$ 时， $$P_s = 1.25\gamma H\left(1.8\frac{H}{d_1} - 0.16\right)\left(1 - 0.13\frac{H}{d_1}\right)$$ 当 $\frac{1}{4} < \frac{d_1}{d} < \frac{1}{3}$ 时， $$P_s = 1.25\gamma H\left[\left(13.9 - 36.4\frac{d_1}{d}\right)\left(\frac{H}{d_1} - 0.67\right) + 1.03\right]\left(1 - 0.13\frac{H}{d_1}\right)$$ 墙底处波浪压力强度： $$P_b = 0.6 P_s$$ 单位长度墙身上的总波浪力： 当 $\frac{1}{3} < \frac{d_1}{d} < \frac{2}{3}$ 时， $$P = 1.25\gamma H d_1\left(1.9\frac{H}{d_1} - 0.17\right)$$ 当 $\frac{1}{4} < \frac{d_1}{d} < \frac{1}{3}$ 时， $$P = 1.25\gamma H d_1\left[\left(14.8 - 38.8\frac{d_1}{d}\right)\left(\frac{H}{d_1} - 0.67\right) + 1.1\right]$$

注：A_p，B_p，q 等参数详见《港口与航道水文规范》（JTS 145—2015）。

2. 水流力

作用于基坑围护结构上的水流力标准值可按下式计算：

$$F_w = C_w \frac{\rho}{2} V^2 A \tag{2.27}$$

式中 F_w——水流力标准值(kN)；

  C_w——水流阻力系数；

  ρ——水密度(t/m^3)，淡水取 1.0 t/m^3，海水取 1.025 t/m^3；

  V——水流设计流速(m/s)；

  A——计算构件在与流向垂直平面上的投影面积(m^2)。

临水深基坑迎水侧水流力可考虑采用倒三角形分布，即式(2.27)中水流力作用点作用于水面下 1/3 水深处。水流阻力系数如表 2.3 所示。

表 2.3 水流阻力系数

	长/宽			
矩形	1.0	1.5	2.0	≤3.0
	1.50	1.45	1.30	1.10
圆形	0.73			

此外，若考虑临时基坑受斜向水流作用的影响，水流阻力系数可乘以影响系数 m，m 按表 2.4 取值。

表 2.4 受斜向水流作用的影响系数

名称	简图	m 取值				
圆端		$\alpha/(°)$	0	5	10	15
		m	1.0	1.13	1.25	1.37
方形		$\alpha/(°)$	0	10	20	30	45
		m	1.0	0.67	0.67	0.71	0.75

2.3 临水深基坑围护结构稳定性验算

基坑稳定性验算是指分析基坑周围土体或土体与围护体系一起保持稳定的能力。基坑围护桩插入深度太浅，或围护结构强度不够，或土体强度不足等，都可能引起基坑失稳破坏。工程实践表明，不同基坑围护形式因作用机理不同而具有不同的破坏形式。因此，为避免基坑倒塌破坏等失稳现象的发生，需要进行稳定性验算。稳定性验算的主要内容包括整体稳定性验算、坑底抗隆起稳定性验算、抗倾覆稳定性验算、抗渗流稳定性验算、抗承压水稳定性验算等。本节相关计算公式及参数主要参照上海市工程建设规范《基坑工程技术标准》(DG/TJ 08—61—2018)。

2.3.1　整体稳定性验算

基坑围护体系整体稳定性验算的目的就是要防止基坑围护结构与周围土体发生整体滑动失稳破坏,在基坑围护设计中是需要经常考虑的一项验算内容。

圆弧滑动法是整体稳定性验算的经典方法,主要针对采用放坡开挖、悬臂式、双排桩支挡结构基坑的验算。当采用圆弧滑动法验算板式支护基坑的整体稳定性时,应注意围护结构一般有内支撑或外锚拉结构、墙面垂直的特点,不同于边坡稳定验算的圆弧滑动法,滑动面的圆心一般在挡墙上方,靠坑内侧附近。通过试算确定最危险的滑动面和最小安全系数。考虑内支撑作用时,通常不会发生整体稳定破坏。基坑整体稳定性分析中比较常用的是基于极限平衡理论的条分法。条分法分析边坡稳定性在力学上是超静定的,因而在应用时一般要对条间力作各种各样的假定,由此也产生了不同的验算方法,包括瑞典圆弧法、简化毕肖普法、力平衡法。下面介绍比较成熟的、在工程界已积累丰富经验的瑞典圆弧法。

瑞典圆弧法又称整体圆弧法,由瑞典的彼得森于 1915 年提出。该方法基于极限平衡原理,假定土体滑动面呈圆弧形,取圆弧滑动面以上的滑动体为脱离体,把滑裂土体

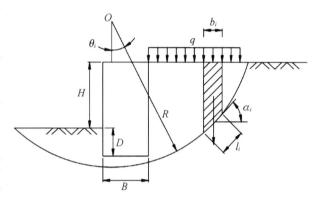

图 2.11　圆弧滑动面

当作刚体绕圆心旋转,并且忽略滑动土体内部的相互作用力,如图 2.11 所示。稳定性计算公式如下:

$$\gamma_s \left[\sum_{i=1}^{n} (q_{ki}b_i + W_{ki}) \sin \alpha_i \right] \leqslant \frac{1}{\gamma_{RZ}} \left[\sum_{i=1}^{n} c_{ki}l_i + \sum_{i=1}^{n} (q_{ki}b_i + W_{ki}) \cos \alpha_i \tan \varphi_{ki} \right]$$

$$(2.28)$$

式中　γ_s——作用分项系数,取 1.0。

　　　l_i——第 i 条土条沿滑弧面的弧长(m),$l_i = b_i / \cos \alpha_i$。

　　　q_{ki}——第 i 条土条处的地面超载标准值(kN/m),对位于坑内的土条一般取 $q_{ki} = 0$。

　　　n——划分土条的个数。

　　　b_i——第 i 条土条的宽度(m)。

　　　W_{ki}——第 i 条土条的自重标准值(kN)。当不考虑渗流作用时,坑底地下水位以上取天然重度,坑底地下水位以下取浮重度;当考虑渗流作用时,坑底地下水位与坑外地下水位范围内的土体重度在计算滑动力矩时取饱和重

度,在计算抗滑动力矩时取浮重度。

α_i——第 i 条滑弧中点的切线与水平线的夹角(°)。

c_{ki},φ_{ki}——第 i 条土条滑动面上土的黏聚力标准值(kPa)和内摩擦角标准值(°)。

γ_{RZ}——整体稳定性分项系数。对于水泥土重力式围护,取1.45;对于板式围护体系,不计支撑或锚拉力的作用,且考虑渗流作用时,取1.25;对于放坡开挖基坑,取1.3。

2.3.2 坑底抗隆起稳定性验算

板式围护基坑按墙底地基承载力模式验算坑底抗隆起稳定性时,应符合下列公式要求,计算图示见图2.12。

$$\gamma_s\left[\gamma_{01}(H+D)+q_k\right]\leqslant\frac{1}{\gamma_{RL}}(\gamma_{02}DN_q+c_kN_c) \quad (2.29)$$

$$N_q=e^{x\tan\varphi_k}\tan^2\left(45°+\frac{\varphi_k}{2}\right) \quad (2.30)$$

$$N_c=\frac{N_q-1}{\tan\varphi_k} \quad (2.31)$$

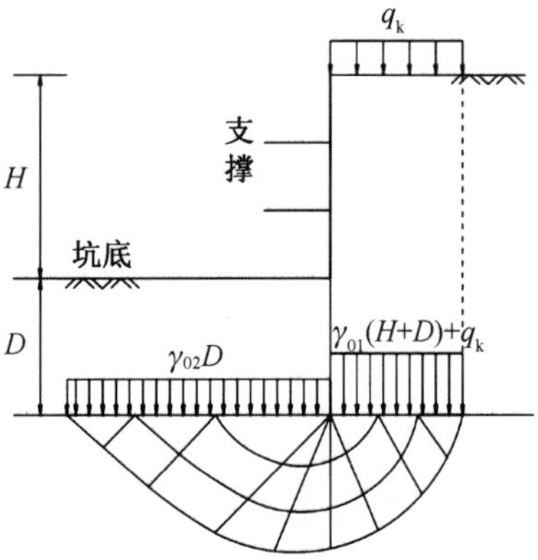

图 2.12 坑底抗隆起的地基承载力模式验算简图

式中 γ_{01}——坑外地表至基坑围护墙底各土层天然重度的加权平均值(kN/m³);

γ_{02}——坑内开挖面至基坑围护墙底各土层天然重度的加权平均值(kN/m³);

H——基坑开挖深度(m);

D——围护墙在基坑开挖面以下的入土深度(m);

q_k——坑外地面超载标准值(kPa);

N_q,N_c——地基土的承载力系数;

c_k,φ_k——基坑围护墙底地基土黏聚力标准值(kPa)和内摩擦角标准值(°);

γ_{RL}——抗隆起分项系数,一级安全等级基坑工程取2.5,二级安全等级基坑工程取2.0,三级安全等级基坑工程取1.7。

板式围护体系按圆弧滑动模式验算绕最下道内支撑点的抗隆起稳定性时,应符合下列公式要求,计算图示见图2.13。

$$\gamma_S M_{SLk}\leqslant\frac{M_{RLk}}{\gamma_{RL}} \quad (2.32)$$

$$M_{RLk}=M_{sk}+\sum_{j=1}^{n_2}M_{RLkj}+\sum_{m=1}^{n_3}M_{RLkm} \quad (2.33)$$

$$M_{SLk}=M_{SLkq}+\sum_{i=1}^{n_1}M_{SLki}+\sum_{j=1}^{n_4}M_{SLkj} \quad (2.34)$$

$$M_{\mathrm{RLL}j} = \int_{\alpha_A}^{\alpha_B} \big[(q_{1\mathrm{fk}} + \gamma D' \sin\alpha - \gamma H_A + \gamma h_0') \sin^2\alpha \tan\alpha_k +$$
$$(q_{1\mathrm{fk}} + \gamma D' \sin\alpha - \gamma H_A + \gamma h_0') \cos^2\alpha K_\mathrm{a} \tan\varphi_k + c_k \big] D'^2 \mathrm{d}\alpha \qquad (2.35)$$

$$M_{\mathrm{RLk}n} = \int_{\alpha_A}^{\alpha_B} \big[(q_{2\mathrm{fk}} + \gamma D' \sin\alpha - \gamma H_A + \gamma h_0') \sin^2\alpha \tan\varphi_k +$$
$$(q_{2\mathrm{fk}} + \gamma D' \sin\alpha - \gamma H_A + \gamma h_0') \cos^2\alpha K_\mathrm{a} \tan\varphi_k + c_k \big] D'^2 \mathrm{d}\alpha \qquad (2.36)$$

$$M_{\mathrm{SLkq}} = \frac{1}{2} q_k D'^2 \qquad (2.37)$$

$$M_{\mathrm{SLk}i} = \frac{1}{2} \gamma D'^2 (H_B - H_A) \qquad (2.38)$$

$$M_{\mathrm{SLL}j} = \frac{1}{2} \gamma D'^3 \left[\left(\sin\alpha_B - \frac{\sin^3\alpha_B}{3} \right) - \left(\sin\alpha_A - \frac{\sin^3\alpha_A}{3} \right) \right] \qquad (2.39)$$

$$K_\mathrm{a} = \tan^2\left(\frac{\pi}{4} - \frac{\varphi_k}{2} \right) \qquad (2.40)$$

$$\alpha_A = \arctan\left[\frac{H_A - h_0'}{\sqrt{D'^2 - (H_A - h_0')^2}} \right] \qquad (2.41)$$

$$\alpha_B = \arctan\left[\frac{H_B - h_0'}{\sqrt{D'^2 - (H_B - h_0')^2}} \right] \qquad (2.42)$$

式中　M_{sk}——围护墙的容许力矩标准值（kN・m/m）；

M_{RLk}——抗隆起力矩标准值（kN・m/m）；

M_{SLk}——隆起力矩标准值（kN・m/m）；

$M_{\mathrm{RLk}j}$——坑外最下道支撑以下第 j 层土产生的抗隆起力矩标准值（kN・m/m）；

$M_{\mathrm{RLk}n}$——坑内开挖面以下第 m 层土产生的抗隆起力矩标准值（kN・m/m）；

M_{SLkq}——坑外地面荷载产生的抗隆起力矩标准值（kN・m/m）；

$M_{\mathrm{SLk}i}$——坑外最下道支撑以上第 i 层土产生的抗隆起力矩标准值（kN・m/m）；

$M_{\mathrm{SLk}j}$——坑外最下道支撑以下、开挖面以上第 j 层土产生的抗隆起力矩标准值（kN・m/m）；

α——滑弧中点的切线与水平线的夹角（rad）；

α_A，α_B——对应土层层顶和层底与最下道支撑连线的水平夹角（rad）；

γ——对应土层的天然重度（kN/m³）；

D'——围护墙在最下道支撑以下部分的深度（m）；

K_a——对应土层的主动土压力系数；

c_k，φ_k——滑裂面上地基土对应的黏聚力标准值（kPa）和内摩擦角标准值（rad）；

h_0'——最下道支撑与地面的距离（m）；

H_A，H_B——对应土层的层顶和层底埋深（m）；

q_{1fk}——坑外对应土层的上覆土压力标准值(kPa);

q_{2fk}——坑内对应土层的上覆土压力标准值(kPa);

n_1——坑外最下道支撑以上的土层数;

n_2——坑外最下道支撑以下至墙底的土层数;

n_3——坑内开挖面以下至墙底的土层数;

n_4——坑外最下道支撑至开挖面之间的土层数;

γ_{RL}——抗隆起分项系数,一级安全等级基坑工程取2.2,二级安全等级基坑工程
取1.9,三级安全等级基坑工程取1.7。

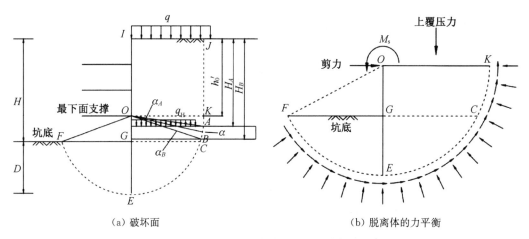

(a) 破坏面　　　　　　　　(b) 脱离体的力平衡

图 2.13　坑底抗隆起的圆弧滑动模式验算简图

2.3.3　抗倾覆稳定性验算

板式围护体系围护墙应按照下列公式验算绕最下道支撑或锚拉点的抗倾覆稳定性,
计算图示见图2.14。

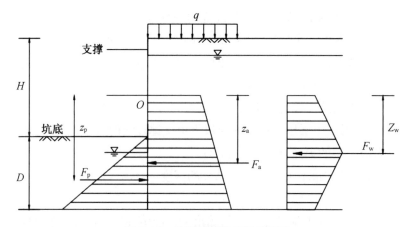

图 2.14　抗倾覆稳定性验算图示

24

$$\gamma_{S} M_{Sk} \leqslant \frac{1}{\gamma_{RQ}} M_{Rk} \tag{2.43}$$

$$M_{Sk} = F_{ak} z_{a} + F_{wk} z_{w} \tag{2.44}$$

$$M_{Rk} = F_{pk} z_{p} \tag{2.45}$$

式中　M_{Sk}——最下道内支撑面至围护墙底间的墙后主动土压力及最下道内支撑面至围护墙底间的净水压力(坑内外水压力差)对最下道内支撑点的倾覆力矩标准值(kN·m/m);

M_{Rk}——基坑底至围护墙底间的墙前被动土压力对最下道内支撑点的抗倾覆力矩标准值(kN·m/m);

F_{ak}——最下道内支撑面至围护墙底间的墙后主动土压力标准值(kN/m);

z_{a}——最下道内支撑面至围护墙底间的墙后主动土压力作用点至最下道内支撑点的距离(m);

F_{pk}——墙前被动土压力标准值(kN/m);

z_{p}——墙前被动土压力作用点至最下道内支撑点的距离(m);

F_{wk}——作用在最下道内支撑面至围护墙底的净水压力(坑内外水压力差)标准值(kN/m);

z_{w}——最下道内支撑面至围护墙底间围护墙上的净水压力作用点至最下道内支撑点的距离(m);

γ_{RQ}——抗倾覆分项系数,一级安全等级基坑工程取 1.20,二级安全等级基坑工程取 1.10,三级安全等级基坑工程取 1.05。

验算最下道支撑以下的主、被动压力区的压力绕最下道支撑点的转动力矩是否平衡。在对坑内墙前极限被动土压力计算中,考虑墙体与坑内土体之间的摩擦角 δ 的影响,同时也考虑地基土的黏聚力,因此,极限被动土压力计算公式是以朗肯公式形式表达的修正库仑公式。当 $c=0$ 时,该公式即为库仑公式;当 $\delta=0$ 时,该公式即为朗肯公式。δ 的取值与地基土物理力学性质、围护墙面粗糙度以及降排水条件有关,一般 δ 在 $(2/3 \sim 3/4)\varphi$ 之间,且 $\delta \leqslant 20°$。地基土含水率高,δ 值小。对钢板桩墙取 $\delta=2\varphi/3$;对钻孔桩和现浇地下连续墙取 $\delta=0.75\varphi$,坑内不降水时,取 $\delta=0$。

2.3.4　抗渗流稳定性验算

在地下水丰富、渗透系数较大(不小于 10^{-6} cm/s)的地区进行围护开挖时,通常需要在基坑内降水。如果围护墙不透水,由于基坑内外水位差,导致基坑外的地下水绕过围护墙下端向基坑内渗流,这种渗流产生的动水压力在墙背后向下作用,而在墙前(基坑内侧)向上作用,坑内表层局部范围内的土体和土颗粒同时发生悬浮、移动的现象。在软黏土地基中,渗流力往往使地基产生突发性的泥流涌出,以上现象发生后,基坑内土体向上推移,基坑外的地面产生下沉,墙前被动土压力减少甚至丧失,危及围护结构的稳定。验算抗渗流稳定性的基本原则是使基坑内土体的有效压力大于地下水向上的渗流力。

板式围护基坑应按照下列公式计算抗渗流稳定性,计算图示见图 2.15。

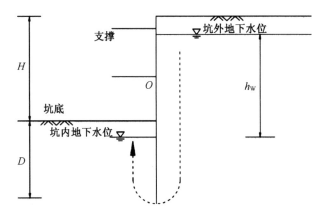

图 2.15 抗渗流稳定性验算简图

$$\gamma_S i \leqslant \frac{1}{\gamma_{RS}} i_c \qquad (2.46)$$

$$i = \frac{h_w}{L} \qquad (2.47)$$

$$L = \sum L_h + m_s \sum L_v \qquad (2.48)$$

$$i_c = \frac{G_s - 1}{1 + e} \qquad (2.49)$$

式中　γ_S——渗流作用分项系数,取 1.0;

　　　i——坑底土的渗流水力梯度;

　　　h_w——基坑内外土体的渗流水头(m),取坑内外地下水位差;

　　　L——最短渗流路径流线总长度(m);

　　　$\sum L_h$——渗流路径水平段总长度(m);

　　　$\sum L_v$——渗流路径垂直段总长度(m);

　　　m_s——渗流路径垂直段换算成水平段的换算系数,单排帷幕墙时,取1.5,多排帷幕墙时,取2.0;

　　　i_c——坑底土体的临界水力梯度,根据坑底土的特性计算;

　　　G_s——坑底土颗粒比重;

　　　e——坑底土的天然孔隙比;

　　　γ_{RS}——抗渗流分项系数,取 1.5~2.0,基坑开挖面以下土为砂土、砂质粉土或黏性土与粉性土中有明显薄层粉砂夹层时取大值。

2.3.5　抗承压水稳定性验算

基坑开挖面以下存在承压含水层且其上部存在不透水层时,应按下列公式验算开挖过程中此不透水层的抗承压水稳定性,计算图示见图 2.16。

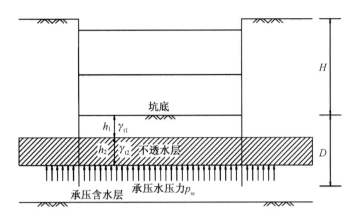

图 2.16　抗承压水稳定性计算简图

$$\gamma_{S} p_{wk} \leqslant \frac{1}{\gamma_{RY}} \sum \gamma_i h_i \tag{2.50}$$

式中　γ_S——承压水作用分项系数,取 1.0;

　　　p_{wk}——承压含水层顶部的水压力标准值(kPa);

　　　γ_i——承压含水层顶面至坑底间各层土的重度(kN/m^3);

　　　h_i——承压含水层顶面至坑底间各层土的厚度(m);

　　　γ_{RY}——抗承压水分项系数,取 1.05。

2.4　围护结构计算分析

2.4.1　结构内力分析

围护结构是临水深基坑的主要结构,由竖向围护结构和水平向的支撑组成。竖向围护结构包括排桩、钢板桩等形式,水平支撑主要有钢筋混凝土内支撑、钢支撑等形式,其结构设计合理与否关系到工程成败,故围护结构的内力分析成为临水深基坑设计的重要内容之一。随着基坑工程的发展和计算技术的进步,挡土结构的内力分析方法,从早期的古典分析方法(平衡法、等值梁法、塑性铰法),到解析方法(弹性法),再到解决复杂问题的数值分析方法(连续介质有限元法、有限差分法),经历了不同的发展阶段。本节主要介绍常用的平衡法(弹性曲线法)、等值梁法、弹性地基梁法和连续介质有限元法等方法。

1. 弹性曲线法

弹性曲线法是平衡法的一种,一般适用于底部嵌固的单撑(锚)式挡土结构,对于底端自由支撑的单撑(锚)和悬臂挡土结构,其图解法的原则同样适用。该方法的计算要点如下:

(1) 选择入土深度 t,一般根据经验初定 t_0 值。

（2）按朗肯土压力理论计算挡土结构的主、被动土压力值，土压力的分布见图 2.17，计算公式如下。

主动土压力强度：

$$P_a = \gamma h K_a \tag{2.51}$$

被动土压力强度：

$$P_p = \gamma h K_p \tag{2.52}$$

$$P_0 = \gamma(K_p t_0 - K_a h_0) \tag{2.53}$$

$$P'_0 = \gamma(K'_p t_0 - K_a h_0) \tag{2.54}$$

$$K'_p = \tan^2\left(45° + \frac{\varphi}{2}\right) K' \tag{2.55}$$

$$K_p = \tan^2\left(45° - \frac{\varphi}{2}\right) K \tag{2.56}$$

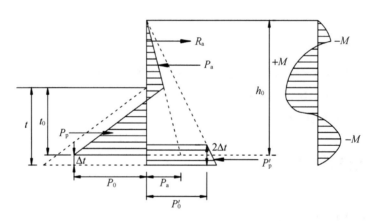

图 2.17　土压力分布和弯矩图

在被动土压力计算中，为考虑挡土结构与土层间摩擦力的影响，采用了与土层内摩擦角有关的修正系数 K 与 K'，如表 2.5 所示。

表 2.5　　　　　　　　　　　　　　修正系数 K 与 K'

$\varphi/(°)$	40	35	30	25	20	15
墙前 K	2.0	2.0	2.0	1.75	1.50	1.25
墙后 K'	0.35	0.41	0.47	0.55	0.64	0.75

注：表内未列出的 φ 对应的 K 和 K' 可用内插法求解。

（3）将以上计算所得的土压力图按 1 m 左右的高度分成若干小块，并计算每一小块的合力，以集中力的形式作用在每一小块重心上。

（4）以一定比例选定极点和极距，作各集中力的多边形及索多边形弯矩图。索多边形的闭合曲线必须通过索多边形与 R_a 及 P'_p 作用线的交点。如果索多边形闭合,则说明各作用力处于平衡状态。为此,在计算过程中必须设法先将索多边形闭合,然后再求作用力的大小,这种方法一般是将闭合线安排在使板桩土面上、下弯矩大致相等(或正弯矩略大于负弯矩)的位置。此闭合线确定后,即可求得 P'_p 的作用点位置,然后将闭合曲线平移到力多边形图上,由此即可求得锚杆拉力 R_a 及 P'_p 的大小。

（5）按 P'_p 确定板桩总入土深度 t：

$$t = t_0 + \Delta t \tag{2.57}$$

其中，$\Delta t = \dfrac{P'_p}{2P_0}$。

（6）挡土结构内最大弯矩由下式求得：

$$M_{max} = y_{max}\eta \tag{2.58}$$

式中　y_{max}——索多边形(即弯矩图)上的最大横坐标；

η——力多边形上的弯矩。

2. 等值梁法

等值梁法也称假想铰法,对于有支撑或锚杆的挡土结构,其变形曲线有一反弯点 B,如图 2.18(a)所示。要求解此挡土结构的内力,有三个未知量：R_a,t 和 P'_p,而可以利用的平衡方程式只有两个。假想铰法是先找出挡土结构弹性曲线反弯点 B 的位置,认为该点的弯矩为 0,于是可把挡土结构划分为两段假想梁,上部为简支梁,下部为一次超静定结构,如图 2.18(b)所示,这样就可以求得挡土结构的内力。

对于下端为弹性嵌固的单支撑挡墙,其弯矩图如图 2.18(c)所示,若在得出此弯矩图前已知弯矩零点位置,并于弯矩零点处将梁(即桩)断开以简支计算,则不难看出该段的弯矩图将同整梁计算时一样,此断梁段即称为该整梁段的等值梁。对于下端为弹性支撑的单支撑挡墙,其土压力零点位置与弯矩零点位置很接近,因此可在压力零点处将板桩划分开,作为两个相连的简支梁来计算,这种简化计算法就称为等值梁法,其计算步骤如下：

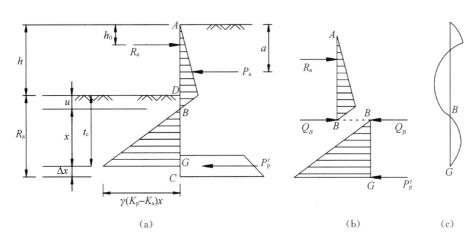

图 2.18　等值梁法计算简图

29

（1）根据基坑深度、勘察资料等，计算主动土压力与被动土压力，求出土压力零点 B 的位置，计算 B 点至坑底的距离 u 值：

$$u = \frac{K_a h}{K_p - K_a} \tag{2.59}$$

（2）由等值梁 AB 根据平衡方程计算支撑反力 R_a 及 B 点剪力 Q_B：

$$R_a = \frac{P_a(h + u - a)}{h + u - h_0} \tag{2.60}$$

$$Q_B = \frac{P_a(a - h_0)}{h + u - h_0} \tag{2.61}$$

（3）由等值梁 BG 求算板桩的入土深度，取 $\sum M_G = 0$，则

$$Q_B x = \frac{1}{6} \left[K_p \gamma (u + x) - K_a \gamma (h + u + x) \right] x^2 \tag{2.62}$$

由上式求得：

$$x = \sqrt{\frac{6Q_B}{\gamma(K_p - K_a)}} \tag{2.63}$$

由上式求得 x 后，桩的最小入土深度可由下式求得：

$$t_0 = u + x \tag{2.64}$$

当土质较差时，应乘系数 $1.1 \sim 1.2$，即

$$t = (1.1 \sim 1.2)t_0 \tag{2.65}$$

（4）由等值梁求算最大弯矩 M_{max} 值。对于多支撑挡墙，一般可当作刚性支撑的连续梁计算（即支撑点无位移），并应对每一施工阶段建立静力计算体系。

3. 弹性地基梁法

基坑工程弹性地基梁法取单位宽度的挡墙作为竖直放置的弹性地基梁，将支撑简化为与截面积和弹性模量、计算长度等有关的二力杆弹簧，一般采用图 2.19 的计算图示。将基坑内侧土体视作土弹簧，外侧作用已知土压力和水压力，此即现行规范推荐和工程界通用的"竖向平面弹性地基梁法"。这类方法的难点在于确定挡墙在基坑外侧的作用荷载（即墙后土压力）。

弹性地基梁法中对围护结构的抗力（地基反力）用弹簧来模拟，地基反力的大小与挡墙的变形有关，即地基反力由水平地基反力系数与该深度挡墙变形的乘积确定。按地基反力系数沿深度的分布不同形成了不同方法。图 2.19 给出了地基反力系数（基床系数）的五种分布图示，用下面的公式表达：

$$K_h = A_0 + kz^n \tag{2.66}$$

式中　z——地面或开挖面以下深度(m)；

　　　k——比例系数；

　　　n——指数,反映地基反力系数随深度而变化的情况；

　　　A_0——地面或开挖面处土的地基反力系数,一般取为 0。

根据 n 的取值,将采用图 2.19(a),(b),(d)分布模式的计算方法分别称为张氏法、C 法和 K 法。在图 2.19(c)中,取 $n=1$,则

$$K_h = kz \tag{2.67}$$

由此表明水平地基反力系数沿深度按线性规律增大,由于我国以往应用此种分布图示时,用 m 表示比例系数,即 $K_h = mz$,故通称 m 法。

采用 m 法时,土对围护结构的水平地基反力 f 可写成如下形式：

$$f = mzy \tag{2.68}$$

式中　y——计算点处挡墙的水平位移。

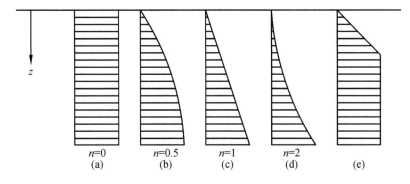

$n=0$　　$n=0.5$　　$n=1$　　$n=2$
(a)　　　(b)　　　(c)　　　(d)　　　(e)

图 2.19　地基反力系数沿深度的分布图示

水平地基反力系数 K_h 和比例系数 m 的取值原则上宜由现场试验确定,也可参考当地类似的工程经验,当无现场试验资料或当地经验时可参照相关规定。

对于正常固结的黏性土、砂土等,一般认为弹性地基梁法是目前较好的近似计算方法,但仍存在如何处理墙后作用荷载的问题。对于通用的弹性地基梁法,有图 2.20 所示四种土压力模式,目前通常采用图 2.20(b)所示的土压力模式,即在基坑开挖面以上作用主动土压力,根据朗肯理论计算,而开挖面以下土压力不随深度变化。在土质特别软弱地区,图 2.20(c)的土压力模式也被用于挡土结构的内力及变形分析。图 2.20(a)的模式则适用于挡墙基本不变形或变形很小的基坑工程。

以上三种土压力模式普遍存在的问题是墙后土压力与挡墙变形无关,图 2.20(d)所示的模式虽然对开挖面以上的墙背土压力考虑墙体变形,但仍和前三种模式一样,在基坑开挖面以下认为土压力沿深度不变,这种做法的根据是由此计算的挡土结构内力、变形结果与大量实际工程实测结果比较接近,但与传统的土压力理论不一致。

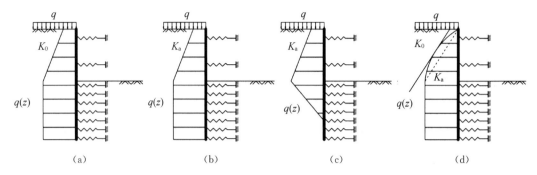

图 2.20 弹性地基梁法的常用土压力模式

4. 连续介质有限元法

连续介质有限元法是一种模拟基坑开挖的有效方法,它能考虑复杂的因素如土的分层情况和土的性质、支撑系统分布及其性质、土层开挖和围护结构支设的施工过程等。Clough 首次采用有限元法分析了基坑开挖问题之后,该方法经过三十多年的发展,目前已经成为复杂基坑设计的一种非常流行的方法。随着有限元技术、计算机软硬件技术和土体本构关系的发展,有限元技术在基坑工程中的应用取得了长足的进步,出现了 EXCAV、PLAXIS 2D/3D、ADINA、CRISP、FLAC2D/3D、ABAQUS 等适合基坑开挖分析的岩土工程专业软件。

1) 平面有限元法

连续介质有限元法包括平面和三维方法,平面有限元法适用于分析狭长形基坑。下面以平面应变为例说明有限元法的基本原理。对于基坑开挖工程,一般是在整个基坑中寻找具有平面应变特征的断面进行分析。对于长条形基坑或边长较大的方形基坑,一般可选择基坑中心断面,如图 2.21(a),(c)所示。以中心断面为主,将开挖影响范围内的土体与围护结构离散,划分为许多的网格,如图 2.21(b),(d)所示,每个网格称为单元,这些单元按变形协调条件相互联系,组成有限元体系。

每个单元由一系列节点组成,每个节点有一系列自由度。对有限元单元而言,节点自由度为节点的位移分量(对于地下水渗流问题,节点自由度为地下水头,对于固结问题,自由度则为超孔压和位移分量)。单元内任何一点的位移可以用单元节点的位移来表示:

$$\{u\}^e = [N]\{v\}^e \tag{2.69}$$

式中 $\{u\}^e$——单元内任一点的位移向量,$\{u\}^e = \{u_x, u_y\}^T$;

$\quad\quad [N]$——插值函数矩阵;

$\quad\quad \{v\}^e$——节点位移向量,$\{v\}^e = \{v_1, v_2, \cdots, v_n\}^T$。

由节点位移向量 $\{v\}^e$,可以求出单元内各点的应变:

$$\{\varepsilon\}^e = [B]\{v\}^e \tag{2.70}$$

式中 $\{\varepsilon\}^e$——单元内任意点的应变向量,平面应变条件下 $\{\varepsilon\}^e = \{\varepsilon_{xx}, \varepsilon_{yy}, \varepsilon_{xy}\}^T$;

$\quad\quad [B]$——应变与节点位移的关系矩阵。

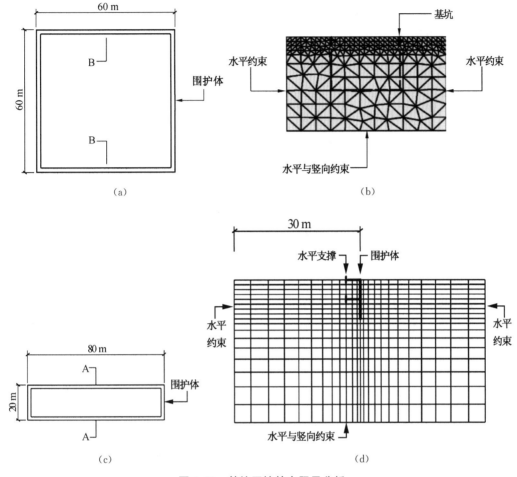

$$(a)\qquad\qquad\qquad\qquad\qquad\qquad(b)$$

$$(c)\qquad\qquad\qquad\qquad\qquad\qquad(d)$$

图 2.21　基坑开挖的有限元分析

再由材料的本构关系（即物理方程）得到单元弹性矩阵 $[D]$，从而单元中任一点的应力可由节点的位移表示为

$$\{\sigma\}^{\mathrm{e}}=[D][B]\{v\}^{\mathrm{e}} \qquad\qquad (2.71)$$

根据虚功原理，可推得单元的刚度矩阵为

$$[K]^{\mathrm{e}}=\int_{V}[B]^{\mathrm{T}}[D][B]\mathrm{d}V \qquad\qquad (2.72)$$

建立每个单元的刚度矩阵，然后将所有单元的刚度矩阵组合成总刚度矩阵 $[K]$，再计算由开挖等引起的外力，并将其转换成节点外力向量 $\{P\}$，利用平衡条件建立表达结构的力-位移的关系式，即结构刚度方程：

$$[K]\{v\}=\{P\} \qquad\qquad (2.73)$$

式中　$\{v\}$——因开挖产生的节点位移矩阵。

对几何边界条件作适当修改后，采用高斯消去法或其他数值方法求解式（2.69）所示的高阶线性方程组,得到所有的未知节点位移 $\{v\}$。 根据式(2.70)得到单元内任一点的应变;根据式(2.71)得到单元内任一点的应力;根据式(2.72)得到单元的刚度矩阵 $[K]$;根据式(2.73)可得到结构的力-位移的关系,这样就可得到整个模型内围护结构的位移和内力、地表的沉降、坑底土体的回弹等。

2) 三维有限元法

虽然在一般工程应用上,平面有限元法能得到较合理的结果,但对于基坑短边的断面或靠近基坑角部的断面,围护结构的变形和地表的沉降具有明显的空间效应,若采用平面应变有限元法分析这些断面,将会高估围护结构的变形和地表的沉降。

采用考虑土与结构共同作用的三维有限元法时应力包括全部六个分量,分析时所用的有限元理论、土的本构模型等均与平面连续介质有限元法相同。与平面连续介质有限元法不同的是,三维有限元法需采用三维单元,例如土体需采用三维的六面体单元、四面体单元等;围护结构与支撑楼板等需采用板单元;立柱与梁支撑等需采用三维梁单元。

在三维有限元分析中,要想得到较好的结果,需考虑围护结构与土体的接触问题,并采用弹塑性的土体本构关系进行分析。考虑接触问题的三维弹塑性有限元分析的难度主要有如下几点:①有限元建模的复杂,模型需通盘考虑土的分层情况、分步施工结构、分步挖土、接触面的设置等复杂因素;②有限元计算的收敛困难,较大规模单元量的三维弹塑性分析本身就存在难收敛的问题,而连续墙和土体的接触问题更是高度的非线性问题,往往使得分析更难以顺利进行;③基坑开挖分析需按实际情况分步进行,这使得完成一次分析过程更加耗费时间,因而计算成本高。

在上述常用的四种计算方法中,每一种方法都有其优缺点。在实际工程中,往往针对不同围护结构形式及环境,采用不同的计算方法,其中,结构形式简单的基坑常采用竖向弹性地基梁法,而涉及复杂形状或环境保护要求高的基坑越来越多地采用连续介质有限元法。

2.4.2　基坑变形分析

临水深基坑围护不仅要保证基坑本身的基本稳定和安全,同时也要对基坑周围土层及围护结构的变形进行有效的控制,确保基坑安全稳定,对周边建筑物、管线等的影响可控,尤其是对临水的软土地基。导致基坑变形的影响因素很多,有地质条件、水文条件(波浪力、水流力等)、围护结构特征和施工方法等。以围护结构特征为例,挡土结构的刚度、支撑刚度、水平支撑竖向间距、挡土结构嵌入深度等都显著影响基坑的变形。目前很难采用较简单或统一的理论公式计算基坑的变形问题。基坑变形的分析方法主要有经验估算(公式)法和数值计算法。

1. 围护墙水平变形

临水深基坑围护结构的变形形状与围护结构的形式、刚度、施工方法及外部动荷载(波浪力、水流力)等都有着密切关系。围护墙的变形形状可以分为以下四种形式。

(1) 悬臂式变形。如图 2.22(a)所示,当围护墙处于悬臂状态或支锚刚度较差时,围护墙的最大水平位移发生在墙顶,而墙底位移很小,类似于悬臂杆件变形形态。

(2) 内凸式变形。当基坑支锚刚度较强时,围护墙顶部位移受到较强约束,变形很小,而随着基坑开挖的进行,围护墙的最大水平位移则发生在开挖面附近,此时围护墙无明显反弯点,如图 2.22(b)所示。

(3) 组合式变形。当基坑支锚刚度一般时,在基坑开挖初期,围护墙顶部发生了一定的水平位移,随着开挖深度的加大,围护墙的最大水平位移可能由顶部转移至开挖面附近,即该变形性状为上述两种变形性状的组合。该变形性状在实际工程中经常发生,如图 2.22(c)所示。此时,围护墙可能存在两个反弯点,在开挖面附近存在一个反弯点,反弯点以上曲线呈正向弯曲,以下呈反向弯曲。

(4) 踢脚式变形。当基坑位于深厚软土中,且墙体插入深度不太大时,围护墙上部支撑约束位移很小,但墙体位于软土中,受到的土体抵抗力较小,故易发生较大的向坑内的踢脚位移,如图 2.22(d)所示。

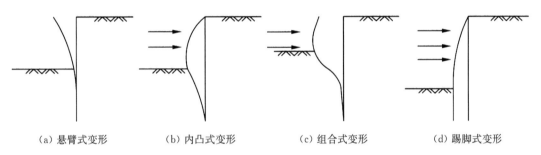

(a) 悬臂式变形　　　(b) 内凸式变形　　　(c) 组合式变形　　　(d) 踢脚式变形

图 2.22　围护墙变形的几种形式

2. 坑底隆起

基坑坑底隆起主要由三种原因引起:一是基坑开挖后,坑底土卸载回弹;二是基坑开挖后,挡土结构物的底端或多或少出现向坑内的踢脚位移,挤推被动区的土体,造成基坑坑底的隆起;三是饱和软黏土中的基坑,在坑内外竖向自重压力差的作用下,当嵌入深度不足时,坑底土会上拱,造成隆起。

基坑开挖深度不大时,坑底隆起变形主要为弹性隆起,其特征为坑底中部隆起最高。当开挖达到一定深度且基坑较宽时,出现塑性隆起,隆起量也逐渐由中部最大转变为两边大、中间小的形式。但对于较窄的基坑或长条形基坑,隆起量仍然是中间大、两边小分布。

基底隆起量的大小是判断基坑稳定性和周围建筑物沉降的重要因素之一,基底隆起量的大小除与基坑本身特点有关外,还与基坑内是否有工程桩、坑底土是否加固、坑底土体的残余应力等密切相关。目前尚无基坑坑底隆起量计算的可信公式,通常都是根据经验公式进行估算。

3. 挡土结构外地表沉降

对安全开挖的临水基坑工程,引起挡土结构外侧地面沉降的因素主要有两种:一是挡土结构在主动土压力的作用下向基坑内产生挠曲,土体向坑内方向移动产生沉降;二是当软黏土地区的挡土结构嵌入深度不足时,坑内土体隆起,坑外地面亦会出现沉降。

1) 地表沉降形态

地表沉降形态主要呈三角形和凹槽形两种典型形状,如图 2.23 所示。三角形地表沉降主要发生在悬臂围护结构或挡土结构变形较大时,如图 2.23(a)所示。凹槽形地表沉降主要发生在挡土结构嵌入深度较大或挡土结构嵌入深度内土层较好、有支撑时,此时最大地表沉降不是出现在挡土结构处,而是位于挡土结构外侧一定距离处,如图 2.23(b)所示。

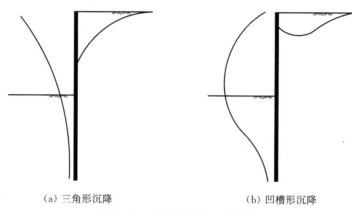

(a) 三角形沉降　　　　　　　　(b) 凹槽形沉降

图 2.23　地表沉降形态示意图

对于三角形沉降,最大沉降发生在挡土结构旁。对于凹槽形沉降,根据实测断面的统计汇总结果,最大沉降发生在距离挡土结构 0.5～0.7 倍开挖深度的地面处。另外根据实测研究,超深基坑的最大地表沉降点集中分布在 0.30～0.55 倍开挖深度之内,但是从绝对值上来看,超深基坑最大地表沉降点位置与一般深基坑相仿,位于墙后的 8～12 m。可见基坑开挖深度的加深并没有使墙后最大地表沉降点的位置发生明显的改变。

2) 地表沉降影响范围

地表沉降影响范围取决于土层性质,基坑开挖深度、嵌入深度,软弱土层深度,开挖、支撑施工方法等,沉降影响范围一般为 1～4 倍基坑开挖深度。预估地面沉降的方法大致有三种,即经验曲线法、地层损失法和稳定安全系数法。

挡土结构后的地表沉降分为主影响区域和次影响区域,影响区域宽度约为 4 倍开挖深度,其中,主影响区域的范围为 2 倍开挖深度,次影响区域的范围为主影响区域之外的 2 倍开挖深度。在主影响区域内,沉降曲线较陡,会使这个范围内的建(构)筑物产生较大的角变量,而次影响区域内的沉降曲线较缓,对建(构)筑物的影响较小。

2.5　临水深基坑非对称性计算分析

临水深基坑受波浪、潮流等动荷载作用,支撑体系常受到往复的拉压,所受荷载具有明显的非对称性,荷载主要包括基坑内外土压力、水压力及波浪力等,具体分析如下。

2.5.1　荷载非对称性

（1）土层分布及其物理力学特性的非对称性。这种非对称性常因基坑场地内土层分布不均、地面标高不同、地质条件差异较大而产生，导致基坑内外土压力分布不对称。

（2）坑外地面荷载的非对称性。这种非对称性常因基坑四周分布的建筑物自重不同、地面使用荷载不同等产生的附加土压力，导致围护桩所受土压力大小不同，基坑支撑体系的结构响应呈非对称性。

（3）潮汐作用下坑外地下水位的非对称性。从图 1.1 可见，临水深基坑通常单边、部分或多边直接临水，水位与潮汐息息相关，不同于陆上基坑四周相对静止的同一水位，其四周水位往往不同。

（4）水流作用的非对称性。直接临水的基坑围护面常受到水流作用，与背水面产生了不同的作用差，导致围护受力的不对称性，对结构安全产生了较大影响。

（5）波浪力的非对称性。临水深基坑往往受到波浪力作用，使基坑围护结构受到周而复始的波压力-波吸力交替作用而往复摆动，表现出明显的不对称性。

（6）基坑土方开挖的非对称性。基坑土方开挖施工时，常采用分层分块方式开挖，先开挖区域的围护桩所受荷载大，同时造成支撑体系受力的非对称性。

2.5.2　非对称荷载作用下的围护结构计算方法

临水深基坑计算条件比较复杂，目前临水深基坑板式围护墙结构的内力与变形计算采用最多的还是弹性地基梁法，该方法计算简便，适用于这类常规工程；对于具有明显空间效应的临水深基坑工程，可采用空间弹性地基板法进行围护结构的内力和变形计算；对于复杂的临水深基坑工程，需采用连续介质有限元法进行计算。针对非对称荷载作用下的围护结构计算方法有以下三种。

1. 简化的弹性地基梁位移协调法

常用的竖向弹性地基梁法只支持计算单边围护结构模型，通常只能用于求解对称基坑或两侧差别不大的基坑结构，而临水深基坑结构受力不平衡，不能直接使用单边弹性地基梁法的计算结果，还应考虑两侧围护结构的变形协调。对于相对简易的基坑工程，其非对称荷载作用下的计算，首先需要建立挡土侧与挡水侧基坑模型，根据变形协调理论调整挡土侧基坑的支撑刚度与挡水侧基坑支撑的预加轴力，最终得到变形协调条件下的基坑围护计算结果。

2. 整体式的弹性地基梁有限元法

对于复杂的基坑工程，其非对称荷载作用下的计算不可简单地简化为对称的半边结构按弹性地基梁法进行变形及内力计算，应考虑到该基坑结构的非对称性，以及受波浪、潮汐、水流等的不平衡作用荷载，按实际建立整体模型进行计算。

3. 连续介质有限元法

为进一步掌握土方开挖过程中临水深基坑周边地面沉降等情况，还可以采用连续介质有限元法进行数值模拟计算。

2.6 临水基坑受力变形分析算例

基于上述临水深基坑的计算理论和结构计算分析方法,本节采用弹性地基梁法及有限元法等方法,通过不同算例对几种典型临水围护结构进行内力变形分析。

2.6.1 水压力作用下的带支撑临水板式围护基坑受力变形分析

四面临水的水中基坑围护结构往往采用板桩形式,并设置内支撑以提高结构整体刚度。板桩围护结构在四周水压力作用下,易产生过大的结构变形,影响基坑稳定性。下面结合算例,阐述水压力作用下临水板式围护基坑的变形计算方法。

1. 算例介绍

如图 2.24 所示,带支撑的临水板式围护基坑,其围护结构两侧均挡水,且整体受力平衡。本计算工况为基坑围护结构及支撑施工完成,待基坑内水位降至坑底以下 0.5 m 时,计算分析基坑围护结构在两侧水压力作用下的受力变形特征。基坑挡水高度为 4.5 m,坑内底高程为 0.0 m,坑内地下水位为 −0.5 m,基坑围护结构选用 400 mm×170 mm×15.5 mm×12 000 mm 的单排 U 型钢板桩,支撑采用 400 mm×400 mm×13 mm×21 mm 的 H 型钢,钢板桩围护结构及支撑的相关参数见表 2.6、表 2.7。地基土选用上海地区常见的③层土,土体相关参数根据实际工程经验进行取值,详见表 2.8。采用同济启明星 FRWS 软件进行计算分析,计算方法为弹性地基梁法。

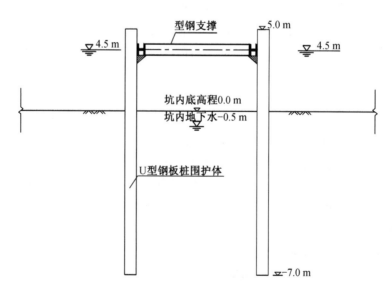

图 2.24 带支撑的临水板式围护基坑示意图

表 2.6 U 型钢板桩围护结构参数表

嵌入深度/m	钢材牌号	截面高度/m	截面面积/cm²	截面惯性矩/cm⁴	桩间距/m
7	Q235	0.34	193.98	30 880	0.8

表 2.7　　　　　　　　　　　　H 型钢支撑参数表

深度/m	支撑刚度/(MN·m⁻²)	预加轴力/(kN·m⁻¹)	水平间距/m	长度/m	角度/(°)
4.5	200.2	0	3	15	90

表 2.8　　　　　　　　　　　　土体参数表

土层	土层厚度/m	重度/(kN·m⁻³)	c/kPa	φ/(°)	分算/合算	m 值/(MPa·m⁻²)
水（虚拟土）	4.5	10.0	0	0	合算	0
③层土	20	18.5	10	25	分算	4

表 2.9　　　　　　　　　　　　钢管支撑参数表

深度/m	支撑刚度/(MN·m⁻²)	预加轴力/(kN·m⁻¹)	水平间距/m	长度/m	角度/(°)
3.0	279.2	0	3	15	90

2. 计算模型与结果分析

考虑本基坑左右对称,采用同济启明星软件(简称 FRWS)针对基坑一侧所建立的计算模型如图 2.25 所示。由于 FRWS 中无法直接设定静水压力,因此需要在开挖面以上设置一层虚拟土(等同于水的作用),即土的重度取 10 kN/m³,黏聚力 c、内摩擦角 φ 值均取为 0,以此来模拟临水侧围护结构受到的水压力。

计算得到的带支撑的临水板式围护结构沿深度分布的水平位移、弯矩和剪力如图 2.26 所示。可以看出,计算

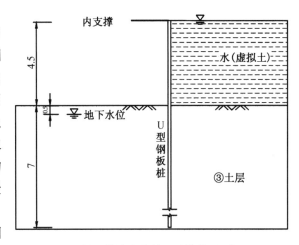

图 2.25　带支撑的临水基坑计算模型(单位: m)

得到的钢板桩水平位移呈现出两端小、中间大的特征,最大水平位移为 11.7 mm,发生在接近坑底的位置,支撑的设置能够有效减小钢板桩顶部的位移,进而保证了围护结构的安全稳定性。计算得到钢板桩最大正弯矩为 103.6 kN·m,出现在坑底偏上的位置;最大负弯矩为－36.3 kN·m,出现在坑底偏下的位置。最大剪力值为 50.8 kN,出现在坑底偏下的位置,支撑处剪力值为 45.9 kN。计算得到的基坑围护结构的受力变形值基本控制在规范允许范围内,能够保证临水基坑的稳定性要求。实际工程中若挡水高度进一步增加,亦可通过提高围护桩刚度和增加支撑数量等措施来提高结构整体刚度,保证基坑的安全可靠。

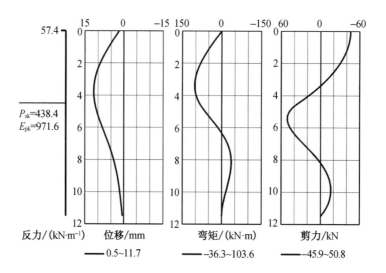

图 2.26 带支撑的临水板式围护结构计算结果

2.6.2 水压力作用下的悬臂式临水板式围护基坑受力变形分析

悬臂式临水基坑常用于抵挡水头不高的临水基坑中,常用钢板桩、带锁扣的钢管桩等作为围护结构,由于内部无支撑,围护结构的受力及变形验算是这类基坑重点关注的内容。

1. 算例简介

如图 2.27 所示,悬臂式临水板式围护基坑,完全依靠围护结构挡水且挡水高度较小,

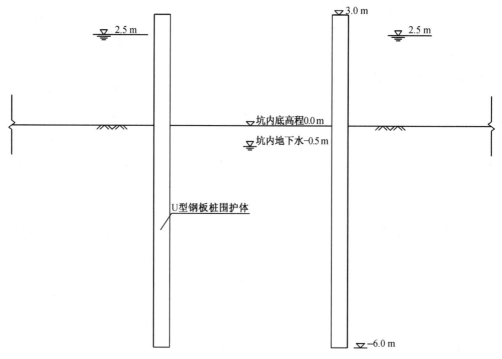

图 2.27 悬臂式临水板式围护基坑示意图

整体受力平衡。本计算工况为基坑围护结构施工完成,待基坑内水位降至坑底以下 0.5 m 时,计算分析基坑围护结构在两侧水压力作用下的受力变形特征。基坑挡水高度为 2.5 m,坑内底高程为 0.0 m,坑内地下水位为 −0.5 m,基坑围护结构选用 400 mm× 170 mm×15.5 mm×9 000 mm 的单排 U 型钢板桩,钢板桩及土体参数分别见表 2.6、表 2.8。采用同济启明星 FRWS 软件进行计算分析,计算方法为弹性地基梁法。

2. 计算模型与结果分析

考虑本基坑左右对称,采用 FRWS 软件针对基坑一侧所建立的计算模型如图 2.28 所示。与 2.6.1 节类似,需要在开挖面以上设置一层虚拟土(等同于水的作用),即土的重度取 10 kN/m³,黏聚力 c、内摩擦角 φ 值均取为 0,以此来模拟临水侧围护结构受到的水压力。

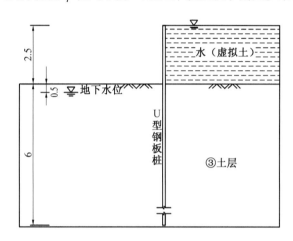

图 2.28 悬臂式临水基坑计算模型(单位:m)

计算得到的悬臂式临水板式围护结构沿深度分布的水平位移、弯矩和剪力如图 2.29 所示。可以看出,与 2.6.1 节带支撑的临水板式围护结构的位移变化规律不同,本节计算得到的悬臂式钢板桩水平位移从桩底到桩顶逐渐增大,由于没有支撑的限制作用,在挡水高度仅 2.5 m 的情况下,钢板桩最大水平位移出现在桩顶位置,达到 29.8 mm;钢板桩最大负弯矩为 −67.8 kN·m,出现在坑底以下的位置;最大剪力值为 30.1 kN。悬臂式临水基坑与带支撑的临水基坑相比,围护结构的变形控制能力大大下降,一般适用于内河挡水高度较小的工况。

2.6.3 非对称临水板式围护基坑受力变形分析

在驳岸或桥台等设计过程中,经常会出现基坑两侧中的一侧是陆地、一侧是水域的情况,这类基坑是一种典型的非对称临水基坑,常用带支撑的板式围护结构设计。常规的弹性地基梁(如 FRWS 软件)计算方法无法考虑非对称因素带来的影响,实际工程中,整体基坑围护结构容易发生两侧变形不一致,甚至整体向水土压力小的一侧倾斜的情况。下面结合算例,阐述非对称临水板式围护基坑的受力变形计算方法。

1. 算例简介

如图 2.30 所示,非对称临水板式围护基坑,其围护结构左侧挡土,受土水合力的作

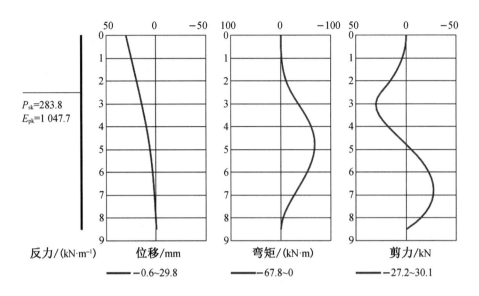

图 2.29 悬臂临水板式围护结构计算结果

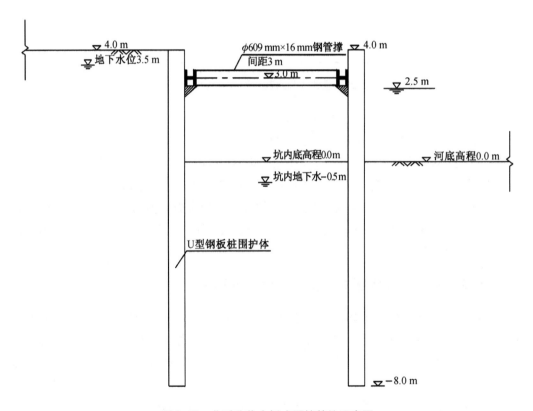

图 2.30 非对称临水板式围护基坑示意图

用,右侧仅挡水,受到净水压力的作用,基坑两侧整体受力不平衡。本计算工况为基坑围护结构施工完成,待基坑内水位降至坑底以下 0.5 m 时,计算分析基坑围护结构在两侧不平衡荷载作用下的受力变形特征。基坑挡土高度为 4 m,地下水位按 3.5 m 考虑,临水侧水位为 2.5 m。基坑采用 400 mm×170 mm×15.5 mm×12 000 mm 的单排 U 型钢板桩进行围护,中间设置一道 ϕ609 mm×16 mm 的钢管支撑,间距为 3.0 m。地基土选用上海地区常见的③层土。钢板桩围护结构、支撑及土体相关参数详见表 2.6—表 2.9。

2. 计算方法

采用简化的弹性地基梁位移协调法,分别建立挡土侧与挡水侧的基坑模型,根据变形协调理论调整挡土侧基坑的支撑刚度与挡水侧基坑支撑的预加轴力,最终得到变形协调条件下的基坑围护计算结果。具体过程如下:

(1) 分别建立挡土侧与挡水侧的基坑模型,计算支撑初始理论刚度 K_0;

(2) 将挡土侧与挡水侧基坑分别按照对称基坑进行计算,求得开挖到坑底后挡土侧基坑支撑和挡水侧基坑支撑的轴力差 ΔF;

(3) 将轴力差 ΔF 作为预加轴力施加在挡水侧基坑支撑上,重新计算挡水侧基坑围护结构内力变形;

(4) 将挡土侧基坑支撑刚度进行折减,直至挡土侧基坑支撑处位移与挡水侧基坑支撑处位移相差不超过 5%;

(5) 比较此时基坑两侧支撑轴力差 ΔF,若不超过 1%,则可认为计算完成,否则重复进行步骤(2)~(4),直至支撑轴力差小于 5% 后,可认为计算完成。

3. 计算模型与结果分析

利用 FRWS 软件建立的临土侧与临水侧基坑模型见图 2.31。在临水侧基坑建模时,为了模拟临水侧基坑挡水水位 2.5 m 的工况,将 2.5~4.0 m 土层的 c 和 φ 值分别取为 0 和 0°,并设置为水土合算,最终算出侧压力即为 0,作为空气;将 0~2.5 m 土层的 c 和 φ 值分别取为 0 和 0°,并水土分算,作为水体。水位埋深设为 1.5 m。土体参数同 2.6.1 节。

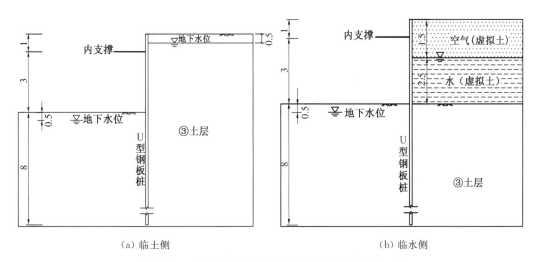

(a) 临土侧　　　　　　　　　　　　(b) 临水侧

图 2.31　对称临水板式围护基坑计算模型(单位:m)

经过前面所述试算及调整过程(表 2.10),计算得到非对称临时板式围护基坑临土侧与临水侧的围护计算结果,见图 2.32。

表 2.10 非对称基坑计算过程

计算过程	围护桩	预加轴力/kN	支撑轴力/kN	轴力差	支撑处位移/mm	位移差
初始计算	临水侧	0	25.9	49.3%	0.3(水域侧)	142%
	临土侧	0	51.1		0.7(基坑侧)	
一次试算	临水侧	25.2	39.3	1.5%	12.9(水域侧)	0%
	临土侧	0	38.7		12.9(基坑侧)	

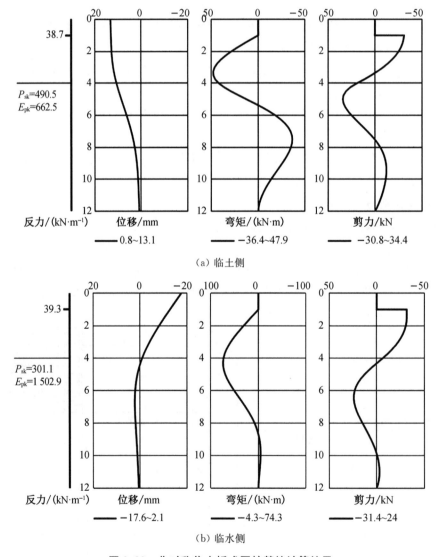

图 2.32 非对称临水板式围护基坑计算结果

44

通过图 2.32 所示临水基坑两侧变形值可以看出,临水基坑在非对称荷载作用下,基坑整体向水土压力小的一侧变形(即向临水侧偏移),临土侧与临水侧围护结构的水平位移均呈现从桩底至桩顶逐渐增加的趋势,其中临土侧基坑支撑处水平位移为 12.9 mm,与临水侧基坑支撑处水平位移基本一致;临土侧基坑支撑轴力为 38.7 kN,与临水侧基坑支撑轴力基本一致。上述计算结果即为基于变形协调和弹性地基梁法的非对称板式临水基坑计算结果。

2.7　临水距离对临水基坑围护结构影响分析

岸边临水基坑是指基坑不直接临水,但其距离水域较近,可能会受水域影响,造成基坑两侧水土压力不平衡。工程经验表明,临水距离、基坑深度、水域深度等众多因素均会影响围护结构上的水土压力大小。本节采用有限元数值模拟方法,研究讨论基坑临水距离、基坑深度对基坑围护受力变形特征的影响;进一步提出不同深度、不同形式的基坑受到周边水域影响的临界距离,即当超越此临界距离时,便可认为基坑不会受到邻近水域的影响,此时基坑围护体系可以直接按照常规陆上基坑工程的技术规范进行设计分析。

1. 不同临水距离的围护结构受力变形分析

为方便对比研究不同工况下临水基坑的受力变形特征,结合上海地区实际情况,选取典型的临水基坑,如图 2.33 所示。假定河道顶高程为 5.00 m,河底高程为 0.00 m,河岸坡度为 1:2。对于上海内河区域,水位变化幅度较小,高水位和低水位时期的水面高程分别为 3.5 m 和 2.0 m 左右。从理论上讲,当水位较低时,基坑两侧的受力不平衡情况会更加显著,对基坑的影响也会更大,因此本节考虑河道水深为 $h=2$ m 的低水位情况。模型中基坑深度为 H_1,基坑宽度取为 $3H_1$,与河道岸边的距离为 B,定义宽深比(B/H_1)为基坑临水距离与基坑深度的比值。围护结构和支撑布置的形式随基坑深度的不同而有所变化,围护结构的入土深度为 H_2。采用 Plaxis 有限元软件进行建模计算,模型及网格划分如图 2.34 所示。

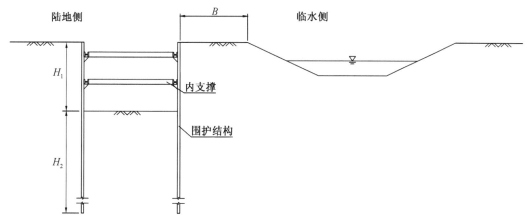

图 2.33　临水基坑横断面示意图

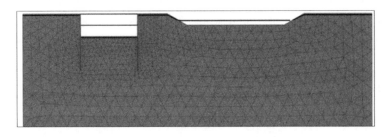

图 2.34　有限元模型及网格划分示意图

参考上海地区土质情况,模型中选取单一黏质粉土层,土体的模拟采用小应变硬化(HSS)本构模型,该模型已被广泛应用于上海土体的研究中并得到了有效验证。HSS模型较适合描述软土的破坏和变形行为,能够更全面地描述土体剪切硬化、压缩硬化、加卸载、小应变等方面的作用特性。模型中土体参数取值详见表 2.11,HSS 模型参数较多,各参数的具体定义可参考王卫东等人的研究。基坑围护结构的形式视不同工况而定,模型中通过设置界面接触单元来模拟围护结构与土体间的相互作用。

表 2.11　　　　　　　　　　　　　　土层物理力学参数

土层	γ /(kN·m^{-3})	γ_{sat} /(kN·m^{-3})	c /kPa	φ /(°)	ψ /(°)	E_{50}^{ref} /kPa	E_{oed}^{ref} /kPa	E_{ur}^{ref} /kPa	$\gamma_{0.7}$	G_0^{ref} /kPa	p^{ref} /kPa	v_{ur}	K_0
地基土	18.5	19.0	10	25	0	5 400	4 500	31 500	0.000 2	142 000	100	0.2	0.577 4

根据上海建筑基坑的一般情况,选取基坑深度为 5 m,10 m,15 m 这 3 种典型工况,不同工况对应的结构形式及参数选取见表 2.12。

表 2.12　　　　　　　　　　　　　　基坑围护方案与材料参数

基坑深度	围护方案	围护结构		内支撑	
		轴向刚度 /(kN·m^{-1})	抗弯刚度 /(kN·m^2·m^{-1})	轴向刚度 /kN	间距/m
5 m	400 mm×170 mm U 型钢板桩+一道钢管撑	$4.85×10^6$	$7.72×10^4$	$5.96×10^6$	5
10 m	ϕ800 mm 钻孔灌注桩+二道混凝土支撑	$1.51×10^7$	$1.92×10^5$	$1.92×10^7$	8
15 m	800 mm 地下连续墙+三道混凝土支撑	$2.40×10^7$	$1.28×10^6$	$1.92×10^7$	8

1) 深 5 m 基坑分析

当基坑深度 H_1＝5 m 时,采用钢板桩加钢管撑的围护形式,H_2 设为 7 m,支撑距桩顶 1 m。模拟得到的围护结构的弯矩和水平位移的分布如图 2.35 所示,最大弯矩和水平位移极值随宽深比的变化见图 2.36。从图中可以看出,在基坑深度较浅的工况下,随着基坑与水岸距离的增加,陆地侧围护结构的弯矩会逐渐增大,而临水侧围护结构的弯矩会先增大后减小,但两侧围护结构承受的弯矩绝对值变化较小,整体变化幅度小于5%。此外,随着宽深比的增大,陆地侧围护结构的水平位移逐渐减小,而临水侧围护结构的水平位移逐渐增大,当宽深比达到2.0左右后,水平位移基本趋于稳定,不再随宽深比的增加而变化。注意到临水侧和陆地侧水平位移的绝对值并非完全相等,即该工况下仍未完全等效成陆上无水基坑,表明邻近水域对浅基坑的影响范围较远,但考虑到浅基坑本身的位移量较小,所以当宽深比超过2.0之后,基本可以忽略邻近水域的影响。

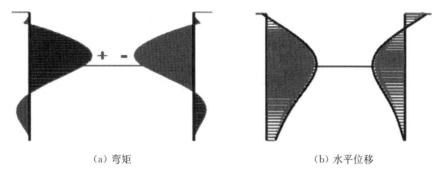

（a）弯矩　　　　　　　　　　　　　　　（b）水平位移

图 2.35　计算结果示意图（$H_1 = 5$ m）

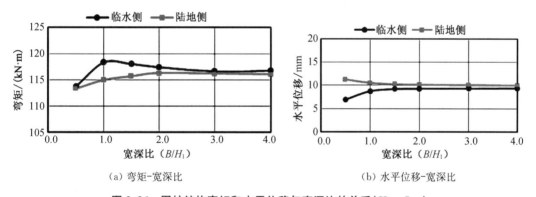

（a）弯矩-宽深比　　　　　　　　　　　　（b）水平位移-宽深比

图 2.36　围护结构弯矩和水平位移与宽深比的关系（$H_1 = 5$ m）

2）深 10 m 基坑分析

当基坑深度 $H_1 = 10$ m 时,采用钻孔灌注桩加混凝土支撑的围护形式,H_2 设为 15 m,二道支撑距桩顶分别为 0 m 和 5 m。图 2.37 为两侧围护结构的弯矩、水平位移分布示意图,图 2.38 定量显示了最大弯矩和水平位移极值随宽深比的变化关系。从图中可以看出,两侧围护结构承受弯矩的绝对值相当,最大值出现在坑底附近的位置。随着宽深比的增大,由于临水侧土压力的增加,两侧围护结构承受的弯矩值均有所增加,当宽深比达到2.0之后,弯矩值基本趋于稳定。而两侧围护结构的水平位移变化趋势略有不同,当临水距离小于1.5倍基坑深度时,随着宽深比的增大,临水侧的水平位移逐渐增加,而陆地侧的水平位移逐渐减小,最终两侧围护结构的水平位移极值趋于相等,即不再受到周边水域的影响,回归到常规基坑的变形特征。

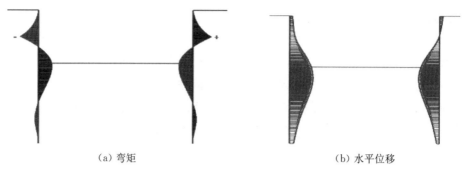

（a）弯矩　　　　　　　　　　　（b）水平位移

图 2.37　计算结果示意图（$H_1=10$ m）

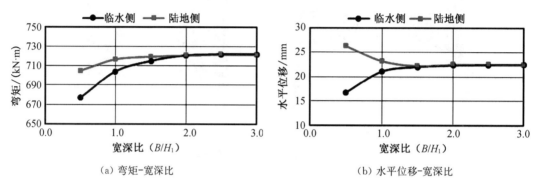

（a）弯矩-宽深比　　　　　　　　（b）水平位移-宽深比

图 2.38　围护结构弯矩和水平位移与宽深比的关系（$H_1=10$ m）

3）深 15 m 基坑分析

当基坑深度 $H_1=15$ m 时，采用地下连续墙加混凝土支撑的围护形式，H_2 设为 20 m，三道支撑距桩顶分别为 0 m，5 m 和 10 m。模拟得到的围护结构的内力和水平位移的分布以及随宽深比的变化情况如图 2.39 和图 2.40 所示。由图 2.39 可知，两侧围护结构的最大弯矩出现在第三道支撑附近，而水平位移极值出现在基坑底面以下。进一步由图 2.40 可知，临水侧围护结构的弯矩值随宽深比的增大而迅速增加，当宽深比从 0.5 变为 1.5 时，临水侧弯矩由 1 569 kN·m 变为 1 681 kN·m，增大 7.1%。而陆地侧的弯矩值随宽深比的变化幅度较小，在宽深比达到 1.5 时便基本达到稳定状态。两侧围护结构的水平位移变化趋势与图 2.40(b)较为一致，当宽深比达到 1.5 左右时，两侧水平位移极值基本一致，并且不再随宽深比的增大而发生变化。

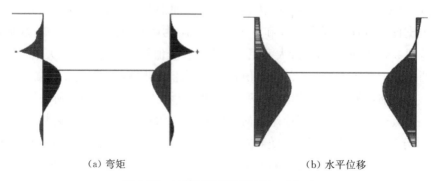

（a）弯矩　　　　　　　　　　　（b）水平位移

图 2.39　计算结果示意图（$H_1=15$ m）

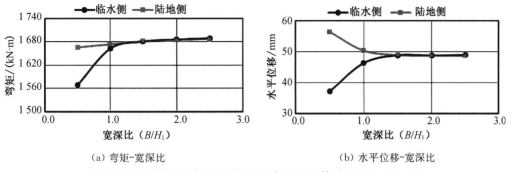

（a）弯矩-宽深比　　　　　　　　　　（b）水平位移-宽深比

图 2.40　围护结构弯矩和水平位移与宽深比的关系（$H_1 = 15$ m）

2. 临水基坑界定分析

根据前述的分析研究结果,临水基坑两侧围护结构的最大弯矩值随宽深比的变化趋势与基坑深度相关,当宽深比超过 2.0 以后,两侧围护结构的最大弯矩均趋于定值,基本不再受宽深比变化的影响。而基坑两侧围护结构的水平位移在不同基坑深度工况下的变化趋势基本一致。当宽深比小于 1.5~2.0 时,随基坑临水距离的增加,陆地侧围护结构的水平位移不断减小,而临水侧围护结构的水平位移逐渐增大。当宽深比超过 1.5~2.0 以后,基坑两侧的水平位移则基本不再变化。

总体来讲,当基坑临水距离超过 2 倍的基坑深度时,从受力和变形的角度可以认为基坑不会受到邻近水域的影响,一般情况下可按照陆上基坑的规范要求进行设计分析。而当基坑临水距离小于 2 倍的基坑深度时,则需考虑临水基坑两侧不平衡受力的影响。

第3章 临水深基坑工程设计

3.1 临水深基坑工程设计概述

3.1.1 临水深基坑工程的总体设计步骤

一个完整的临水深基坑工程的设计主要包括：①总体方案设计；②围护结构设计；③内支撑结构设计；④止水防水设计；⑤加固设计；⑥检测与监测设计。相应于这些设计内容,临水深基坑总体设计步骤简述如下。

(1)明确基坑工程设计基本条件：根据工程设计的水下(地下)主体结构要求、工程区域地形、水文条件初步确定基坑深度和面积,并了解工程平面布置、用地红线与周边环境条件及施工条件。

(2)总体方案设计：基坑围护总体方案的选择直接关系到工程造价、施工进度及周边环境的安全,不同的总体设计方案对工期往往会产生较大的影响,对项目开发所产生的经济性差异也不容忽视。因此,在初步了解工程设计基本条件后,应对基坑工程的结构方案、施工工艺、挖土、降水等重要环节进行充分的研究和论证,确立总体设计方案。

(3)围护结构设计：围护结构形式的选择受地质条件、水文地质条件、环境控制要求等因素影响,与陆上基坑不同的是,临水基坑还受到波浪、潮流以及部分围护结构直接位于水中等因素影响,尤其是直接临水的基坑,一些常规的围护结构是难以实施的。例如,水泥土重力式围护墙结构和复合土钉围护墙结构均是以土为基础而开展的设计,在临水深基坑设计中就难以实现,在实际选型中一般不予考虑,常常将板式围护作为临水深基坑围护结构形式的首选。具体设计中应结合各种围护形式的特点和适用条件进行选型,主要有钢板桩、灌注桩、双排桩等形式。

(4)内支撑结构设计：内支撑的作用主要是传递和平衡围护结构上的水土压力,由水平支撑和竖向支承两部分组成。根据材料的不同,水平支撑形式主要有钢支撑结构、混凝土支撑结构以及二者组合支撑结构三种。由于临水深基坑面临的环境特殊性,易受波浪的波压力和波吸力循环作用,导致围护结构的较大摆动,对围护结构的整体性提出了更高的要求。为此,内支撑结构设计中,第一道圈梁及支撑应尽量采用钢筋混凝土结构,以增加围护结构在波浪侵袭条件下的整体性。

（5）止水防水设计：在临水深基坑设计中，止水防水至关重要，其特殊的地质条件和水文地质条件给设计带来了技术难题和较大的挑战。陆上基坑常用的搅拌桩、旋喷桩止水帷幕因水中无土或块石等特殊地质条件而在临水深基坑中难以实施，使得止水防水问题的解决方向聚焦在围护结构自身的防水上，这也导致了临水深基坑围护结构选型困难。目前，钢板桩和咬合桩均具备结构自身防水功能，在临水深基坑工程中应用相对较多。

（6）加固设计：临水深基坑围护结构两侧常存在地面高差和水位落差，造成基坑围护结构两侧水土压力不平衡，易导致围护结构倾斜或失稳，该特点与陆上基坑有着显著的区别。因此，为保持周围荷载的均衡，避免围护体系失衡，加固设计就显得尤为重要，除了需要进行常规陆上基坑的坑内加固外，往往还需要进行坑外加固。

（7）检测与监测设计：临水深基坑施工所处环境条件复杂，施工风险大、难度高，有必要建立信息化施工管理体系，进行结构、地基和地下水位移、应力等检测和监测，及时掌握动态参数，确保深基坑工程安全顺利进行。因此，在设计阶段应明确检测与监测的内容和要求。

3.1.2　临水深基坑工程的设计整体要求

1. 安全性要求

临水深基坑工程涉及工程水文、地质工程、岩土工程、结构工程和工程施工等专业知识，是一项复杂的系统工程。影响临水深基坑工程的不确定性因素众多，工程风险性很大，稍有不慎就可能酿成巨大的工程事故，为此，确保基坑工程安全是总体方案设计的首要目标。同时，需要结合工程当地的施工经验与技术能力进行具体分析，选择可靠的总体设计方案，设计时确保满足规范与工程对围护结构的承载能力、稳定性与变形计算（验算）的要求，并对施工工艺、挖土、降水、动水作用等各环节进行充分的研究和论证，选择工程当地成熟的施工方案，降低临水深基坑工程的风险。

2. 环境保护要求

临水深基坑工程主要集中于沿海、沿江地区，工程场地周边一般分布有大堤等建（构）筑物，以及地下管线、市政道路等环境保护对象。当基坑邻近码头、水闸、船闸、保护建筑等对变形敏感而重要的保护对象时，环境保护要求更为严格。当基坑周边存在环境保护对象时，要在充分了解环境保护对象的保护要求与变形控制要求的基础上，使基坑的变形能满足环境保护对象的变形控制要求，不影响受保护建筑物的正常运行，必要时在基坑内、外采取适当的加固与加强措施，减小基坑的变形。

3. 技术经济性要求

基坑围护作为施工临时措施，一般情况下，工程地下结构主体施工完毕即意味着围护体系的任务结束，有别于永久性结构，其只要在确保基坑本体安全和周边环境安全的前提条件下，实现工程质量、工期等目标即可。因此，为实现基坑围护方案的经济合理性，在设计时应进行多方案的比选，比选内容主要包括工程量、工期、对主体结构的影响等，是设计人员必须关注的重要问题。在工程量方面，一般应综合比较围护结构的工程费用、土方开挖、降水与监测等工程费用以及施工技术措施费用;在工期方面,应比较基坑工程工期的长短及由其带来的对主体结构工期影响等经济性差异;基坑设计方案对主体结构的影响主要考虑对主体结构的防水、承载能力等方面的影响。

4. 可持续发展要求

临水深基坑工程施工环境位于滨江沿海,易对社会和生态环境产生不可忽视的影响:基坑围护结构施工过程中会产生泥浆、渣土、噪声等污染;混凝土支撑拆除后会产生大量的建筑垃圾;加固后会残留难以清除的水下障碍物;易占用较大水域面积,对水生生物造成危害;等等。因此,在基坑工程的方案设计中,应考虑基坑工程的可持续发展,通过采用环保且可回收利用的材料(如钢支撑、钢板桩等)、减少围护结构的水域面积占用等技术措施,减少工程建设对社会和生态环境的不利影响。

3.1.3 临水深基坑工程的设计标准

目前,国内基坑设计规范、标准主要针对陆上基坑进行编写,体系标准相对完善,而临水深基坑没有专门形成一套统一的技术标准。在工程实践中,广大工程技术人员已经认识到临水深基坑所处环境条件和自然条件不同于常规陆上基坑,特别是受波浪、水流等动荷载的影响,但囿于现阶段规范内容还不能全覆盖,在具体设计中应用困难。因此,为适应临水深基坑的建设需要,急需相应的临水深基坑设计标准供参考。本节基于现有陆上基坑设计规范标准,结合大量工程实践经验进行修正,给出了临水深基坑相关的设计标准取值建议。

1. 安全等级标准

基坑安全等级是基坑设计的前提条件和重要依据,但由于基坑工程受地层分布、土层条件和周边环境影响较大,具有明显的区域性特点,国内现有不同标准均对基坑等级作了规定,等级划分标准不尽相同。临水深基坑处于临水水域环境中,其水文地质条件和工程地质条件更加复杂,影响临水深基坑安全性的不确定性因素更多,其一是基坑位于水边或水中,一旦发生状况,不易采取应急补救措施;其二是基坑受到潮汐、波浪的影响,基坑围护体系整体性要求更高;其三是坑内与坑外水系常直接连通,水力条件更差,易发生管涌、止水困难等问题。因此,临水深基坑的安全等级标准要求更高。

根据中华人民共和国行业标准《建筑基坑支护技术规程》(JGJ 120—2012)(以下简称国标基坑规程)、上海市工程建设规范《基坑工程技术标准》(DG/TJ 08—61—2018)(以下简称上海基坑规范)及其他地区相关设计规范、标准,结合临水深基坑的水陆交界特点、各地区工程实践经验、基坑失事后及时抢险和人员撤离的难易程度以及基坑开挖深度进行划分。临水基坑工程安全等级可分为三级(表3.1)。

位于防洪(挡潮)堤上具有直接防洪(挡潮)作用的临水深基坑,其安全等级还需要根据所属防洪(挡潮)堤的级别以及确定的保护对象的防洪标准综合确定,满足相应防洪要求。对于基坑周边有码头、桥墩等建筑物的情况,确定基坑安全等级时,应充分考虑基坑开挖对周边环境保护的影响。

表 3.1　　　　　　　　　　　　　　　　临水基坑工程安全等级

安全等级	破坏后果	等级范围描述
一级	围护结构失效、土体过大变形对基坑周边环境或主体结构施工安全的影响很严重	(1) 基坑开挖深度大于或等于 10 m (2) 围护结构作为主体结构的一部分 (3) 基坑开挖影响范围内存在重要建筑物、对变形敏感的建筑物或需要保护的重要管线;同时波流、潮汐等不确定性因素对结构稳定性及结构内力有重要影响
二级	围护结构失效、土体过大变形对基坑周边环境或主体结构施工安全的影响严重	除一级和三级以外的基坑工程
三级	围护结构失效、土体过大变形对基坑周边环境或主体结构施工安全的影响不严重	基坑开挖深度小于 5 m,且周围环境无特别要求;同时,波流、潮汐等不确定性因素对结构稳定性及结构内力几乎没有影响

注:对于安全等级为一级的基坑工程,等级范围只要符合三项条件中的一项,即定为一级。

2. 基坑围护墙顶标高计算标准

临水深基坑位于水边或水中,其结构常常采用板式围护体系,直接面临坑外水体,与有一定宽度的各种围堰结构不同,一旦坑外超设计水位或超设计波高出现,结构难以采取快速加高加固的临时补救措施来应对,易造成工程巨大损失。因此,临水深基坑的设计水位和设计波高的标准取值就显得尤为重要,目前有一些可参考的规范标准。根据相关规定,不同规范、标准虽或多或少涉及设计水位和设计波高的取值规定,但均不够系统和具体,针对性也不够强。如《水利水电工程施工组织设计规范》(SL 303—2017)主要针对各种围堰,并且没有具体规定设计波高重现期;上海基坑规范仅提出坑外水位取值标准,而缺少设计波高取值、基坑顶高程取值等具体标准;仅《船厂水工工程设计规范》(JTS 190—2018)给出了针对围堰的坑外水位取值和设计波高取值标准。

为确保临水深基坑的结构安全,考虑到围护结构直接面临水体,其可能遇到台风等不可预见性的风险较多,以及临水深基坑不易加高加固的特点和失事的严重性,为慎重起见,建议取值如表 3.2 所示。

表 3.2　　　　　　　　　　　　　　临水侧坑外水位、波高取值标准

水位	设计水位	校核水位	设计波高	围护结构顶标高
取值标准	高潮累积频率 10% 的潮位或历时累积频率 1% 的潮位	重现期为 50 年一遇的极值高水位	相应水位时重现期 25 年一遇 $H_{1\%}$ 的波高	设计水位加 25 年一遇 $H_{1\%}$ 的波高及 0.5 m 超高,或校核水位加 25 年一遇 $H_{1\%}$ 的波高及 0.2 m 超高,二者取大值,并与相邻防汛建筑物标高相适应

以舟山某船坞海上独立深基坑工程的坑外水位、波高取值为例,坞口围堰采用钢板桩深基坑围护,从设计高水位算起,最大开挖深度为 14.75 m,设计高水位取高潮累积频率 10% 的潮位,即 1.85 m,设计低水位取低潮累积频率 90% 的潮位,即 −1.45 m,校核水位

取重现期为 50 年一遇的极值高水位,取值为 3.13 m,设计波高取相应水位时重现期 25 年一遇 $H_{1\%}$ 的波高。

3. 基坑稳定性控制标准

基坑的稳定性验算是指分析基坑周围土体或土体与围护体系一起保持稳定性的能力,临水深基坑位于水边或水中,常常采用板式围护体系,板式围护基坑的稳定性验算内容应包括整体稳定性、抗倾覆稳定性、抗隆起稳定性、抗渗流稳定性等。

1) 整体稳定性验算标准

基坑围护体系整体稳定性验算的目的就是要防止基坑围护结构与周围土体整体滑动失稳破坏。

整体稳定性验算方法可采用瑞典条分法验算沿最危险圆弧滑动面的稳定性,该方法是比较成熟的方法,在工程界已积累了丰富的经验。临水基坑整体稳定性分项系数一级、二级、三级基坑分别不小于 1.35,1.3,1.25。

2) 抗隆起稳定性验算标准

抗隆起稳定性验算不仅关系着基坑的稳定安全问题,也与基坑的变形密切相关,是基坑围护设计中一项十分关键的内容。尤其是在地下水位较高的软土地区,坑底土体隆起破坏是基坑工程失稳破坏的主要形式之一,抗隆起稳定性分析对保证基坑坑底稳定和测控基坑变形具有重要意义。

根据国标基坑规程及上海基坑规范等相关规定,不同规范、标准对基坑抗隆起稳定性控制安全系数存在差异,考虑临水基坑所处环境的复杂性和特殊性及其不易采取应急补救措施和失事的严重性,临水基坑墙底抗隆起稳定性分项系数一级、二级、三级基坑分别不小于 2.5,2.0,1.7,坑底抗隆起稳定性分项系数一级、二级、三级基坑分别不小于 2.2,1.9,1.7,同时应满足工程所在地的相关规定要求。

3) 抗倾覆稳定性验算标准

国标基坑规程中规定板式围护结构基坑抗倾覆稳定性安全系数一级、二级、三级基坑分别不小于 1.25,1.2,1.15。上海基坑规范中规定板式围护体系基坑抗倾覆稳定性安全系数一级、二级、三级基坑分别不小于 1.2,1.1,1.05。浙江省工程建设规范《建筑基坑工程技术规程》(DB33/T 1096—2014)中规定板墙式围护基坑抗倾覆稳定性安全系数一级、二级、三级基坑分别不小于 1.2,1.15,1.1。广东省标准《建筑基坑工程技术规程》(DBJ/T 15—20—2016)中规定中基坑抗倾覆稳定性安全系数不小于 1.2。

综合上述规定及工程实践经验,建议临水基坑抗倾覆稳定性分项系数不小于 1.2。

4) 抗渗流稳定性验算标准

国标基坑规程中规定板式围护结构基坑抗渗流稳定系数一级、二级、三级基坑分别不小于 1.6,1.5,1.4。上海基坑规范中规定板式围护体系基坑抗渗流稳定系数不小于 1.5～2.0。浙江省工程建设规范《建筑基坑工程技术规程》中规定板墙式支护基坑抗渗流稳定系数一级、二级、三级基坑分别不小于 1.6,1.5,1.4。广东省标准《建筑基坑工程技术规程》中规定中基坑抗渗流稳定系数不小于 1.5。

综合上述规定及工程实践经验,建议临水基坑抗渗流稳定性分项系数为不小于 2.0。

4. 围护墙插入深度控制标准

工程地质条件对板式围护结构的插入深度影响较大,而临水深基坑由于位于水边或水中,会经常遇到表层有较深厚的软土层,尽管有些工程围护墙插入深度已满足稳定、强度及变形控制的要求,一些基坑工程仍会出现险情甚至破坏现象。因此需对围护墙插入深度控制标准作相关规定,从而保证基坑安全。围护墙插入深度应满足下列要求:

(1) 满足围护墙和地基的稳定、强度及变形控制要求;

(2) 当环境保护要求高时,围护墙底端宜穿透软土层,进入性质相对较好的土层;

(3) 对悬臂式围护结构,围护墙插入深度不宜小于 $0.8H$,当围护墙底端位于淤泥、淤泥质土时,不宜小于 $2H$;

(4) 对单道支撑围护结构,围护墙插入深度不宜小于 $0.3H$,当围护墙底端位于淤泥、淤泥质土时,不宜小于 $1.3H$;

(5) 对多道支撑围护结构,围护墙插入深度不宜小于 $0.2H$,当围护墙底端位于淤泥、淤泥质土时,不宜小于 $1.0H$。

其中, H 为基坑开挖深度。

5. 基坑变形控制标准

基坑工程的设计除应满足稳定性和承载力要求外,尚应满足基坑结构自身以及基坑周围环境对变形的控制要求。应根据基坑安全等级以及基坑周围环境控制要求,采用相关方法预估基坑工程对周围环境可能产生的影响,并根据基坑周围环境对附加变形的承受能力确定基坑的变形控制标准。

不同规范、标准都对基坑围护结构水平位移以及坑外地表沉降作了规定和要求,但不同规范、标准有差异,且有些规范没有量化规定数值。如国标基坑规程没有具体规定位移和沉降控制数值;浙江省工程建设规范《建筑基坑工程技术规程》和广东省标准《建筑基坑工程技术规程》只规定了围护结构水平位移控制值,未对坑外沉降控制要求作出相关规定;上海基坑规范给出了基坑变形控制标准,明确了围护体侧向位移、坑外地表沉降控制指标。

临水深基坑周边除邻近码头、水闸等特殊情况外,普遍情况下周边环境控制要求较低。因此,在满足环境要求的基础上,围护结构变形控制值可参考表 3.3。

表 3.3　　　　　　　　　　　　基坑变形设计控制标准

基坑安全等级	围护结构水平位移控制值
一级	不大于 $0.3\%H$
二级	不大于 $0.5\%H$
三级	不大于 $0.8\%H$

注: H 为基坑开挖深度(m)。

6. 监测项目

监测项目应与基坑工程设计、施工方案相匹配,应对监测对象的关键部位进行重点观测;各监测项目的选择应利于形成互为补充、验证的监测体系。本节给出了临水深基坑施工过程中监测项目的建议,如表 3.4 所示。

表 3.4 临水基坑监测项目

监测内容	基坑安全等级		
	一级	二级	三级
围护结构顶部水平位移	应测	应测	应测
围护结构竖向位移	应测	应测	应测
支撑轴力	应测	宜测	选测
围护结构深层水平位移	应测	应测	选测
地下水位	应测	应测	选测
周边地表竖向位移	应测	应测	宜测
邻近建(构)筑物水平位移	宜测	选测	选测
邻近建(构)筑物沉降	应测	应测	应测
围护结构内力	应测	宜测	选测
支撑立柱沉降	应测	宜测	选测
土压力	宜测	选测	选测
孔隙水压力	宜测	选测	选测

注:对于码头、水闸等特殊保护要求的建(构)筑物应满足相应特定监测要求。

3.1.4 临水深基坑工程总体方案设计

临水深基坑工程总体设计方案直接关系到工程造价、施工进度及周边环境的安全,设计时应根据不同基坑工程的规模、地质条件、水文地质条件、环境条件以及施工条件等,通过多方案技术与经济比较确定。总体方案主要有顺作法和逆作法两大类,具体可根据需要进行组合,如图 3.1 所示。

位于水中的基坑通常采用顺作法,围护结构形式根据水域条件、施工条件、地质条件等因素确定,常规采用钢板桩围护等板式结构形式。若采用人工筑岛法,则围护结构在人工岛形成后再采用常规陆上围护方案。此外也可以采用围堰方案,根据具体情况选用土石围堰、双排桩围堰、大圆筒围堰等。

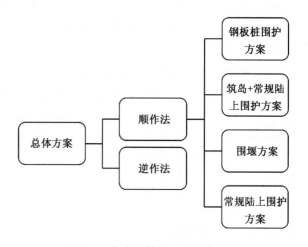

图 3.1 临水深基坑工程总体方案

位于岸边的基坑,可采用同陆上基坑的设计方法,即顺作法,但要注意当基坑离水边较近时,可能面临非对称荷载等作用,临水侧可能要适当进行坑外加固。若采用逆作法,围护结构需与主体结构相结合。

部分位于水中的基坑,常会遇见水陆交界处复杂地质以及面临非对称荷载,通常在水侧回填形成陆域后采用常规陆上围护方案,或直接采用钢板桩围护方案。

3.2　临水深基坑工程围护结构设计

3.2.1　临水深基坑围护结构选型

围护结构是基坑中的主要挡土挡水结构,在常规陆上基坑设计中,其结构形式选择虽受地质条件、水文地质条件、环境控制要求等因素影响,但可供选择的形式仍然比较多,主要有板式围护墙结构、水泥土重力式围护墙结构、复合土钉围护墙结构等。

1. 板式围护墙结构

板式围护墙结构由围护墙、支撑、围檩、隔水帷幕等组成,包括地下连续墙、灌注桩排桩围护墙、钢板桩(钢管桩)、型钢水泥土搅拌墙等具体结构形式。围护墙结构的选型应根据地质与水文条件、环境条件、施工条件以及基坑使用要求、开挖深度、基坑面积等因素,通过技术和经济比较确定。

1) 地下连续墙

地下连续墙是由多个具有截水、防渗、挡水和承重功能的现浇钢筋混凝土单元槽段组成的墙体。单元槽段的施工工艺:通过泥浆护壁,利用挖槽机械在地面上开挖出一条狭长的深槽,然后将制作好的钢筋笼下放至槽内,采用导管法浇筑混凝土形成钢筋混凝土单元槽段。目前,工程中应用的现浇地下连续墙槽段形式主要有一字形、L形、T形和∏形等(图 3.2),并可通过各种形式将槽段进行组合,形成格形、圆筒形等结构形式。地下连续墙适用于各类土质条件的地基,墙体具有刚度大、整体性能好、变形和沉降小,以及施工时振动小、噪声小,对环境影响较小,还可以做到自防水等优点。但是,相对于钢板桩、钻孔灌注桩和 SMW 工法桩,地下连续墙围护结构造价较高。地下连续墙一般适用于开挖

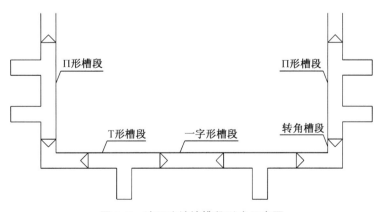

图 3.2　地下连续墙槽段形式示意图

深度大于 10 m、环境保护要求高的基坑工程,这样才能体现较好的经济性。

2）灌注桩排桩围护墙

灌注桩排桩围护墙是由连续柱列式排列的灌注桩组成的围护结构。常用的灌注桩排桩形式主要包括分离式、咬合式、双排式等,分离式灌注桩排桩＋止水帷幕的应用尤其广泛(图 3.3)。钻孔灌注桩布置灵活,适用于各种平面布置形式,桩径可根据基坑开挖深度灵活调整;工艺成熟,刚度相对较大,土体位移相对较小,有利于对周边环境的保护;相对于地下连续墙,具有较好的经济性。但是在软土地层中,分离式灌注桩排桩围护墙一般适用于开挖深度不大于 15 m 的深基坑工程。

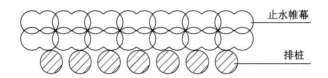

图 3.3　灌注桩围护形式示意图

有时因场地狭窄或地质条件等原因,无法设置旋喷桩、搅拌桩等止水帷幕,可采用桩与桩之间咬合的形式,形成可起到止水作用的咬合式排桩围护墙(图 3.4)。咬合桩结构具有自防水、占用空间小、整体刚度较大等优点。但是,咬合桩对成桩垂直度要求较高,施工难度大,适用于各类土质条件的地基,尤其适用于空间小或块石地层等难以设置常规止水设施的地基。

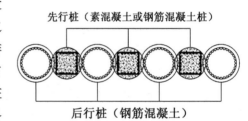

图 3.4　咬合桩示意图

3）钢板桩(钢管桩)、组合型钢板桩

钢板桩(钢管桩)是一种带锁口或钳口的热轧(或冷弯)型钢(钢管),钢板桩(钢管桩)打入后靠锁口或钳口相互连接咬合,形成连续的钢板桩(钢管桩)围护墙,用来挡土挡水,适用于各类软土土质条件的地基,尤其适用于水中基坑。常用钢板桩截面形式有 U 形、Z 形、直线形及 CAZ 组合型等(图 3.5),可根据基坑深度、环境保护要求等选用。钢板桩(钢管桩)具有轻型、施工快捷、可回收利用、环保经济性好等特点。由于钢板桩(钢管桩)刚度相对较小,一般变形较大,不适用于对变形控制要求高的基坑工程。钢板桩(钢管桩)一般适用于开挖深度不大于 15 m 的基坑工程,对于沉桩困难的地质应慎用。

4）型钢水泥土搅拌墙(SMW 工法)

型钢水泥土搅拌墙(SMW 工法)是在水泥土搅拌桩中插入型钢形成的既挡土又止水的围护结构(图 3.6)。H 型钢可以通过跳插、密插调整围护墙刚度,可适应各种变形控制条件,适用于各类软土土质条件的地基,结构具有自防水、占用空间小、施工对周围环境影响小、施工简便、型钢可回收、经济性好等优点。但是,施工中易因垂直精度控制不好,造成搭接不好,出现漏水现象,SMW 工法在软土地层中一般适用于开挖深度不大于 13 m 的基坑工程。

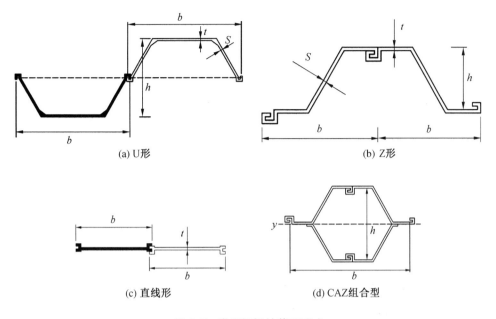

(a) U形　　　　　　　　　　　　　(b) Z形

(c) 直线形　　　　　　　(d) CAZ组合型

图 3.5　常用钢板桩截面形式

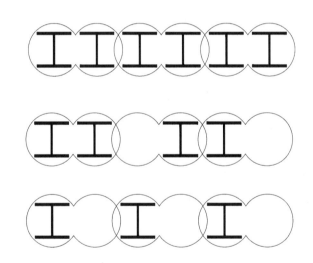

图 3.6　型钢水泥土搅拌桩围护形式示意图

2. 双排桩重力式围护结构

双排桩重力式围护结构是一种由前排桩、后排桩、连梁(拉杆)组成的围护结构。排桩可采用钻孔灌注桩、钢板桩等形式,适用于各类软土土质条件的地基,尤其适用于面积大的基坑工程,如图 3.7 所示。与支撑式围护结构相比,由于该围护结构基坑内不设支撑,不影响基坑开挖、地下结构施工,同时省去了设置、拆除内支撑的工序,大大缩短了工期。其具有整体性强、施工空间大、施工快捷、工期短、经济性好等优点,近年来已在港口、市政、水利等基坑围护工程中得到了广泛运用。但是,该围护结构不适用于空间狭小、开挖深度大于 10 m 的基坑工程。

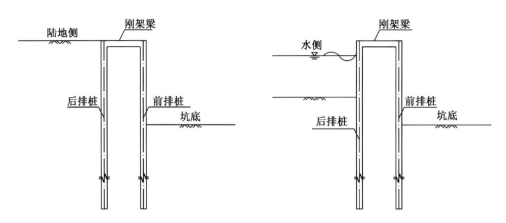

图 3.7　双排桩围护结构示意图

3. 新型围护结构

近年来，随着沿海经济的高速发展，水上工程以及位于水陆交界区域的工程越来越多，比如，在滨江沿海临水区域新建邮轮港、度假区、高级酒店等项目，结合城市建设和改造开发地下空间，节约土地资源，已成为一种必然。为了满足这些新要求，充分利用土地，提供更大的地下空间，工程上提出了很多基坑围护结构与永久建（构）筑物相结合的新型围护结构，例如沉箱码头式基坑围护结构、高桩码头与单排围护板桩组合结构、全直桩高桩码头与双壁围护墙组合结构等。

3.2.2　临水深基坑典型围护结构

随着大量临水工程的建设，越来越多的临水深基坑结构形式得到了成功应用，并取得一定的工程经验，但是，临水深基坑所面临的地质条件、水文条件、环境条件特殊，还有较多的技术难题需要解决。因此，为更全面、系统地掌握和解决各种技术难题，根据临水深基坑所处环境的特点以及水上基坑本身的特点，总结以下几种较为典型的临水深基坑围护结构形式，以方便广大技术人员选用。

1. 水上抗风浪基坑围护结构

水上抗风浪基坑围护结构是指采用双排板桩加内支撑的水上基坑方案，双排板桩中的前板桩可采用钢板桩、混凝土板桩等板桩结构，后板桩采用钢板桩，在其上设防浪墙结构。目前水上抗风浪基坑围护结构主要应用于船坞、海上取排水口等受风浪影响较大的近海工程中，例如在舟山某船坞工程及中船长兴造船基地船坞工程中成功应用。

其主要施工工艺是将陆上钢板桩基坑围护的施工工艺应用于水上，通过水上船舶或者搭设水上施工平台施打水上钢板桩。结构由以往常用的抗风浪能力弱的单排钢板桩加内支撑体系替换为断面刚度大、抗风浪能力强的双排板桩加内支撑。另外，由于受到波浪、水流（涨落潮）的影响，临水基坑面临的坑外荷载是不均衡的，为了保持整个围护体系周边荷载的平衡，要求尽可能使围护墙外侧周边的泥面标高保持一致，且为了确保基坑在波浪及涨落潮水流作用下的稳定性，需要对基坑进行适当护坡。

适用范围:水上抗风浪基坑围护结构主要适用于风浪一般、易施打桩、控制变形要求不高的工程。

技术特点:水上抗风浪基坑围护结构具有断面刚度较大、抗风浪能力强、抗渗漏风险强、结构安全可靠、废弃工程量小等优点,但施工难度较大。

注意事项:设计时需充分论证方案实施的可行性、验算基坑的稳定性;注意基坑水上施工的安全性;针对水上基坑的特殊性和复杂性,需要实施细致的检测,动态掌握水上基坑的稳定状况。

水上抗风浪基坑围护结构典型断面示意图详见图 3.8。

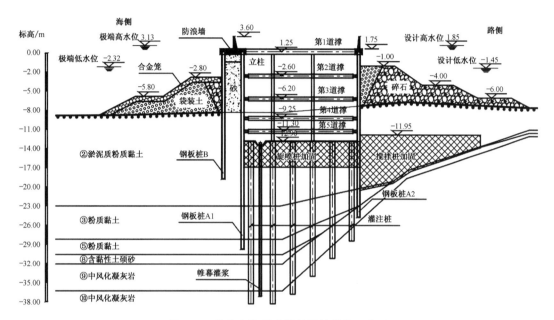

图 3.8　某水上抗风浪基坑围护结构示意图

2. 钢板桩基坑围护结构

钢板桩基坑围护结构是指采用钢板桩加内支撑的水上基坑结构围护方案。该结构利用单排连续桩进行密封,止水主要依靠钢板桩自防水及锁口间止水防水实现,根据实际使用条件可分为带支撑的临水板式围护结构、悬臂临水板式围护结构和非对称临水板式围护结构。其中,带支撑的临水板式围护结构两侧均挡水;非对称临水板式围护结构一侧挡水、一侧挡土,两侧受力不平衡。钢板桩围护结构在国内外的港口、市政、水利等领域都有广泛应用。

其主要施工工艺是将陆上钢板桩基坑围护的施工工艺应用于水上,通过水上船舶或者搭设水上施工平台施打水上钢板桩,钢板桩打入后靠锁口相互连接咬合,形成连续的钢板桩围护墙。当被用作围护结构时,钢板桩具有施工便捷、重量轻、可循环利用等优点,但由于围护结构刚度较小,其基坑变形相对较大。

适用范围:钢板桩基坑围护结构主要适用于风浪较小、易施打桩、控制变形要求较低的工程。

技术特点：钢板桩重量轻、适应性强、施工效率高、可回收率高。

注意事项：设计时需充分论证方案实施的可行性、验算基坑的稳定性；对于一侧挡土、一侧挡水的非对称钢板桩围护结构，内力变形计算需考虑非对称基坑的受力不平衡情况；注意基坑水上施工的安全性；钢板桩施工时注意钢板桩之间锁口连接的止水效果；针对水上基坑的特殊性和复杂性，需要实施细致的检测，动态掌握水上基坑的稳定状况。

水上钢板桩基坑围护结构示意图详见图 3.9。

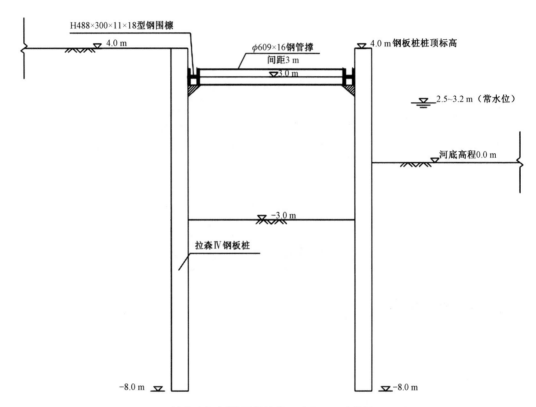

图 3.9 某水上钢板桩围护结构示意图(尺寸单位：mm)

3. 锁口钢管桩基坑围护结构

锁口钢管桩围护结构是指采用锁口钢管桩加内支撑的水上基坑结构围护方案，止水主要依靠钢管桩自防水及锁口间止水防水实现。目前锁口钢管桩基坑围护结构主要应用于桥梁、隧道等临水工程中，由于钢管桩刚度大，可适用基坑深度大，例如在上海外环隧道深基坑项目及某桥梁的桥墩基坑工程中都成功应用。

其主要施工工艺以及结构形式总体上与水上钢板桩基坑类似，主要差别在于桩基结构不一致，锁口钢管桩是一种带锁口的钢管桩，钢管桩打入后靠锁口相互连接咬合，形成连续的钢管桩围护墙。

适用范围：锁口钢管桩基坑围护结构主要适用于风浪较小、易施打桩、控制变形要求较高的工程，常应用于桥墩施工中。

技术特点：锁口钢管桩强度较大、适应性强、施工效率高、可回收率高，与钢板桩相比具有强度高、变形小的优点,但钢管桩接头强度、施工质量及锁口止水效果较难控制。

注意事项:设计时需充分论证方案实施的可行性、验算基坑的稳定性;注意基坑水上施工的安全性;加强对钢管桩锁口焊接质量的控制;注意钢管桩之间锁口连接的止水效果;针对水上基坑的特殊性和复杂性,需要实施细致的检测,动态掌握水上基坑的稳定状况。

锁口钢管桩基坑围护墙结构示意图详见图3.10。

4. 冲孔灌注咬合桩围护结构

冲孔咬合桩围护结构是指采用冲击成孔施工工艺成桩,桩与桩之间相互咬合的一种围护结构形式,在基坑围护工程中多兼有围护和止水帷幕的双重作用。冲孔咬合桩桩体材料为钢筋笼和商品混凝土,

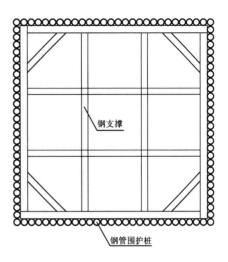

图 3.10　锁口钢管桩围护结构示意图

以水下浇灌的方式成桩。冲孔灌注咬合桩围护结构主要应用于抛石地基中,特别是邻近海堤以及后方抛石回填基础的一些工程建设中,例如在某邮轮码头后沿深厚抛石地基中的临水基坑工程中得到了很好的应用。

其主要施工工艺是:桩的排列方式为不配筋并采用超缓凝素混凝土桩(A桩)和钢筋混凝土桩(B桩)间隔布置。施工时,先施工A桩,后施工B桩,在A桩混凝土初凝之前完成B桩的施工。A桩、B桩均采用全套管钻机施工,切割掉与相邻A桩相交部分的混凝土,从而实现咬合。

该围护结构主要应用在临水深基坑建设中经常会遇到土层中存在大量的块石或其他硬质块体的情况。若采用型钢水泥土搅拌墙、钢板桩,施工中会遇到桩无法施打的问题;若采用分离式灌注桩排桩,会由于基坑上部部分无土而无法进行止水帷幕的施工。

适用范围:冲孔灌注咬合桩围护结构主要适用于风浪较小、不易施打桩、控制变形要求高的工程。

技术特点:在临海的深厚抛石层中采用钢筋混凝土桩和塑性混凝土桩相间形成的冲孔咬合桩结构,具有结构安全可靠、止水效果好的特点,能较成功地解决该环境条件下施工难、止水难的技术难题,但该围护结构施工难度大、造价高。

注意事项:设计时需充分论证方案实施的可行性、验算基坑的稳定性;在计算结果均满足规范要求的情况下,可采用典型试验方法;确定技术难度低、施工效果好的基坑围护设计方案;冲孔灌注桩施工过程中需注意控制质量以及对周边构筑物的影响。

冲孔灌注咬合桩围护结构典型断面示意图详见图3.11。

5. 人工岛板式围护墙结构

人工岛板式围护墙结构是指在临水基坑离开陆地一定距离、风浪条件较差、施工船舶作业时间较短等条件下需要施工场地时,工程先填筑水上人工岛(作业平台),然后采用板式围护的基坑结构。其中板式围护结构与陆上类似,可采用的结构形式有地下连续墙、型

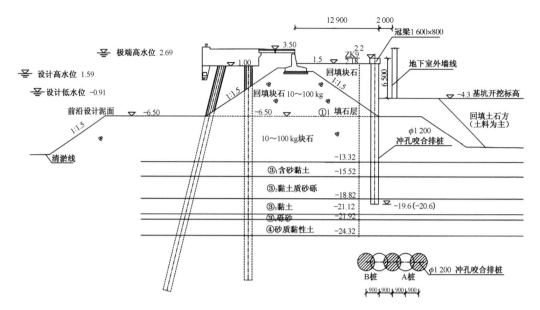

图 3.11　冲孔灌注咬合桩围护结构示意图(尺寸单位：mm；高程单位：m)

钢水泥土搅拌墙、钢板桩、灌注桩排桩围护墙。目前人工岛板式围护墙结构主要应用于海上或者近海工程中，例如在澳门某取水泵房基坑工程中得到了较好的应用。

其主要施工工艺是先进行围吹填形成人工岛，工作船借用附近码头或搭建临时码头完成陆上材料接驳，再在人工岛上采用陆上常规的围护结构施工方法进行施工。

适用范围：人工岛板式围护墙结构主要适用于风浪较大、施工场地空间要求高的工程。

技术特点：人工岛板式围护墙结构在人工岛形成后，其围护结构实施跟陆上板式围护结构相似，结构施工作业面大、施工方便、施工难度以及施工风险相对较小，但人工岛的施工费用较高且后期得拆除，不宜采用拆除难的灌注桩排桩围护墙等结构。

注意事项：基坑围护结构实施前需先施工人工岛，人工岛的围堰护面以及围堰顶标高设计需考虑波浪、潮流的作用；人工岛的地坪标高需满足施工作业要求；需注意加强基坑止水。

人工岛板式围护墙结构典型断面示意图详见图 3.12。

6. 近岸板式围护结构

近岸板式围护结构是指基坑不直接临水但距离水域较近且受水域影响的板式围护结构。它与陆上类似，可采用的结构形式有地下连续墙、型钢水泥土搅拌墙、钢板桩、灌注桩排桩围护墙。随着沿江沿海地区经济的高速发展，近岸板式围护结构在临江、临海、临湖建设的地下工程、基坑工程中广泛应用，例如在上海某内河船闸工程和某泵闸工程中都应用很成功。

主要施工工艺与陆上常规的围护结构施工方法一致。

适用范围：不直接临水但坑边与水域边线距离小于 5 m 或小于 2 倍基坑开挖深度的

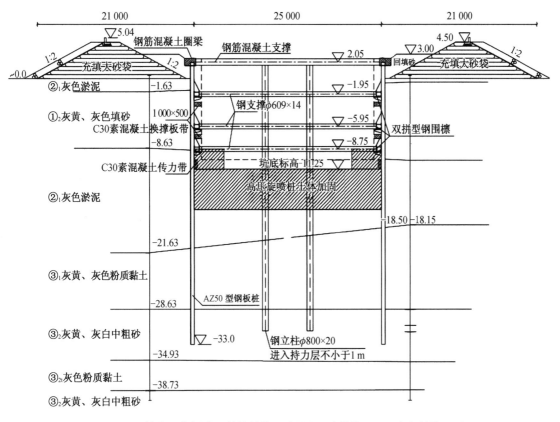

图 3.12 某人工岛板式围护墙结构示意图(尺寸单位:mm;高程单位:m)

情况。

技术特点:近岸板式围护结构距离水域较近,受水域影响,其具有受力不平衡等特性。相比于普通陆上板式围护基坑,其基坑开挖受到护岸(大堤)位移和周边环境保护等方面的限制较严,防渗要求高且需要考虑不平衡力的作用。

注意事项:设计时需充分论证方案实施的可行性、验算基坑的稳定性;需考虑对护岸(大堤)以及周边建筑物的影响,严格控制变形并加强基坑止水防渗。

近岸板式围护结构示意图详见图 3.13。

7. 沉箱码头式基坑围护结构

沉箱码头式基坑围护结构是指在沉箱码头结构中设置一道止水墙,并与沉箱码头一起形成围护墙,利用此围护墙进行挡水挡土。目前沉箱码头式基坑围护结构主要结合永久结构当作临时围堰使用,主要应用于船坞、码头等水运工程中,例如在大连新船重工30万 t 船坞接长工程及深圳孖洲岛友联修船基地船坞工程中得到很好的应用。

适用范围:基坑距离沉箱式码头结构较近,且要求充分利用码头后方地下空间的基坑工程。

技术特点:利用止水墙与沉箱码头一起形成的围护墙进行挡水挡土,无需再设基坑围护,从而达到满足充分利用码头后沿地下空间和节约工程投资等要求。

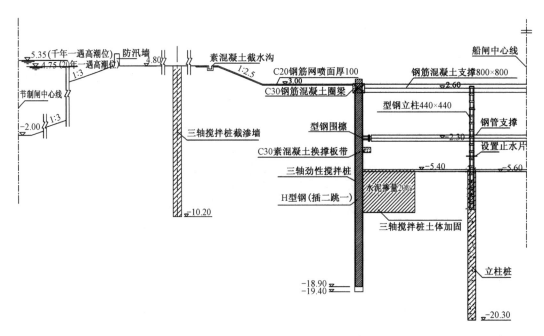

图3.13　近岸板式围护结构示意图(尺寸单位：mm；高程单位：m)

注意事项：设计、施工中需注意沉箱与沉箱底止水墙的结合效果，以及沉箱之间连接处的防渗止水设计，防止在地下空间结构施工过程中水体渗入；地下室主体结构与沉箱码头其余结构宜同步实施。

沉箱码头式基坑围护结构典型断面示意图详见图3.14。

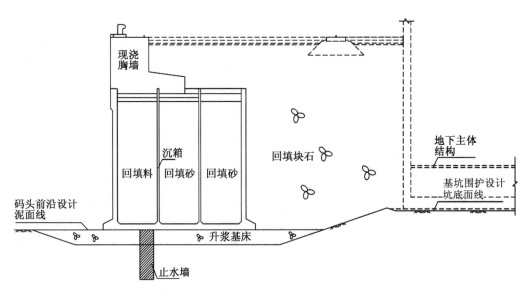

图3.14　沉箱码头式基坑围护结构示意图

8. 双排桩重力式围护结构

双排桩重力式围护结构是一种由双排围护桩、连梁(拉杆)组成的围护结构，排桩可采用钻孔灌注桩、钢板桩等形式。双排桩重力式围护结构由于整体性强、止水可靠、可承受较大变形,目前已在港口、市政、水利工程的基坑围护中广泛应用,例如在上海掘石港综合整治工程及常州百步塘闸站工程中得到了很好的应用。

适用范围:各类软土土质条件的地基、开挖深度不大于 10 m 的基坑工程,尤其适用于面积大的基坑工程。

技术特点:双排桩围护结构能够通过发挥空间组合桩的整体刚度和空间效应,并与桩土协同工作,以抵御临水侧和基坑侧之间的不平衡力,以达到挡水、保持坑壁稳定、控制变形、满足施工和周边环境安全的目的。与支撑式围护结构相比,由于双排桩围护结构基坑内不设支撑,不影响基坑开挖、地下结构施工,同时省去了设置、拆除内支撑的工序,大大缩短了工期,且围护结构整体性强、施工空间大、施工快捷、工期短、经济性好。

注意事项:设计时需充分论证方案实施的可行性、验算基坑的稳定性;注意基坑水上施工的安全性;需防止水和回填土的渗漏;围护结构设计需要有一定的宽高比和插入比以满足围堰整体稳定和变形要求。

双排桩重力式围护结构典型断面示意图详见图 3.15。

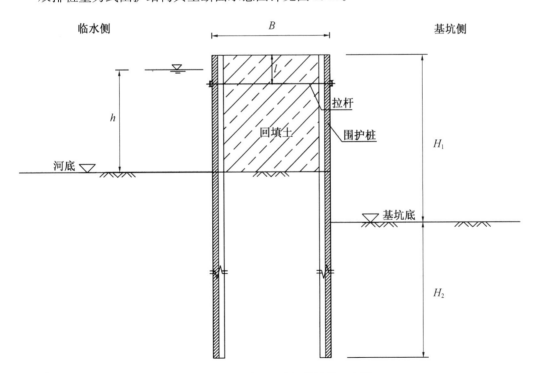

图 3.15　双排桩重力式围护结构示意图

9. 高桩码头与单排围护板桩组合结构

高桩码头与单排围护板桩组合结构是指在高桩码头后沿设置一排止水型围护板桩,利用止水型围护板桩进行挡水挡土,同时,利用码头结构承受水平力强的特点,替代内支撑体系。其中,止水型围护板桩可采用钢板桩、锁口钢管桩等。

适用范围：软土地基中高桩码头后沿需建设地下空间的类似工程。

技术特点：利用止水型的围护板桩进行挡水挡土，同时，利用码头结构替代内支撑体系，满足充分利用码头后沿地下空间和节约工程投资等要求。

注意事项：设计时需谨慎考虑高桩码头与板桩组合的结构在综合受力条件下的安全性和码头的变形，需同时满足码头船舶靠泊时的使用要求，以及控制对后方地下空间使用的影响；后排板桩的止水要求高，防止渗水对地下空间使用产生影响。

高桩码头与单排围护板桩组合结构典型断面示意图详见图3.16。

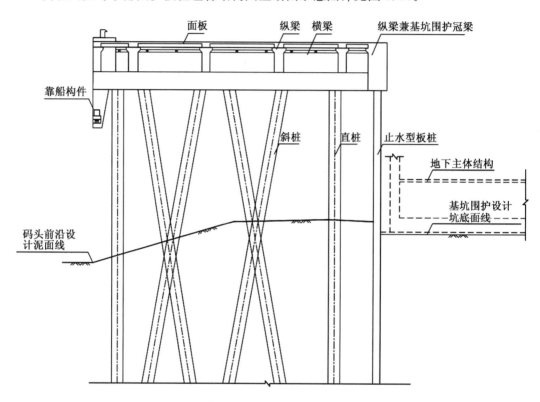

图3.16 高桩码头与单排围护板桩组合结构示意图

10. 全直桩高桩码头与双壁围护墙组合结构

全直桩高桩码头与双壁围护墙组合结构是指在全直桩高桩码头后沿设置两排钻孔灌注桩排桩，并在两排桩间设止水墙而形成围护墙，利用围护墙进行挡水挡土。其中，止水墙可采用高压旋喷桩、三轴搅拌桩等。在岩基面较高的软土地基中，因软土覆盖层较薄，码头结构常采用全直桩高桩结构形式，但现在由于商业开发要求充分利用码头后方的地下空间，也就是建筑物的地下室越接近码头后沿越好，在该类工程中可结合码头结构采用。

适用范围：在岩基面较高的软土地基中，因软土覆盖层较薄，码头结构采用全直桩高桩结构并在后沿建设地下空间的类似工程。

技术特点：利用围护墙进行挡水挡土，同时，利用码头结构承受水平力强的特点，替代内支撑体系，满足充分利用码头后沿地下空间和节约工程投资等要求。这是一种全直桩高桩码头与双壁围护墙组合的新结构,兼具码头和基坑围护的功能,结构安全可靠、经济。

注意事项:设计时需谨慎考虑全直桩高桩码头与双壁围护墙组合的结构在综合受力条件下的安全性和码头的变形,需同时满足码头船舶靠泊时的使用要求,以及控制对后方地下空间使用的影响。

全直桩高桩码头与双壁围护墙组合结构典型断面示意图详见图 3.17。

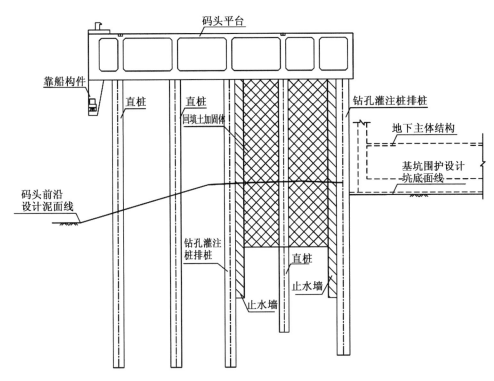

图 3.17　全直桩高桩码头与双臂围护墙组合结构示意图

3.2.3　围护结构设计要点

1. 围护结构形式及材料选择

有别于常规陆上基坑,临水深基坑由于地质、水文等条件的影响,常采用板式围护墙结构。具体的结构形式在前面章节已进行了详细的介绍。在具体工程实践中,应根据不同的地质、水文等条件,结合各结构形式的特点和适用条件进行选型。

目前常用的围护结构材料主要为型钢、预制钢筋混凝土、现浇钢筋混凝土。工程上常用的钢材牌号一般有 Q235、Q355、Q390、Q420;预制钢筋混凝土常用的强度等级一般不小于C30;现浇钢筋混凝土常用的强度等级一般为 C30~C40。

2. 围护结构平面布置及入土深度

围护结构的平面布置包括桩型、桩径(墙厚)、桩间距、布桩形式、与止水桩(构件)的位置关系等;入土深度包括桩长(墙深)、桩(墙)顶、桩(墙)底标高。

1) 平面布置形式

(1) 竖向围护桩与止水帷幕相间布置或咬合布置(图 3.18)

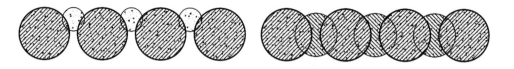

图 3.18　竖向围护结构的平面布置 1

(2) 竖向围护桩与止水帷幕前后分离布置(图 3.19)

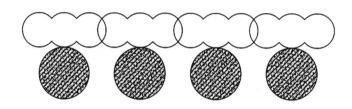

图 3.19　竖向围护结构的平面布置 2

(3) 竖向围护桩与围护桩的咬合布置(图 3.20)

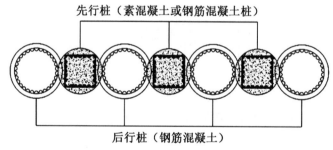

图 3.20　竖向围护结构的平面布置 3

(4) 组合式布置(图 3.21)

为了保证止水帷幕的可靠性,当基坑开挖深度大、坑内外水头差大、周边环境保护要求高时,除了在竖向围护桩间布置止水帷幕外,还可在外侧再布设高压旋喷桩或水泥搅拌桩止水帷幕,如图 3.21 所示。

图 3.21　竖向围护结构的平面布置 4

2）围护桩间距的确定原则

（1）围护桩间距的布置主要与土层的地质条件、超载、止水桩布置形式等有关。

（2）当与止水桩相间咬合布置时，围护桩的间距由止水桩的桩径及咬合宽度确定，咬合宽度一般不小于 200 mm。

（3）当与止水桩前后排布置时，围护桩的间距一般不大于 200 mm。

3）桩径（墙厚）的确定原则

桩径（墙厚）的确定与场地的地质和水文条件、基坑开挖深度、支撑的布置、周边环境保护要求等相关。

（1）常用的桩径为 600～1 200 mm，常用的现浇钢筋混凝土墙厚为 600～1 200 mm。

（2）对于规模较小的基坑，宜采用增加支撑道数的方法来减少围护桩直径（墙厚），提高经济性；对于规模较大的基坑，由于水平内支撑长度大，相对刚度较小，宜根据围护桩与水平内支撑布置综合考虑确定。

4）桩长的确定

竖向围护结构的桩长确定与场地的地质和水文条件、基坑开挖深度、支撑的布置、周边环境保护要求等直接相关。同时，桩的嵌固深度还应满足基坑围护结构的抗隆起、抗倾覆、抗滑移以及整体稳定等要求。通常，止水桩（构件）的桩长同围护桩桩长，具体应根据抗渗流稳定要求确定。

3. 计算要点

（1）临水深基坑围护结构计算主要包括稳定性验算及内力和变形计算。其中，稳定性验算主要包括整体稳定性、抗倾覆稳定性、抗隆起稳定性、抗渗流稳定性及抗承压水稳定性验算。板式围护结构的稳定性分析主要有以下四种方法：极限平衡法、极限分析法、可靠度分析法、强度折减法。在实际工程设计中，还是以极限平衡法为主。

（2）板式围护结构的内力与变形计算目前采用最多的是弹性地基梁法，该方法计算简便，可适用于绝大部分常规工程。对于具有明显空间效应的临水深基坑工程，可采用空间弹性地基板法进行围护结构的内力和变形计算；对于复杂的临水深基坑工程需采用连续介质有限元法进行计算。但常用的竖向弹性地基梁法只支持计算单边围护结构模型，其通常只能用于求解对称基坑或两侧结构受力差别不大的基坑。对于临水深基坑，其结构受力不平衡，不能直接简单使用单边弹性地基梁法的计算结果，还应考虑两侧围护结构的变形协调。

墙体内力和变形计算应按照主体工程地下结构的梁板布置，顾及施工条件等因素，合理确定支撑标高和基坑分层开挖深度等计算工况，并按基坑内外实际状态选择计算模式，考虑基坑分层开挖与支撑进行分层设置。根据换撑拆撑等工况在时间上的先后顺序和空间上的位置不同，进行各种工况下的连续完整的设计计算。

（3）临水深基坑设计计算除了应符合常规陆上基坑计算有关规定外，尚应考虑坑内外水位组合，坑内外水位与波浪、水流组合，以及基坑两侧水土压力的差异等因素。

（4）临水深基坑工程的围护结构设计应尽量使坑外两侧的水压力和土压力之和达到基本平衡，若不平衡，应考虑两侧压力不平衡情况对围护结构的影响，进而采取必要的加强措施。

（5）临水深基坑面临更加复杂的环境条件，其计算与陆上基坑有一定差异，设计时要注意土体水平向基床系数沿深度增大的比例系数，确定合适的土体参数、波浪荷载、土体加固参数等重要计算参数。

（6）临水深基坑围护桩相比工程桩进入土层长度通常比较短，竖向承载力较差，计算围护桩插入深度时除满足稳定性要求以外，还需验算由支撑自重及施工超载引起的竖向承载力要求。

3.3　临水深基坑工程内支撑结构设计

基坑工程中的围护结构一般有两种形式，分别为围护墙结合内支撑的形式和围护墙结合锚杆的形式。但考虑到临水深基坑所处环境的特点以及水上基坑本身的特点，围护墙结合锚杆的形式并不完全适用，围护墙结合内支撑的形式是水上基坑常用的围护结构形式。内支撑可以直接传递和平衡四周围护墙上所受的侧压力，主要由水平支撑和竖向支承两部分组成。

内支撑无需占用基坑外侧地下空间资源，可提高整个围护体系的整体强度和刚度，有效控制基坑变形，其平面布置形式灵活多样，得到了广泛应用。

3.3.1　支撑材料

基坑工程的支撑体系一般采用内支撑形式，主要由围檩、支撑杆件和竖向支承三部分组成。

内支撑结构从杆件材料上可分为钢支撑结构、混凝土支撑结构以及二者组合的支撑结构。

钢支撑（图 3.22）一般指的是钢管支撑或型钢支撑，前者截面刚度较匀称、节点可靠、

图 3.22　钢支撑实景图

稳定,因而应用最为广泛。钢支撑优点较多,一方面能够实现快速安装和拆除,施工效率高,并且拆除后可循环使用,一定程度上又节省了造价;另外一方面,安装完成后能立即作业,不需要像混凝土材料那样实施养护,并且可以施加预应力,尤其是伺服轴力自动补偿系统的应用推广,可以做到实时弥补钢支撑在开挖过程中的应力损失,这样既缩短了支撑施工工期,还有利于基坑位移控制。但是钢支撑也存在节点构造复杂、对拼接或焊接工艺要求较高等缺点,而且在抗拉稳定性方面存在不足。

钢筋混凝土支撑(图 3.23)是由多杆件现浇连接形成的整体效应好、平面刚度大、抗变形能力强的一种结构体系。这种体系不但布置方式灵活多样,可通过调整杆件间距、方向等方式适应不同形状、规模的基坑工程,而且施工质量容易把控,因而使用面较广。但混凝土支撑需要进行制模、钢筋绑扎、浇筑和养护多个流程,工序相对繁琐,工期也长,这对于临水深基坑特殊的场地条件,无疑会增加施工难度,而且混凝土支撑制作和拆除过程中会产生扰动,需要加强对围护结构体系的保护。

图 3.23　混凝土支撑实景图

3.3.2　支撑布置形式

内支撑系统一般由水平支撑体系(或内斜撑)、立柱等支撑结构构成。支撑结构从杆件材料上可以分为钢支撑结构、混凝土支撑结构、钢和混凝土组合结构等形式。水平支撑体系从布置形式上可以划分为角撑支撑体系、对撑式支撑体系、桁架式支撑体系、圆环形支撑体系以及上述各种体系的组合支撑形式。

支撑系统的平面布置形式灵活多变,受基坑规模、环境条件、工程造价、主体结构、施工方法、工期等因素的制约。从技术上来说,同样的基坑工程采用多种支撑布置形式均是可行的,需要根据工程具体情况综合考虑,在确保基坑安全可靠的前提下尽量做到经济合理、施工方便。针对地质条件差、基坑规模大、开挖深度大的基坑工程,目前业内较为青睐的支撑布置形式主要有斜抛撑、预应力装配式型钢组合支撑、正交对撑、角撑结合边桁架支撑、圆环支撑以及利用永久结构的水平梁板替代临时支撑的形式等。但是,临水深基坑受到波浪、潮流以及部分围护结构直接位于水中等因素的影响,有其独特的环境条件,陆上基坑的平面布置形式并不完全适用,例如斜抛撑需要在坑内一定范围内留土坡,以抵抗坑外侧的水土压力,显然临水深基坑难以满足坑内留设土坡这一条件。目前在临水深基坑中使用较为成熟、广泛的支撑布置形式主要有正交对撑、对撑与角撑结合边桁架支撑、圆环支撑以及利用永久结构的水平梁板替代临时支撑的形式。

1. 正交对撑

正交对撑是指支撑的纵向与横向相互正交布置的方式,其平面刚度大,传力直接、可靠,几乎适用于任何形式的基坑工程,如图 3.24 所示。这种布置形式变形控制能力好,施工便利,对混凝土和钢管材料均适用。对于钢支撑布置,受水上施工条件的限制,其节点构造应尽量简单,减少或避免水上焊接工序。钢支撑节点可采用十字形、井字形节点,整体性好,节点质量可靠,且便于施工。但正交对撑布置的基坑,支撑在平面上几乎全覆盖,立柱的分布较密,会影响支撑底下土方开挖,降低出土效率,并且造价相对较高。

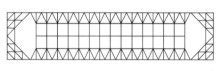

图 3.24　正交对撑布置形式

2. 对撑与角撑结合边桁架支撑

对撑与角撑结合边桁架支撑体系是混凝土支撑最为常见的一种平面布置形式,应用极为广泛,如图 3.25 所示。这种支撑体系是在基坑四周角部区域布置角撑,其余区域沿着纵向、横向布设对撑并结合边桁架,受力十分明确,具有较好的变形控制能力。不同区块之间的支撑受力相对独立,尤其是四个角部位置,可以实现支撑与土方分区、错开流水线施工,一定程度上可缩短支撑施工的绝对工期。另外,通过在局部支撑区域设置施工栈桥,还可大大加快土方的出运速度。

3. 圆环支撑

当临水基坑平面为规则的圆形或近似圆形时,为充分发挥出材料(特别是混凝土材料)抗压能力强的特点,把杆件形式设计成圆环结构,可以仅设单圆环结构,也可以设成内外双圆环结构,以加强平面刚度。圆环支撑从根本上改变了常规的支撑受力方式,基坑外侧水土压力通过围护墙直接传递给环形围檩,或者传递给环形围檩与边桁架腹杆,再集中传至内圆环杆件,是一种以水平受压为主的圆形内支撑结构体系,如图 3.26 所示。圆环

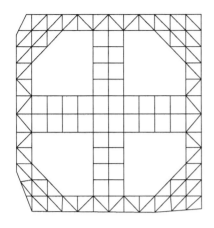

图 3.25　对撑与角撑结合边桁架支撑布置形式

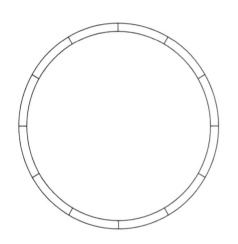

图 3.26　圆环支撑布置形式

支撑具有支撑平面覆盖率低、挖土空间大、支撑与立柱用料省等优点,但也有圆环构件受力要均匀、施工质量要求高、挖土顺序严格等特点。

4. 结构梁板替代临时支撑形式

利用主体结构地下部分的梁板代替常规水平临时支撑,即采用逆作法施工,结构梁板自上而下逐层浇筑施工,当开挖结束时,地下结构即施工完成。近几年逆作法在国内应用案例逐渐增多,设计与施工水平不断进步,逐渐发展成为软土地区和环境保护要求严格的基坑围护的重要方法。该支撑形式具有以下优点:①楼板刚度大,可以有效控制基坑变形,适用于周边环境复杂、对变形敏感的基坑工程;②由于首层楼面结构先施工完成,可为施工提供更多的作业空间;③充分利用结构梁板作为水平支撑体系,可节省大量临时支撑的设置和拆除工作量,经济性较好。但该技术由于存在结构接头复杂、立柱垂直度控制要求高、盖挖作业环境差等问题,对施工单位提出了更高的要求。

3.3.3 内支撑选型

1. 选型基本原则

1) 安全可靠

基坑工程的作用是为地下工程的敞开开挖施工创造条件,确保基坑工程的安全是支撑体系设计的首要目标。内支撑选型应结合工程当地的施工经验和技术能力进行具体分析,选择成熟、可靠的支撑布置形式,同时应考虑周边的建(构)筑物、地下管线、市政道路等保护对象,确保周边环境的安全。支撑体系设计需满足规范与工程对支撑体系的承载能力、稳定性与变形计算的要求。

2) 经济合理

支撑体系多采用临时性结构,因此,在确保基坑及周边环境安全的前提下,应尽可能降低工程造价。不同的支撑布置形式首先是造价上存在较大差异,其次是对工程工期有较大的影响,并且工期对项目开发所产生的经济性差异也不容忽视。因此,支撑体系设计要从工期、材料、设备、人工以及环境保护等多方面综合研究经济合理性。

3) 施工便利

支撑体系设计在安全可靠、经济合理的前提下,应尽可能给地下结构提供更多施工空间,最大限度地满足施工便利的要求。支撑的布置形式是实现施工便利、保证工期的重要因素,例如圆环撑的布置可营造较大的挖土、施工空间,便于基坑中央区域的主体结构快速出地面。

综上,基坑支撑体系的选型应遵循"安全、经济、合理"的原则。简言之,就是要综合考虑基坑平面尺寸、基坑周边环境、场地地质与水文条件、施工季节、已有的施工机械设备、地区经验做法、施工便捷性、安全性要求、相应的行业规范和条例、经济性要求与社会效益等多种影响因素,合理选择基坑支撑布置形式并在细部予以优化。

2. 选型分析

1) 常规支撑体系选型分析

支撑系统的平面布置是围护设计中至关重要的一个环节,应尽可能使杆件构造简单、受力明确,确保基坑开挖期间围护结构上所受到的侧压力能够有效传递。支撑系统的平面布置形式除了受到基坑规模、环境条件、工程造价、主体结构、施工方法、工期等客观因素的制约,还受到不同地域设计习惯、设计师的倾向性差异等主观因素的影响,因而难以形成统一的标准。

影响支撑布置形式选型的主要要素有适用范围、变形控制、经济性以及施工便利性等几个方面,具体分析见表3.5。

2) 临水深基坑支撑体系选型分析

临水深基坑处于水边或水中,受到不对称的波浪、潮流等动荷载作用,导致水上基坑围护结构的变形及受力与陆上基坑存在明显差异,支撑整体结构受力特性随之改变,给支撑平面布置带来巨大挑战。圆环撑形式虽然能提供较大作业空间,但水上环境往往需要在不平衡力状态下工作,而圆环撑对不平衡力非常敏感,易发生大变形直至失稳,因此

表 3.5   内支撑选型要素分析

支撑布置方式	材料	适用范围	变形控制	经济性	施工便利性
正交对撑	钢支撑/混凝土支撑	适用于各类形状的基坑	变形控制能力好,适用于变形控制严格的工程	造价相对较高	(1) 支撑、立柱施工体量大; (2) 支撑覆盖率高,坑内挖土效率低
对撑与角撑结合边桁架	混凝土支撑	适用于各类形状的基坑	变形控制能力相对较好	相比于正交对撑,有经济性优势	(1) 角撑、对撑之间具有较强的受力独立性,便于支撑与土方流水化施工; (2) 通过在支撑局部区域设置施工栈桥,可加快土方出土速度
圆环撑	钢支撑/混凝土支撑	适用于平面形状为圆形或近似圆形的基坑	相比于其他支撑体系,圆环撑变形控制能力一般,适用于基坑周边环境控制要求不高的工程	支撑覆盖率低,且竖向立柱数量少,整体经济效益好	(1) 提供较大的挖土及施工空间,出土效率高,可加快主体施工进度; (2) 基坑周边土方均匀、对撑开挖,支撑完全形成后进行土方开挖
结构梁板替代临时支撑	混凝土支撑	适用于对变形敏感或超过一定面积且其他支撑形式不适用的基坑	结构梁、板刚度大,安全度高,变形小	可节省常规顺作法中大量临时支撑的设置和拆除工作量,经济性好,且能耗低,节约资源	(1) 首层楼板可为施工提供作业空间; (2) 逆作暗挖,出土难度提高; (3) 施工技术要求高,与主体设计关联度大

需谨慎选择圆形平面布置;结构梁板替代临时支撑,即采用逆作法施工工艺,虽然平面刚度大,且无需另设临时支撑,但施工非常复杂,水上作业环境往往难以满足施工条件,也需谨慎选择。

针对临水深基坑面临的环境特殊性,尤其是波浪力对围护结构的变形影响较大,在波压力和波吸力的往复作用下,围护结构将发生较大摆动,围护墙顶部会受到反复的拉压作用,此时支撑杆件易受拉造成失稳。从支撑材料角度考虑,第一道圈梁及支撑应采用钢筋混凝土结构,以保证整个支撑体系的刚度;下部内支撑体系可采用钢支撑体系,并应尽可能加快支撑安装的施工速度,同时需保证所有支撑及围檩之间可靠焊接。

3) 案例

针对临水深基坑水平内支撑的受荷状态,国内一些学者进行了相关研究。李小军等通过对长江口中船长兴造船基地的水上深基坑围护建造特大型船坞坞口设计方案进行分析,指出波浪力作用下基坑两侧的围压不均将引起围护体系在平面上来回"摆动",这样的"摆动"变形在第一道混凝土支撑面处最大。之后宣庐峻又对该项目进行分析,指出波浪力对基坑整体水平向变形有一定影响,特别是迎浪面的围护墙顶部位移有较大增加,但是对基坑两侧围护钢板的内力及支撑轴力产生的影响并不明显。丁勇春、顾宽海等针对舟山某船坞坞口水上基坑进行力学性状数值分析,指出不同水位及波压条件下基坑施工过程中第一道混凝土支撑的受力状态发生明显变化,从受压变成受拉状态,而下部各道钢支撑均处于受压状态,各道钢支撑受压轴力大小与基坑两侧钢板桩间的相对侧向变形大小对应;水上基坑设计与施工过程中应密切关注第一道支撑在不同计算工况下受力状态的改变,注意增强基坑围护结构的整体刚度。张逸帆、顾宽海以澳门某取水泵房基坑工程为例,通过弹性地基梁法和数值模拟方法,指出第一道圈梁及支撑应尽量采用钢筋混凝土结构,并进行坑底加固,以增加围护结构在波浪侵袭条件下的稳定性;波吸力和波压力对围护墙的变形影响主要集中在坑底以上部位,造成基坑顶部受到往复摆动的作用。

　　下面结合澳门某取水泵房基坑工程,利用弹性地基梁法和数值模拟方法,分别分析在无动水条件下和水流波浪条件下,围护结构的变形和受力特性。在此基础上,针对围护墙刚度和坑底加固参数的敏感性进行分析。图 3.27 为澳门某取水泵房基坑工程人工筑岛水上基坑三维模型。

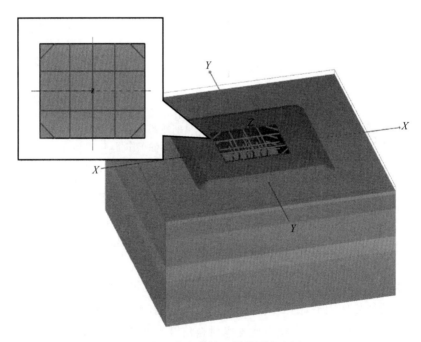

图 3.27　水上基坑三维模型示意图

　　模型位移边界条件:四周边界水平向为位移限制边界,竖向为自由移动边界,底部采用全约束。

　　计算模型:采用 HS 本构模型,根据土体的种类通过压缩模量 E_s 换算得到土体刚度参数。强度指标采用土体固结快剪指标。

　　加固后的土体参数取值根据面积置换率进行加权平均得到,其中,加固土体强度取土体加固后 28 天的无侧限抗压强度 $q_u = 0.8$ MPa,水泥土的抗剪强度取 $c = 40$ kPa,$\varphi =$

$20°$,压缩模量取 $E_s = (100 \sim 120)q_u$。

钢板桩围护墙采用板单元进行模拟,基坑内支撑和立柱采用梁单元模拟。围护墙等效厚度按下式计算:

$$d_1 = \sqrt{6 \times W_{z1}} = \sqrt{6 \times 5.0 \times 10^{-3}} = 0.17 \text{ m} \tag{3.1}$$

$$d_2 = \sqrt{6 \times W_{z2}} = \sqrt{6 \times 14.8 \times 10^{-3}} = 0.30 \text{ m} \tag{3.2}$$

式中　d_1,d_2——陆域侧钢板桩、海域侧钢板桩折算后的围护墙等效厚度;

　　　　W_{z1}——陆域侧钢板桩抗弯截面模量,$W_{z1} = 5.0 \times 10^{-3} \text{ m}^3$;

　　　　W_{z2}——海域侧钢板桩抗弯截面模量,$W_{z2} = 14.8 \times 10^{-3} \text{ m}^3$。

施工过程模拟:先利用"K0 过程"生成初始应力;激活人工岛土体单元;随后激活围护墙并进行坑底加固;然后激活立柱桩;开挖土体到相应标高,激活第一道内支撑体系;依次开挖土体并激活内支撑直至坑底。在高水位工况下,分别施加波吸力与波压力。在基坑每层土开挖前,需把坑内地下水位降到开挖面以下。

结果分析及结论:对无波浪条件下弹性地基梁计算模型(工况 1)、无波浪条件下有限元计算模型(工况 2)、波压力作用下有限元计算模型(工况 3)、波吸力作用下有限元计算模型(工况 4)四种工况分别进行计算。将围护桩变形-桩长曲线、围护桩弯矩-桩长曲线绘制在图 3.28 和图 3.29 中。波浪力对围护结构的变形影响较大。在波压力和波吸力的往复作用下,围护墙坑底以上变形有较大摆动,围护墙顶部会受反复的拉压作用。第一道圈梁位移变化幅度达 10 mm 左右。因此,临水深基坑围护在海域侧通常需要采用刚度较大的组合型钢板桩或双排钢板桩结构,以减小波浪对外侧围护墙及支撑整体稳定性的影响。第一道圈梁及支撑应尽量采用钢筋混凝土结构,以加强基坑围护结构的整体刚度。

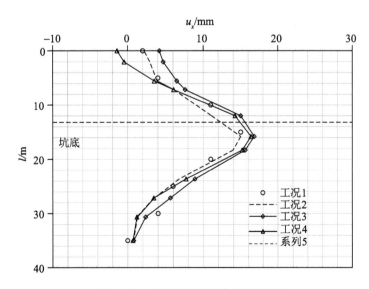

图 3.28　围护墙变形计算结果示意图

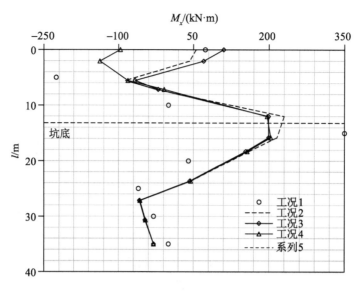

图 3.29　围护墙弯矩计算结果示意图

3.3.4　竖向支承

基坑内支撑需要设置竖向支承,作为整个支撑体系的竖向承重构件,用于承受整个水平杆件和平台板的自重以及施工荷载。通常竖向支承由钢立柱和立柱桩两部分组成,钢立柱底部插入立柱桩内一定深度,上部与各道水平支撑牢固连接,使得整个支撑体系形成一个完整的空间架构。

工程上常用的钢立柱形式有角钢格构柱、H 型钢柱、钢管桩(图 3.30)。角钢格构柱是由四根角钢按一定间距焊接缀板形成的空心方形钢柱,为减少水上焊接工作量,往往在岸上加工点或钢结构厂制作完成后运往施工现场。而 H 型钢柱和钢管桩无需另外焊接制作,但要加强与水平支撑的连接,确保抗剪能力。

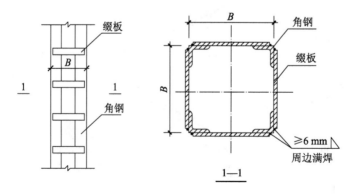

图 3.30　角钢与缀板拼接

荷载由上部钢立柱传至立柱桩(图 3.31),最终由立柱桩来承担支撑体系的自重和施工荷载。立柱桩常用的形式有灌注桩、钢管桩和单轴搅拌桩。基坑支撑体系的立柱桩可借用主体结构的工程桩,无法利用时需另设临时立柱桩。当主体结构基础采用钢管桩时,可考虑作立柱桩及钢立柱使用,桩顶部升至第一道支撑标高。当竖向支承对荷载要求不高时,立柱桩也可采用单轴搅拌桩(图 3.32),无需下放钢筋笼,只需配备打桩船或搭设临时施工平台。

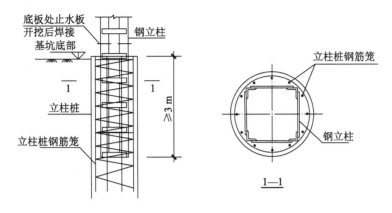

图 3.31　钢立柱与灌注桩连接详图

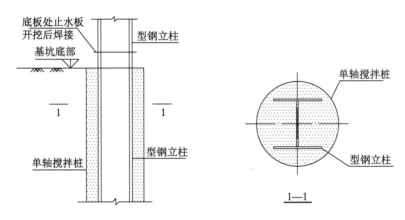

图 3.32　型钢立柱与单轴搅拌桩连接详图

3.3.5　支撑体系计算要点

临水深基坑支撑结构上的主要作用力一部分是由围护结构体传来的水土压力和坑外地表荷载所引起的侧压力,直接临水工况下坑外地表荷载所引起的侧压力可以忽略,但需要考虑波浪力、水流力,另一部分是结构本身自重以及结构表面或施工平台的施工荷载。前者需要进行水平力作用下的水平支撑计算,后者需要进行竖向力作用下的水平支撑计算。

1. 水平力作用下的水平支撑计算

将支撑杆件、施工平台板等结构从整体围护结构体系中隔离出来,形成自身平衡的封闭体系,在隔离处加上相应的支撑结构内力,采用杆系有限元法进行计算分析。分析计算时,坑外水体深度范围内无法提供被动土变形约束,此时周边围檩不添加约束(主要是法向弹簧支座)。位于坑外天然泥面以下支撑体系的围檩,可考虑适当的约束,以限制结构的整体位移。钢支撑节点宜按铰接点考虑。

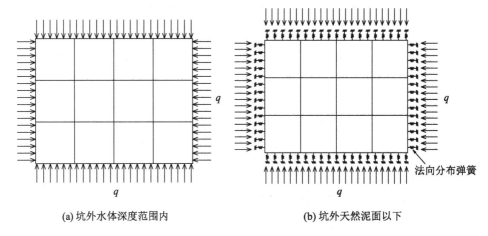

(a) 坑外水体深度范围内　　　　　(b) 坑外天然泥面以下

图 3.33　支撑体系边界条件

支撑反力按照现行规范设计要求,由基坑断面竖向弹性地基梁法计算得到。弹性地基梁模型以围护墙、支撑及被动土弹簧组成受力体系,将外侧水土压力作为荷载,通过建立梁曲线方程求解围护结构变形内力。由于水上基坑临水侧受到波浪作用,临水侧围护墙分别受"静水压力+波峰压力"和"静水压力+波谷拉力"两种工况作用,支撑反力按最不利工况取值。

利用弹性地基梁法计算支撑反力时,内支撑点弹性支座的压缩弹簧刚度 K_B,由支撑体系的布置、支撑构件的材料、轴向刚度等条件确定,公式如下:

$$K_B = \frac{2\alpha EA}{lS} \tag{3.3}$$

式中　K_B——内支撑的压缩弹簧系数[(kN/m)/m];

　　　α——与支撑松弛有关的折减系数,一般取 0.5~1.0,当对混凝土支撑与钢支撑施加预压力时,取 1.0;

　　　E——支撑结构材料的弹性模量(kN/m²);

　　　A——支撑构件的截面积(m²);

　　　l——支撑的计算长度(m);

　　　S——支撑的水平间距(m)。

2. 竖向力作用下的水平支撑计算

水平支撑计算时,竖向荷载一般考虑结构自重和结构表面施工荷载,施工荷载可根据实际需求按 2~5 kPa 取值,并考虑施工期间人员通道等。支撑表面不得堆放施工材料(如钢筋、模板)和行走施工机械,如确有需求则设置施工栈桥并进行专门设计。支撑结构在竖向荷载作用下的内力和变形计算可根据支承条件按简支梁、连续梁或空间框架分析,计算跨度取相邻立柱中心距。

3. 温度改变引起的支撑结构内力计算

对于温度变化和加在钢支撑上的预压力对支撑结构的影响,由于目前对这类超静定结构所做的试验研究较少,难以提出确切的设计计算方法。温度变化的影响程度与支撑构件长度有较大关系,根据经验和实测资料,对长度超过 40 m 的支撑宜考虑 10%～20% 的支撑内力的变化影响。

4. 立柱、围护墙相互之间差异沉降内力计算

临水深基坑一般处于水边或水中,常遇到表层有较厚的软土,基坑开挖卸载易引起基坑底部回弹,立柱也将随之发生隆起,立柱与立柱之间、立柱与围护墙之间存在差异沉降。目前的理论方法尚难以对差异沉降引起的支撑受力变化进行计算分析。在基坑工程实施过程中,当差异沉降的监测数据较大时,应进行分析研究并采取必要的技术措施进行控制。

5. 竖向支承立柱、立柱桩计算

竖向支承通常要考虑基坑开挖阶段支撑与钢立柱的自重、支撑构件上的施工超载等。钢立柱应按偏心受压构件进行承载力计算和稳定性验算,偏心距应根据立柱垂直度并按双向偏心进行计算。其中,计算长度取竖向相邻水平支撑或水平结构的中心距,最下面一跨应取最后一道支撑中心线至立柱桩顶的距离。立柱桩应进行单桩竖向承载力计算,竖向荷载按最不利工况取值,逆作法施工时一柱一桩还需满足沉降要求。

3.4　临水深基坑止水防水设计

3.4.1　止水防水选型

止水防水是临水深基坑设计中的一项重要内容,其成功与否直接关系到项目的成败。对于直接临水的深基坑,以往常规的止水防水方式往往是难以采用的,如水泥土搅拌桩止水帷幕、旋喷桩止水帷幕等均无法实施,除非采用人工岛基础上的板式围护墙结构。

为解决好水中止水防水的技术难题,需要从围护墙自身结构上考虑,并采取必要的辅助技术措施,例如:为确保水上钢板桩基坑围护结构的止水防水可靠,一般要求采用的钢板锁扣顺直且完好,同时要求在施打前涂刷防水材料;为解决板式围护墙结构中灌注桩排桩围护墙因缺土而无法进行止水防水设计以及在块石基础中因很难施工搅拌桩、旋喷桩而无法进行止水防水设计等问题,可采用咬合桩围护墙进行一次性施工的结构自防水,确保其可靠性;另外,也可以先填筑人工岛,在此基础上采取陆上常规止水防水措施。

因此,要做好临水深基坑的止水防水设计,首先根据环境条件等情况初步确定围护结构,再进行针对性的止水防水设计;其次,若止水防水设计难以达到规范等要求时,应及时调整原围护结构方案,即根据止水防水设计方案要求及时修改、完善围护结构方案。

1. 临水深基坑止水形式

陆上基坑常见的止水方法有水泥土搅拌桩、高压旋喷桩、钢板桩、SMW 工法桩、地下连续墙、咬合桩、注浆等,但由于临水深基坑通常直接临水,与常规陆上基坑面临的地质、

水文条件及施工条件等也不同,若直接采用陆上止水设计往往难以达到目的,本节对常用的临水深基坑止水形式进行介绍。

1) 单排钢板桩止水

临水深基坑部分位于水中,采用钢板桩作为围护桩,同时具有止水帷幕的效果,因此在临水深基坑中广泛应用,如图 3.34 所示。钢板桩作为临水深基坑的止水帷幕,集围护桩和止水帷幕于一体,综合优势明显;钢板桩之间锁口互相咬合,密封止水效果好;具有施工快捷、可回收利用、环保经济性好的特点。

钢板桩围护结构通过锁口连接单片钢板桩,尽管钢材自身是防水的,但由于锁口不可避免存在缝隙,因而成为防渗的薄弱点,因此需要通过锁口的密封及自身的插入深度起到止水的作用。钢板桩锁口止水密封有天然密封和人工密封两种方式,密封效果与锁口形状、咬合程度、施工变形、地质条件等多种因素有关。天然密封方式一般存在可靠性差的缺点,特别是钢板桩直接临水或当土粒较粗时,需要很长时间才能让浮游物、土粒等形成堵塞效果,实际施工中不建议采用。临水深基坑工程通常采用人工密封方式,钢板桩宜采用小齿口锁口,以加强锁口相互之间的咬合,并在锁口涂以黄油、沥青、锯末等拌和物捻缝,以防漏水。对钢板桩可能存在的局部缝隙漏水,可在基坑内侧用速凝水泥、聚氨酯堵漏剂等注浆堵漏方法进行处理。当防水要求高时,有条件时也可以通过设置独立的止水体系,如在锁口后方施工深层搅拌桩、高压喷射注浆止水帷幕等。

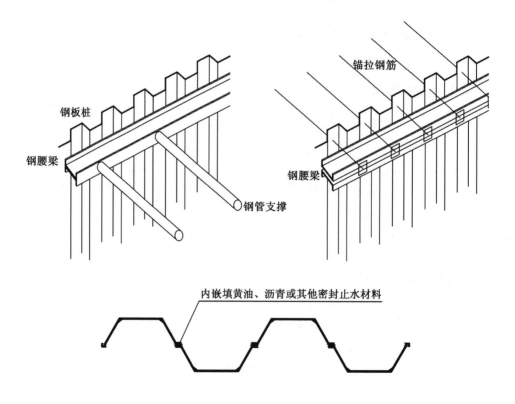

图 3.34　水上钢板桩止水帷幕示意图

2) 双排板桩止水

在临水深基坑建设中,常采用单排钢板桩加内支撑体系的水上基坑干施工方案,主要因其具有较好的经济性,但也存在抗风浪能力弱等不足,尤其是在风浪条件差的工程中,采用单排钢板桩围护结构时锁口处易发生漏水,严重时补救困难,风险较大。

为改善因单排钢板桩断面刚度小而抗风浪能力弱以及因锁口破坏或锁口内的止水材料存在质量问题而漏水的缺点,可采用双排板桩加内支撑的水上基坑围护方案。双排板桩中的前板桩可采用钢板桩、混凝土板桩等,后板桩采用钢板桩,双排板桩之间回填砂或土,一旦临基坑侧钢板桩产生严重渗漏时,可在其后增设一排连续的旋喷止水桩形成旋喷桩止水墙,从而使得临水深基坑止水体系具有更高的安全性、可靠性、经济性等。双排板桩止水结构见图 3.35。

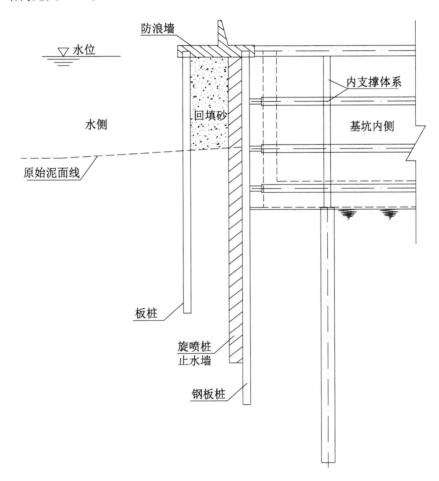

图 3.35 水上新型双排板桩止水结构示意图

3) 冲孔咬合桩止水

当临水深基坑场地内存在抛石等障碍物时,常规的水泥土搅拌桩、旋喷桩等止水帷幕施工难度较大,或当钢板桩打设困难时,可考虑采用冲孔咬合灌注桩作为基坑围护桩,同时兼作止水帷幕。

冲孔咬合桩是采用灌注桩机施工形成的桩与桩之间相互咬合排列的一种基坑围护结构,自身具有挡土挡水功能,如图3.36所示。通常采用全钢筋混凝土桩排列或钢筋混凝土桩与素混凝土桩交叉排列两种形式。素混凝土桩采用超缓凝混凝土先期浇筑;在素混凝土桩的混凝土初凝前利用套管钻机的切割能力或冲孔锤的冲击力切割掉相邻素混凝土桩相交部分的混凝土,然后浇筑钢筋混凝土。当遇到地下障碍物时,由于咬合桩采用钢护筒,可吊放作业人员进入孔内清除障碍物,也可采用冲击锤清除障碍物。因此,地下障碍物不会影响咬合桩的施工。冲孔咬合桩施工时需控制好桩的垂直度,防止因混凝土桩垂直度偏差较大而造成与钢筋混凝土搭接效果不好,引起基坑漏水,同时,为避免新灌注混凝土桩受到扰动,钻孔时跳过新浇桩的相邻孔进行钻孔施工。

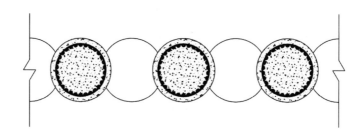

(a)第一序列素混凝土桩与第二序列钢筋混凝土桩咬合

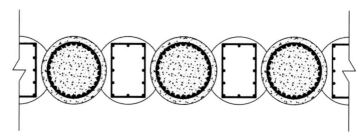

(b)第一序列和第二序列均为钢筋混凝土桩咬合

图3.36 冲孔咬合桩平面布置示意图

4)人工岛基坑围护止水

临水深基坑采用人工岛板式围护墙时,应先筑岛。人工岛的地坪标高取值需考虑波浪、潮流的影响,并满足施工作业要求,止水防水方式可参考常规陆上基坑。当地质条件、环境条件复杂时,应对基坑临水侧适当加强。下面将介绍水泥土搅拌桩和高压旋喷桩止水帷幕设计。

水泥土搅拌桩是通过特制的深层搅拌机,将软土和水泥(固化剂)强制搅拌,并利用水泥和软土之间所产生的一系列物理、化学反应,使土体固结,形成具有整体性、稳定性和一定强度的水泥土桩。水泥土搅拌桩按主要采用的施工做法分为单轴、双轴和三轴搅拌桩。采用水泥土搅拌桩帷幕时,搅拌桩直径宜取450~800 mm。搅拌桩的搭接宽度应符合下列规定:①对于单排搅拌桩帷幕,当搅拌深度不大于10 m时,搭接宽度不应小于150 mm;当搅拌深度为10~15 m时,搭接宽度不应小于200 mm;当搅拌深度大于15 m

时,搭接宽度不应小于 250 mm。②对地下水位较高、渗透性较强的地层,宜采用双排搅拌桩截水帷幕,当搅拌深度不大于 10 m 时,搭接宽度不应小于 100 mm;当搅拌深度为 10～15 m 时,搭接宽度不应小于 150 mm;当搅拌深度大于 15 m 时,搭接宽度不应小于 200 mm。搅拌桩水泥浆液的水灰比宜取 0.6～0.8,搅拌桩的水泥掺量宜取土的天然质量的 15%～20%。

高压旋喷桩是以高压旋转的喷嘴将水泥浆喷入土层与土体混合,形成连续搭接的水泥加固体。高压旋喷桩施工占地少、振动小、噪声较小,但容易污染环境,成本较高。采用高压旋喷注浆帷幕时,注浆固结体的有效半径宜通过试验确定;当缺少试验条件时,可根据土的类别及其密实程度、高压喷射注浆工艺,按工程经验采用。对于固结体的搭接宽度,当注浆孔深度不大于 10 m 时,不应小于 150 mm;当注浆孔深度为 10～20 m 时,不应小于 250 mm;当注浆孔深度为 20～30 m 时,不应小于 350 mm。对地下水位较高、渗透性较强的地层,可采用双排高压喷射注浆帷幕。高压喷射注浆水泥浆液的水灰比宜取 0.9～1.1,水泥掺量宜取土的天然质量的 25%～40%。

2. 临水基坑止水选型

1) 常规临水基坑止水选型步骤(图 3.37)

(1) 首先根据临水情况、地质条件初步选择围护形式和止水方式。对于直接临水情况,优先选择钢板桩,由于钢板桩是打入桩,对于坚硬土或卵石类土层存在沉桩困难时应慎用。

(2) 不能直接施工钢板桩时可采用人工岛法。人工岛法基坑根据围护结构不同,可采用独立的止水墙或围护墙兼作止水墙的方式。

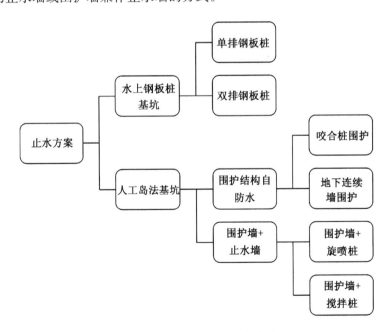

图 3.37 临水基坑止水方案选型图

2）强透水层等特殊条件下的止水方案

临水深基坑经常会遇到透水率大、施工困难的块石或卵石地层，可采用的止水方案有冲孔咬合桩、地下连续墙、旋喷桩等。

（1）咬合桩和地下连续墙适用于各种土层情况，对于卵石及块石，需采用高效的成孔工艺，比如冲击成孔、铣挖成槽等。

（2）旋喷桩适用于各种土层情况，对松散、软弱的土层，其加固范围大，即桩径大或喷射距离远；反之，对坚硬的土层，其切割的范围小，所形成的桩径也较小。一般来说，在砂性土、黏性土、填土（不含或含少量砾石）等地层中加固效果较佳。但是，在块石或卵石地层中，因浆液喷射不到块石、卵石后侧，通常需要通过现场试验进行止水方案的可靠性验证。

3）案例

以深圳蛇口邮轮码头工程抛石堤中开挖临水深基坑为例，介绍止水选择与基坑围护方案，具体案例详见 6.2.4 节。该临水深基坑工程设计和施工方案的重点是要解决好抛石层中施工和止水的问题。若采用常规的钢板桩、水泥搅拌桩、地下连续墙等围护结构方案，则难以施工。可行的止水方案有围护结构自防水即"冲孔灌注塑性混凝土 A 桩＋钢筋混凝土 B 桩咬合桩"方案，以及独立的止水即"冲孔灌注排桩＋桩间高压旋喷"方案。尽管两方案均有成功案例，但由于环境条件、地质条件的不同，防渗效果可能存在差异，需进一步验证。故在大面积施工前，对上述两种方案进行了止水防渗的典型试验。试验结果表明，冲孔咬合桩由于其桩心相交咬合，解决了传统桩因桩心相切而防水效果差的弊端，兼有围护和止水帷幕的双重作用，止水效果较好，能满足本工程渗透系数不大于 1×10^{-5} cm/s 的设计要求。因此，本工程的围护方案最终采用"冲孔灌注咬合桩"方案。

3.4.2　止水防水设计要点

（1）由于临水深基坑位于水边或水中，坑内外水体有着直接的水力联系，通常采用截水帷幕或自防水围护墙进行防渗止水。通常帷幕需伸至相对不透水层，以隔断坑外水体的直接水力联系，同时应满足渗流稳定性要求。

（2）止水防水设计选型时，应注意止水措施的适用性，尤其是对孔隙率较大的块石、碎石层等，需进行现场试验确定。对于基坑转角、地下连续墙接缝处、临水侧等重要的止水防水部位，应进行适当加强，必要时可采用多种或多排的防水措施。

（3）当坑底以下存在连续分布、埋深较浅的隔水层时，应采用落底式帷幕。落底式帷幕进入下卧隔水层的深度应满足下式要求，且不宜小于 1.5 m。

$$l \geqslant 0.2\Delta h_w - 0.5b \tag{3.4}$$

式中　l——帷幕进入隔水层的深度（m）；

　　　Δh_w——基坑内外的水头差值（m）；

　　　b——帷幕的厚度（m）。

（4）止水帷幕的自身强度应满足设计要求，抗渗性能应满足自防渗要求。

（5）止水帷幕在设计深度范围内应保证连续,在平面范围内宜封闭。

（6）对于坑底以下有水头高于坑底的承压水含水层,各类围护结构均应按式（3.5）进行承压水作用下的坑底突涌稳定性验算(图 3.38)。

$$\frac{D\gamma}{h_{\mathrm{w}}\gamma_{\mathrm{w}}} \geqslant K_{\mathrm{h}} \qquad (3.5)$$

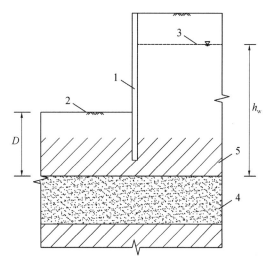

1—截水帷幕；2—基底；3—承压水测管水位；
4—承压水含水层；5—隔水层。

图 3.38　坑底土体的突涌稳定性验算

式中　K_{h}——突涌稳定安全系数,K_{h} 不应小于 1.1；

　　　D——承压水含水层顶面至坑底的土层厚度(m)；

　　　γ——承压水含水层顶面至坑底土层的天然重度(kN/m^3),对多层土,取按土层厚度加权平均的天然重度；

　　　h_{w}——承压水含水层顶面的压力水头高度(m)；

　　　γ_{w}——水的重度(kN/m^3)。

当不满足突涌稳定性要求时,应对该承压水含水层采取截水、减压措施。

3.5　临水深基坑加固设计

在基坑开挖过程中,围护结构的受力及变形情况与其插入深度、地质和水文条件、施工工况、开挖方式、周围环境等因素息息相关。随着基坑的挖深,围护墙后的土体随墙体的变化向基坑方向移动,影响周围构筑物的安全。为了保证施工过程中工程和周围环境的安全,必须采取相应的工程措施,其中对基坑进行加固是一种行之有效的技术措施。

与陆上基坑不同,临水深基坑直接面临波浪、潮流等动荷载作用,其对围护结构的往复拉压作用以及对坑外土体产生淘刷等,易导致结构受力不平衡、稳定性变差等情况出现。同时,临水深基坑位于水边或水中,一旦发生状况,不易采取应急补救措施。此时,基坑的整体稳定尤为重要,因此,为使整个基坑围护结构体系具有较大的整体刚度和较强的结构整体性,更需要加强基坑加固设计。

3.5.1　加固设计

临水深基坑加固一般分为坑内加固和坑外加固两种：坑内加固是指针对由淤泥质土、人工填土或其他高压缩性土构成的软弱土体进行加固,以提高土体的强度和刚度,减小围护结构变形及坑底隆起,加固方式有注浆、水泥土搅拌桩、高压旋喷桩、降水等；坑外加固是指在基坑周边采取一定措施,比如在临水侧抛石或在岸侧施工水泥土搅拌桩来减小主动土压力,以此平衡临水深基坑受力,从而提高基坑稳定性。

1. 基础资料的收集与分析

准确的地质勘察资料对加固设计具有重要意义,必须查明工程场地各层土的准确分布和层位标高,以及详尽的物理、力学性质指标和地下水状况。同时,由于临水深基坑处于水域环境中,因此还要查明临水侧水域的潮汐、波浪、水位及汛期等工程条件。故在基坑土体加固设计前应进行基础资料的收集与分析,以便更合理地选择加固方法。

2. 土体加固方法的确定

确定地基加固方案时,应根据加固目的、周边环境、地质和水文条件、施工条件、预期处理效果和造价等初步选定几种加固方案,进行综合技术经济对比分析,从中选出相对经济合理的加固方式,必要时也可采用两种处理方法联合使用或同时加强围护结构整体性和刚度的综合处理方案。

3. 土体加固的平面布置

土体加固的平面布置包括加固宽度、顺围护边线方向的长度、间距、平面加固孔位布置原则、土体置换率要求等,应根据周边环境、地质和水文条件、造价等进行综合技术经济对比分析,从中选出相对经济合理的加固方式。

4. 土体加固的竖向布置

土体加固的竖向布置形式包括坑底平板式、回掺式、分层式、阶梯式等。

5. 土体加固构造

土体加固构造需确定以下内容:①加固体置换率;②加固体的搭接和垂直度要求;③加固体水泥掺量与加固体强度;④加固体强度与龄期的关系;⑤搅拌加固体上部引孔段回掺要求;⑥加固体外掺剂要求;⑦坑外加固回填料的要求。

3.5.2 坑内加固

坑内加固的主要目的在于控制围护结构的变形及坑底隆起,保证基坑及围护结构的稳定和安全。临水深基坑所处地区淤泥层厚度一般较深,土体强度参数指标低,通常需要进行坑内加固来控制基坑变形及坑底隆起。坑内加固设计应综合考虑土体条件、基坑变形控制与环境保护要求、基坑稳定性、基坑围护形式、施工要求等因素,合理选择加固方法和确定加固范围。坑内加固设计需确定加固体布置形式、置换率、水泥掺量、加固体强度等参数指标。

1. 坑内加固平面布置

坑内土体加固的平面布置包括加固体宽度、顺围护边线方向的长度、间距、平面加固孔位布置原则、土体置换率要求等。土体加固平面布置形式主要有满堂式、格栅式、裙边式、抽条式、墩式等,具体可见图 3.39。其中,土体加固满堂式、格栅式、抽条式布置一般用于基坑较窄且环境保护要求较高的基坑加固中,裙边式布置一般用于基坑较宽且环境保护要求较高的基坑加固中,墩式布置一般用于基坑较宽且环境保护要求一般的基坑加固中。

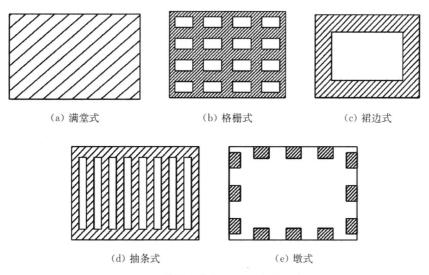

（a）满堂式　　　　　　　（b）格栅式　　　　　　　（c）裙边式

（d）抽条式　　　　　　　　（e）墩式

图 3.39　基坑土体加固平面布置示意图

2. 坑内加固竖向布置

坑内加固的竖向布置主要可分为坑底平板式加固、回掺式加固、分层式加固、阶梯式加固等形式，具体可见图 3.40。

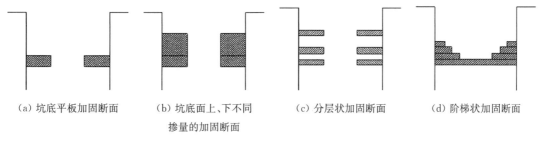

（a）坑底平板加固断面　　（b）坑底面上、下不同　　（c）分层状加固断面　　（d）阶梯状加固断面
　　　　　　　　　　　　　　掺量的加固断面

图 3.40　坑内加固的竖向布置示意图

3. 坑内加固关键参数设计

1）加固体置换率

随着基坑开挖深度的增加，坑底加固体置换率对基坑侧向变形及坑底隆起的影响也愈加明显。总体来看，当坑底加固体置换率小于 60％ 时，这种影响较为显著；当大于 60％ 时，这种影响趋缓。对于软土地区的狭长形深基坑，坑底加固是抑制基坑变形及坑底隆起的重要手段，但在满足基坑变形的条件下，可以将坑底加固置换率控制在一定范围内，以减小工程量和降低工程造价。

2）加固宽度与位置

加固体宽度对围护结构侧向位移有较大的影响，可以明显减小围护结构的侧向位移值。围护结构的位移值随加固体宽度的增大而变小，但加固体宽度达到一定数值后，再增大加固体的宽度对减小围护结构最大侧向位移值变化幅度的效果不明显。因此，对于抑制围护结构的变形，设计人员需要通过计算来确定合理的加固体宽度。

加固体宽度对坑底隆起同样有较大的影响,基坑未加固时,坑底隆起曲线呈中间大、两边小(即基坑边缘坑底隆起值最小、中心坑底隆起值最大)。加固体的宽度增大能有效抑制加固范围内的坑底隆起,对加固宽度范围之外的坑底隆起的抑制作用较小,坑底隆起随加固体宽度的增大呈波浪式向基坑中间推移。

加固体的位置变化对围护结构侧向位移的作用比较显著,围护结构侧向位移值随加固体离坑底距离的增大而增大。加固体的位置对抑制坑底隆起的作用也比较显著,坑底隆起值随加固体离坑底距离的增大而增大。因此,同样的加固条件,要想达到较好的加固效果,坑底土体应从坑底开挖面处开始加固。

无论是基坑最大位移值还是开挖过程中支撑的最大轴力都随坑底加固区深度和宽度的增加而减小,因此,从效果上来说,加固区深度和宽度都应取大值。基坑最大位移值和支撑的最大轴力随加固区深度和宽度的增加而减小的斜率并不是恒定的,其变化规律基本是在加固区深度和宽度增加的初期递减斜率较大,而后期递减斜率较小,由此可以找出递减斜率突变的点,作为确定加固区的经济深度和宽度的界限。

3.5.3 坑外加固

为解决围护结构受力不平衡及土体淘刷的问题,设计采取坑外压坡护底的措施,有时会根据波浪、潮流的具体作用及地形情况,采取不对称护底措施,将结构受力调整至基本平衡。图 3.41 为坑外加固布置示意图。

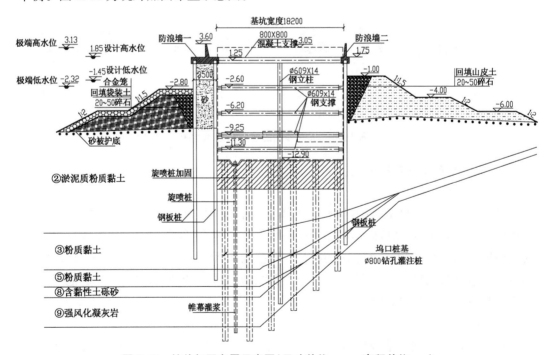

图 3.41 坑外加固布置示意图(尺寸单位:mm;高程单位:m)

1. 临水侧加固

由于基坑临水侧泥面标高一般较低,为了保持整个围护体系周边荷载的平衡,需在临水侧采取抛填加压的措施,尽可能使基坑围护墙周边的水土压力保持一致。抛填料可采用石料、黏土或袋装砂等,便于水上抛填和移除,抛填料的选型应根据水流、波浪条件确定。

1) 抛填料选择

抛填料可选用 10~100 kg 的块石,也可以采用开山石混合料;对缺乏石料来源的地区,可采用袋装砂等材料。开山石料的质量可采用 300 kg 以下,且应有适当的级配。临水侧抛填料应根据现场条件因地制宜地选用。

抛填料的高度、宽度对围护结构的变形控制起到关键作用。当板桩结构受到波吸力作用时,围护结构有向临水侧变形的趋势,为了限制这种变形,所需要的抛石的高度更高;当板桩结构受到波压力作用时,围护结构有向岸侧变形的趋势,所需要的抛石高度相对低一点。抛填料的高度、宽度应根据结构稳定、消浪及施工等要求确定。根据以往的工程经验,抛填料的宽度一般在 5~10 m。图 3.42 为坑外加固围护结构受力示意图。

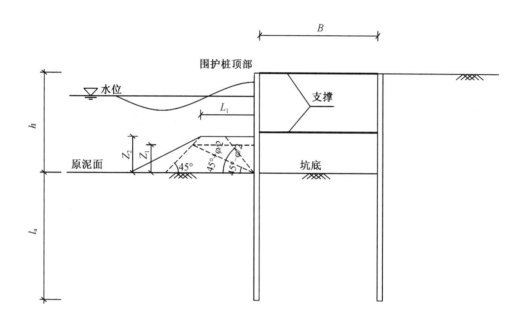

图 3.42　坑外加固围护结构受力示意图

临水基坑常受到水流、波浪等的影响,若对临水侧抛填料不加以保护,则有可能造成抛填料流失,进而影响基坑安全稳定。工程上常用的护面结构有抛埋块石、干砌块石、浆砌块石、栅栏板、人工块体等。护面块体的种类和规格应尽可能少,同一种类块体质量的级差不宜小于 1 t,采用扭王字和扭工字块体的最小质量不宜小于 2 t。当设计波高大于 4 m 时,不宜选用四角空心方块和栅栏板的护面形式。

(1) 对于干砌块石、浆砌块石护面,在波浪作用下,主要按厚度控制,其厚度按下列公式计算:

$$t = K_1 \cdot \frac{\gamma}{\gamma_b - \gamma} \cdot \frac{H}{\sqrt{m}} \cdot \sqrt[3]{\frac{L}{H}} \tag{3.6}$$

式中 K_1——系数,对一般干砌石可取 0.266,对砌方石、条石取 0.225;

γ_b——块石的重度(kN/m^3);

γ——水的重度(kN/m^3);

H——计算波高(m),当 $d/L \geqslant 0.125$ 时取 $H_{4\%}$,当 $d/L < 0.125$ 时取 $H_{13\%}$;

d——堤前水深(m);

L——波长(m);

m——斜坡坡率。

(2)对于栅栏板护面,栅栏板的平面尺寸宜采用长方形,结构布置见图 3.43,长、短边比值可取 1.25,调整平面尺寸时,比值不变,宽度每增加或减少 1 m,厚度 t 可相应减少或增加 50 mm。δ 的最小构造尺寸为 100 mm。栅栏板的平面尺寸与设计波高 H 的关系可按式(3.7)计算。栅栏板的空隙率 P' 宜采用 33%～39%,当 $P'=37\%$ 时,细部尺寸可按式(3.8)计算。

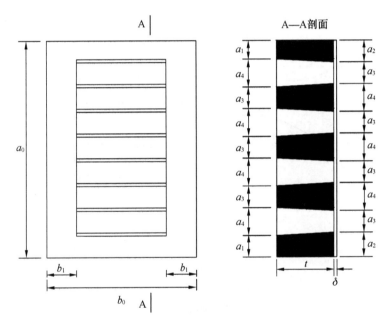

图 3.43 栅栏板结构图

$$a_0 = 1.25H, \quad b_0 = 1.0H \tag{3.7}$$

式中 a_0——栅栏板长边(m),沿斜坡方向布置。

b_0——栅栏板短边(m),沿海堤轴线方向布置。

H——计算波高(m)。当 $d/L \geqslant 0.125$ 时,取 $H_{5\%}$ 沿海堤轴线方向布置;当 $d/L < 0.125$ 时,取 $H_{13\%}$ 沿海堤轴线方向布置。其中,d 为堤前水深(m)。

$$\begin{cases} a_1 = \dfrac{a_0}{15} - \dfrac{t}{16}, \ a_2 = \dfrac{a_0}{15} + \dfrac{t}{16}, \ a_3 = \dfrac{a_0}{15} - \dfrac{t}{8}, \ a_4 = \dfrac{a_0}{15} + \dfrac{t}{8} \\ b_1 = 0.1 b_0 \end{cases} \tag{3.8}$$

式中　t——栅栏板厚度(m)。

当斜坡坡率 $m = 1.5 \sim 2.5$ 时,栅栏板的厚度可按下式计算:

$$t = 0.235 \frac{\gamma}{\gamma_c - \gamma} \cdot \frac{0.61 + 0.13d/H}{m^{0.27}} \cdot H \qquad (3.9)$$

式中　γ_c——块石的重度(kN/m³)。

(3) 对于人工块体或经过分选的块石作为斜坡堤护面层的计算方法如下。

在波浪正向作用下,岸前波浪不破碎,水位上、下 1 倍设计波高之间的护面块体及单个预制混凝土异型块体、块石的稳定质量可按下式计算:

$$Q = 0.1 \frac{\gamma_b H^3}{K_D (\gamma_b/\gamma - 1)^3 m} \qquad (3.10)$$

式中　Q——主要护面层的护面块体、块石个体质量,当护面由两层块石组成时,块石质量可在 $0.75Q \sim 1.25Q$ 范围内,但应有 50% 以上的块石质量大于 Q;

　　　γ_b——预制混凝土异型块体或块石的容重(kN/m³);

　　　γ——水的重度 (kN/m³);

　　　H——设计波高(m),当平均波高与水深的比值 $H/d < 0.3$ 时,宜采用 $H_{5\%}$,当 $H/d \geqslant 0.3$ 时,宜采用 $H_{13\%}$;

　　　K_D——稳定系数。

预制混凝土异型块体、块石护面层厚度可按下式计算:

$$t = nc \left(\frac{Q}{0.1\gamma_b} \right)^{\frac{1}{3}} \qquad (3.11)$$

式中　t——块体或块石护面层厚度(m);

　　　n——护面块体或块石的层数;

　　　c——系数。

预制混凝土异型块体个数可按下式计算:

$$N = Anc(1 - P') \left(\frac{0.1\gamma_b}{Q} \right)^{\frac{2}{3}} \qquad (3.12)$$

式中　N——预制混凝土异型块体个数;

　　　A——垂直于厚度的护面层平均面积(m²);

　　　P——护面层的空隙率(%)。

(4) 护底。若地基为可冲刷地基,应在抛填料坡脚处设置护底结构,根据堤前波浪产生的底流流速和沿堤流速,护底结构可采用抛石护底或软体排。护底块石稳定质量可根据表 3.6 确定。

护底块石可采用 2 层,厚度不宜小于 0.5 m,对于砂质地基,在护底块石层下宜设置厚度不小于 0.3 m 的碎石层或土工织物滤层。当堤前冲刷流速小于 2 m/s 时,可采用砂肋软体排;当大于 2 m/s 时,可采用联锁块软体排。

表 3.6   堤前护底块石的稳定质量

V/(m·s⁻¹)	2.0	3.0	4.0	5.0
W/kg	60	150	400	800

2）抛填料高度的初步估算

抛填料的高度应该根据基坑围护结构的稳定、变形计算结果确定。对于一边临水一边为陆地的临水基坑，可利用临水侧与临土侧作用力的平衡来作初步的估算。当临水侧受到波压力作用时，波压力与临水侧土压力以及抛填料的土压力应与岸侧围护结构主动土压力相等，通过力的平衡可以估算抛填料的高度。尤其应当关注临水侧受到波吸力的不利工况，如果在波吸力的作用下能够满足围护结构的稳定，一般来说可达到基本要求。此方法可估算抛填料高度的最小值，具体步骤如下。

（1）波浪对直墙式建筑物的作用

对于临水深基坑抛石加固而言，围护结构所受波浪力作用相当于明基床直墙式建筑物（图 3.44、图 3.45）。

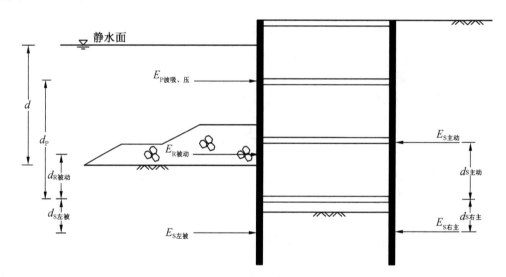

图 3.44　波浪力作用下结构受力示意图

（2）抛石高度确定

假定临水侧为被动土压力，岸侧为主动土压力，同时，把支撑与围护结构假设为刚度很大的结构体，不发生变形。为了基坑的整体稳定，要保证基坑不发生倾覆，就必须满足基坑底部点的弯矩平衡。

$$\frac{1}{\gamma_{QR}} \cdot (E_{P波压、吸} \cdot d_P + E_{R被动} \cdot d_{R被动} + E_{S左被} \cdot d_{S左被}) \geqslant \qquad (3.13)$$
$$\gamma_S \cdot (E_{S主动} \cdot d_{S主动} + E_{S右主} \cdot d_{S右主})$$

式中　γ_{RQ}——抗倾覆分项系数；

γ_S—— 作用分项系数；

$E_\text{P波压、吸}$ —— 作用于围护结构体上的波压力；

$E_\text{R被动}$ —— 抛石作用于围护结构体上的被动土压力；

$E_\text{S左被}$ —— 左侧土作用于插入土体的围护结构上的被动土压力；

$E_\text{S主动}$ —— 岸侧作用于围护结构体上的主动土压力；

$E_\text{S右主}$ —— 右侧土作用于插入土体的围护结构的主动土压力；

d_P —— 波压力作用点到最下道支撑的距离；

$d_\text{R被动}$ —— 抛石作用的总压力作用点到最下道支撑的距离；

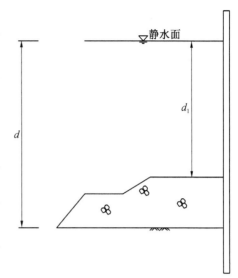

图 3.45　明基床直墙式建筑物

$d_\text{S左被}$ —— 左侧插入土体的被动土总压力作用点到最下道支撑的距离；

$d_\text{S主动}$ —— 岸侧作用于围护结构体上的主动土压力作用点到最下道支撑的距离；

$d_\text{S右主}$ —— 右侧插入土体的主动土总压力作用点到最下道支撑的距离。

3）结构内力变形计算

在波浪荷载作用下，基坑围护的结构变形计算可采用弹性地基梁法，该方法在基坑工程中的准确性得到了大量的工程验证，但是由于传统的基于竖向弹性地基梁法的计算方法只支持计算单边围护结构模型，其通常只能用于求解对称或两侧结构受力差别不大的基坑结构，对于非对称板式临水基坑，不能直接用于计算，这在工程实践中造成了一些不便。因此，基于变形协调和竖向弹性地基梁法，可采用一种基于变形协调理论的临水板式非对称基坑计算方法。

一般规范中的计算模型仅考虑排桩（墙）向坑内变形的情形。实际上，对于临水基坑的许多情况（例如非对称基坑、土方非均匀开挖、一侧临水一侧临土），排桩（墙）可能会产生向坑外的位移。此时，不能简单地将坑外的土压力视为主动土压力，可采用围护桩体位移时土压力变化的弹性抗力法计算模型。该模型在基坑开挖面以上也加入了模拟弹簧，基坑开挖前，作用在围护结构上的土压力为静止土压力；基坑开挖过程中，当围护桩体向坑内位移时，作用在围护结构上的土压力减小但不小于主动土压力；当围护桩体向坑外位移时，作用在围护结构上的土压力增大但不大于被动土压力。进一步根据工程计算的需要，还可在计算分析时考虑如下改进（图 3.46）。

围护桩（墙）在基坑底以上的部分：利用弹簧模拟桩土相互作用，根据桩土相互作用模式不同，该弹簧可以为线性弹簧，也可以为非线性弹簧。基坑底面以上围护结构任一位置处的位移和土压力的关系可以分为分段线性和非线性两种形式。

围护桩（墙）在基坑底以下的嵌固部分：可对弹簧刚度设置限值，反映被动区局部土

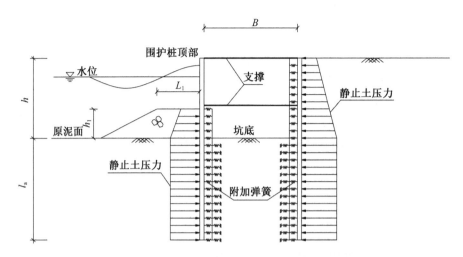

图 3.46 改进弹性地基梁法计算模型

体进入塑性、弹簧刚度不再随位移增大的特点。这对围护桩(墙)插入深度偏小、被动区土体可能局部进入塑性是有必要的。

弹性地基梁法积累了大量的工程经验,但当围护桩(墙)的变形控制要求很严格时,应用弹性地基梁法也要考虑如下问题:

(1) 弹性地基梁法实质上是一个简化计算方法,将地基假设为弹性且离散为相互独立的线性弹簧,在不同的土质条件下,可能会产生不同程度的误差。

(2) 没有考虑水平支撑、桩(墙)、土的相互作用(包括接触面的影响)。

(3) 只能反映桩(墙)在水平荷载作用下的变形,没有反映基坑回弹、地下水渗流等作用对围护桩(墙)水平位移及竖向位移的影响。

(4) 由于采用的是平面分析方法,即假定基坑属于平面应变情形,不能反映基坑受力与变形的空间效应。

(5) 不能反映土体非线性、各向异性、固结及流变等因素的影响,更不能考虑坑内土体因开挖、降水等诱发的土超固结、剪胀等复杂因素的影响。

4) 整体稳定性分析

临水深基坑除了受水流、波浪的作用,还受到水深、天然泥面坡度的影响,基坑的外部荷载通常是不平衡的,围护结构受力也是不对称的,这会对基坑整体稳定性产生不利的影响。因此,临水侧坑外加固还需进行整体稳定性验算,计算方法与前述整体稳定性验算所用方法一致,经常采用瑞典圆弧法或简化 Bishop 法。瑞典圆弧法基于极限平衡原理,假定土体滑动面呈圆弧形,取圆弧滑动面以上的滑动体为脱离体,把滑裂土体当作刚体绕圆心旋转,并且忽略滑动土体内部的相互作用力,如图 3.47 所示。

2. 岸侧加固

由于基坑岸侧标高一般较高,围护结构所受荷载大于临水侧,为了保持整个围护体系周边荷载的平衡,通常需要在岸侧采取开挖卸载的措施,尽可能使基坑围护墙周边的水土压力保持一致。但当基坑岸侧有施工道路、地下管线或建(构)筑物等,土体不能开挖时,

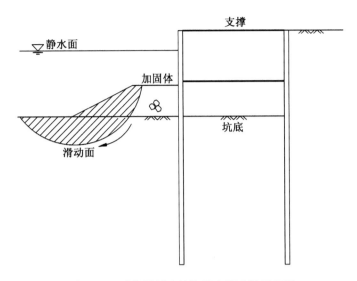

图 3.47 瑞典圆弧法整体稳定性验算示意图

可采取基坑岸侧土体加固等措施,以减小岸侧水土压力对围护结构的作用,其中土体加固的布置形式、置换率、水泥掺量、加固体强度参数等可参考坑内加固的内容。例如,当临水深基坑地区淤泥层厚度较大、土体参数强度较低时,可采用化学灌浆的方法进行加固,具体见图 3.48。

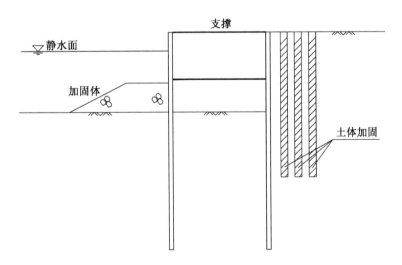

图 3.48 岸侧加固示意图

第 4 章　临水深基坑工程施工

基坑工程施工是与其生产技术水平密切相关的实践活动,涉及许多基础理论和相关专业知识,具有很强的实践性和综合性。对于海上或河流中的临水深基坑工程,施工所需要的船机设备较多,与陆上基坑工程施工相比,既具有陆上基坑工程施工项目的一般共性,又具有水上施工条件复杂、影响因素多、工作量大、施工周期长等特殊性。临水深基坑工程的施工,随着水深的增加,许多不确定的因素也同时增加,导致施工难度也同步增加。

要做好临水深基坑工程施工,除了要有先进的施工技术、施工机械、施工组织与管理外,还必须认真贯彻国家对基本建设的方针和政策,坚持质量第一、安全生产。施工是建筑产品最终形成的实质性阶段,"精心组织,精心施工""百年大计,质量第一"是我国在工程建设方面的一贯方针。施工前必须做好充分的准备,包括材料、机械、技术和施工组织设计,对影响工程质量的地质、水文、气象等环境因素要进行认真分析与研究。

本章基于我国在临水深基坑工程施工方面的主要实践和经验,重点阐述常用的水上钢板桩、咬合桩、旋喷桩、内支撑体系及水下护坡等临水深基坑围护结构工程的施工工艺,以更好地指导临水深基坑工程的施工组织。

4.1　水上钢板桩施工

水上钢板桩具有插打方便、施工速度快、机械化程度高的优点,应用较为广泛。其常用的截面形式有 U 形、Z 形、H 形、直线形及 CAZ 组合型等。该类钢板桩大多适用于黏性土、砂类土等土层,一般不适合地质较硬的岩层,应用较多的钢板桩长度为 12 m,15 m,18 m,甚至更长。

4.1.1　施工前的准备

钢板桩在沉桩施工前,应先进行充分的现场勘查,了解施工场地的水文气象、工程地质、周边环境等。水文气象条件主要包括波浪、潮流、水位及气象等;工程地质条件主要包括地层的分布、岩土特性等;应对施工场地的周边环境[建(构)筑物、地下管线]进行充分的调研。组织工程施工的船舶机械设备进场,掌握工程所用钢板桩数量、尺寸、截面形状、钢材材质及其施工难易程度,按照需求进料。根据工程特点制订可行的施工组织计划和施工工艺,经审定后方可进行施工准备。

1. 水文气象、地质条件调查

水上钢板桩施工与波浪、潮流、水位、地质等条件息息相关，关系到施工进度、安全、质量等，施工前应充分调查波浪大小及方向分布、常浪向、流速、流向、潮位差、土层分布及岩土指标等。比如，打桩船的横向平衡经常受到流速影响，当水流流速超过 2 m/s 时，打桩船的横向平衡设施不能满足要求，需要增加锚的重量以防止走锚。对于潮位变化大的工程区域，常常需要考虑趁潮水打桩施工。对气象条件的掌握程度往往决定了施工工期的长短，当风级达到 6 级以上时，水上打桩船和方驳就不易拖带，一般每日作业时间不足一半，有时甚至只能达到 1/3。对于施工水域中存在的障碍物，施工前需要进行探测和清除。

2. 场地平面布置

临水深基坑施工前应选择合适的测量设备，编制测量方案，布置测量控制点，布设测量基线，建立测量控制网。

板桩位置的设置应便于基础结构施工，即在基础结构边缘之外，并留有支、拆模板的空间。板桩的平面布置，应尽量平直整齐，避免不规则的转角，以便充分利用标准板桩并且便于支撑布置。

打桩船等施工船舶锚缆在布置前应在施工组织设计中明确其平面布置。锚缆的布置受制于施工场地，在水域大、航道宽的施工区域，有条件时可在陆域设置地笼，打桩船通过前八字缆和前穿心缆系在地笼上面。对于水域小、通航受限的施工地区，减小后锚缆的长度时需要增加锚的重量。锚缆的长度取决于施工场地的工程地质条件，对于一般的淤泥质土，锚缆长度取 3～4 倍船长。

3. 钢板桩的制作与运输

钢板桩一般由工厂定制，其材料特性与制作精度关乎沉桩施工质量、施工安全，因此，在施工前对钢板桩的检验是至关重要且必不可少的。用于基坑临时围护的钢板桩，应进行外观检验，包括长度、宽度、厚度、高度等是否符合设计要求，有无表面缺陷，以及端头矩形比、垂直度和锁口形状等。对桩身有影响的焊接件应割除，如有割孔、断面缺损等应补强，若有严重锈蚀，应量测断面实际厚度，以便计算时予以折减。位于水上的基坑工程，钢板桩的运输还包括水上运输，一般采用驳船装运至施工打桩船上。

4.1.2　沉桩设备及其选择

水上钢板桩通常采用打桩船进行沉桩施工，当受条件限制而无法采用打桩船施工时，需要搭建水上平台进行施工。施工过程中主要的船舶包括打桩船、运桩方驳、拖轮以及其他辅助船在内的船组。钢板桩沉桩常用的机械主要包括冲击式打桩机械和振动打桩机械（图 4.1）。沉桩机械及工艺的确定受钢板桩特性、工程地质条件及场地条件等因素影响，在施工中需要综合考虑，以选择经济合理的机械设备。

目前水上钢板桩施工以振动沉桩、锤击法沉桩为主要手段。

振动沉桩主要是利用振动锤的激振力将桩体打入持力层中，其原理是将机械产生的垂直振动传给桩体，使桩周土体结构因振动而强度降低。该施工方法简单、节约成本、效率高。振动沉桩的选择主要取决于施工场地的地质条件，要保证振动锤的激振力大于土的摩阻力。

（a）冲击式打桩锤　　　　　　　　　　（b）振动打桩锤

图 4.1　打桩机械设备

锤击法沉桩主要是依靠桩锤将桩打入持力层中。锤击法沉桩的施工质量控制需要综合考虑地质条件、锤型、锤击能量，桩长、桩型等因素，既要确保一定的贯入深度，又要保证不损坏锤和桩。锤击式打桩机械打桩力大，具有机动、可调节特性，施工快捷，但应选择适合的打桩锤，以防止钢板桩桩头受损。在选锤时，要综合考虑桩的断面尺寸、场地地质条件及入土深度，水上桩基施工主要采用柴油锤。锤桩时，锤垫可以保护锤的冲击块和桩顶，同时可以延长锤击力作用时间。

在钢板桩沉桩施工过程中，长度 20 m 以上的钢板桩通常采用冲击块为 4.6～8.0 t 的筒式柴油锤和 90～150 kW 的振动锤；短桩沉桩施工一般采用杆式柴油锤和小于 90 kW 的振动锤。表 4.1 给出了各种沉桩机械的适用情况，供选型时参考。

表 4.1　　　　　　　　　　　　　沉桩机械及适用情况

机械类别		柴油锤	振动锤
钢板桩型	形式	除小型钢板桩外的所有钢板桩	所有形式的钢板桩
	长度	任意长度	过长桩不适合
地层条件	软弱粉土	不适	合适
	粉土、黏土	合适	合适
	砂层	合适	可以
	硬土层	可以	不可以
施工条件	辅助设备	规模大	简单
	噪声	大	小
	振动	大	大
	贯入能量	大	一般
	施工速度	快	一般
其他	优点	燃料费用低、操作简单	打拔都可以
	缺点	油雾飞溅	瞬时电流较大，需要专门的液压装置

4.1.3　施工方法及工艺流程

1. 沉桩方法

在临水深基坑工程施工中,水上钢板桩的沉桩方法需要根据工程位置、地形、水文、地质等自然条件,以及工程规模、机械设备、材料、动力供应、工期长短、造价等进行详细的调查研究与技术经济比较来选定。临水深基坑沉桩方法可分为陆域沉桩和水上沉桩两种方法。

陆域沉桩的设备材料运输方便,导向装置设置及沉桩精度容易控制。对于浅水区的施工场地,在充分评价水环境污染、流域面积减少带来的影响后,可通过回填土的方法进行陆上沉桩施工。对于必须在水上施工的情形,可通过打桩船或搭设水上施工平台进行沉桩施工。虽然船上施工的桩架高度比陆上低、作业范围广,但是材料运输不方便,作业受风浪影响大,精度不易控制,对导向装置要求较高。当在水上搭打桩平台时,可用陆上打桩架进行施工,对精度控制也较为有利,但对经济和技术要求都很高。

2. 沉桩的布置方式

钢板桩沉桩时第一根桩的施工较为重要,应保证其在水平和竖直向平面内的垂直度。沉桩的布置方式一般有三种:插打式、屏风式和错列式。临水深基坑一般采用屏风式沉桩布置方式,如图 4.2 所示。

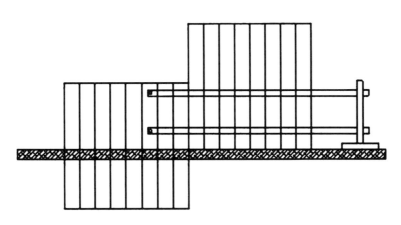

图 4.2　屏风式沉桩布置

屏风式打桩法将多根钢板桩插入土中一定深度,并用桩机来回锤击,使两端 1~2 根桩先打到要求深度再将中间部分的钢板桩顺次打入。这种施工法可防止钢板桩的倾斜与转动,还能更好地控制沉桩长度,要求闭合的围护结构常采用此法。其缺点是施工速度比单桩施工法慢且桩架较高。

3. 施工工艺流程

按照有无固定的水上施工平台,水上钢板桩的施工可以分为两种,即通过水上船舶或搭设水上施工平台进行施工,下面分别简述其施工工艺流程。

1) 水上船舶沉桩施工工艺流程

水上船舶沉桩施工工艺流程见图 4.3,施工过程见图 4.4。

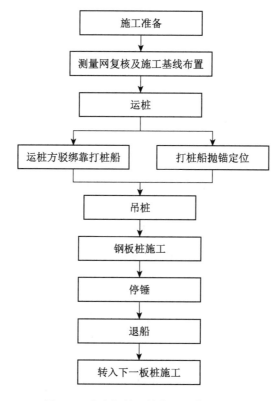

图 4.3　水上船舶沉桩施工工艺流程图

（a）吊桩　　　　　　　　　　（b）立桩　　　　　　　　　　（c）沉桩

图 4.4　水上船舶沉桩施工过程图

2）水上施工平台沉桩施工工艺流程

对于施工水域水深不大的情况，搭设水上吊装施工平台，可以同时肩负起钢板桩运输、堆放和沉桩等多方面功能。一般采用桩基础钢平台，平台上的沉桩施工同陆上。水上钢平台搭设施工工艺流程：钢管桩加工→测量定位→钢管桩沉桩→停锤→栈桥搭设等。

吊装平台施工如图 4.5 所示。

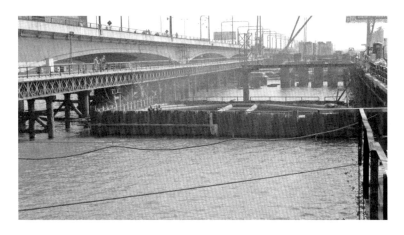

图 4.5　吊装平台施工

4.1.4　钢板桩止水措施

钢板桩锁口止水密封效果与多方面因素有关,如自身锁口形状(阴阳连接、环形、套型等)及咬合程度、钢板桩施打后的弯曲变形、倾斜旋转、水土腐蚀、地质条件等。钢板桩的止水除了竖向锁口密封以外,钢板桩相接处、钢板桩与圈梁(或底板)、钢板桩与拉杆(锚杆)等节点均需要止水,主要可采取焊接、设置防水垫圈或止水带(止水片)等地下工程止水技术措施或节点构造措施完成,也可以采用止水材料灌设的方法。为保证钢板桩的止水效果,对钢板桩锁口预先清理并涂刷止水材料,止水材料高度宜达到 3/4 锁口。止水材料在施工前应进行渗水试验,合格后方可进行拼接和打设,采用小锁口打入,确保钢板桩咬合止水。

为保证止水效果达到要求,钢板桩止水需要遵循以下要点:在钢板桩打设前 24 h 内对锁口均匀涂刷止水材料,或通过钢板桩锁口灌砂来止水;钢板桩打设一段后,架设围檩将钢板桩连成整体,开设泄水孔减轻水流和波浪产生的钢板桩墙变形;基坑开挖过程中,对锁口出现的小渗水可采取焊接等方法进行封闭。

4.1.5　施工质量控制

1. 沉桩质量要求

沉桩过程中严格控制好钢板桩的垂直度,采用纠偏桩调整钢板桩扇形变形,根据现场测量数据准确加工转角桩、合龙桩。定位桩定位偏差不超过 30 mm,成桩垂直度偏差不超过 1/100。轴线方向预留 2～3 cm 的后倾,以便更好地控制偏差。转角处钢板桩应根据实测角度和尺寸切割、焊接与支座相应的异形钢板桩,且转角桩和定位桩宜比原设计桩长加 2.0 m。

2. 沉桩质量控制要点

(1) 对运抵现场的桩必须严格验收,对不符合质量要求的桩及时退回生产厂家。

（2）沉桩前进行技术交底，作业人员做到熟悉桩位、水流及地质情况。根据设计要求和桩型选择合适的桩锤及相应厚度的锤垫，避免桩顶被劈裂。当岸坡较陡时，沉桩应辅以"跳打"、控制沉桩速率等措施。

（3）稳桩沉桩后禁止纠正桩位，开锤前应检查桩与锤是否在同一轴线上，避免偏心锤击。开始阶段应轻锤慢打，待桩尖穿过淤泥层或硬夹层后，可正常锤击。

（4）在沉桩过程中，定位、稳桩、压锤、施打以及最后停锤必须进行跟踪观测，并对每根桩及时做好沉桩记录。

（5）沉桩期间要注意过往航行船只，避免船行波影响沉桩正位率，或造成沉桩质量事故。

（6）沉桩完成后应进行检验，施工误差超过标准时应多方会同研究处理方案。

（7）沉桩结束后，做好安全警示标志。在台风及寒潮期间应采取防风浪措施，确保桩基安全。

4.2 咬合桩施工

咬合桩是指桩身密排且桩与桩之间相互咬合的一种桩基结构形式，在基坑围护工程中多兼有围护和止水帷幕的双重作用。施工时，咬合桩的排列方式多为不配钢筋的素混凝土桩和配有钢筋笼的钢筋混凝土桩交错布置（图4.6）。

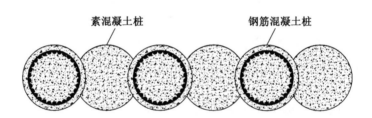

素混凝土桩　　　　　　　　钢筋混凝土桩

图4.6 咬合桩施工示意图

4.2.1 咬合桩分类及适用范围

咬合桩围护形式适用于填土、粉土、黏性土、卵石层及块石层等土层条件。咬合桩作为具有防渗作用的连续挡土围护结构，被广泛应用于各种基坑工程中，尤其是在开挖深度较大、防渗要求较高、坑壁止水困难对周边建筑物有保护要求的基坑工程中应用较多。咬合桩按沉桩方式通常可分为钻孔咬合桩、冲孔咬合桩和旋挖桩合桩。

1. 钻孔咬合桩

钻孔咬合桩作为基坑围护止水结构，在工程中得到广泛应用。一般咬合桩要求施工设备采用套管钻机，浇筑混凝土采用超缓凝的混凝土，以满足套管钻机能够对先施工的混凝土桩进行切削，达到桩与桩之间相互咬合的目的。但为获得更好的围护与止水作用，咬合桩需深入岩层，由于套管钻机的局限性，施工有一定困难，一般适用于软土地基。

2. 冲孔咬合桩

冲孔咬合桩一般采用"一荤一素"的组合结构,对桩中心定位及垂直度要求很高,必须在施工过程严格控制。素桩的混凝土强度相对较低,冲孔灌注混凝土施工后对素桩易产生施工缝,影响止水效果。冲孔咬合桩实际上也是一种硬切割咬合桩形式,一般适用于要求咬合厚度较厚的各种土层。

3. 旋挖咬合桩

旋挖咬合桩施工中的桩位控制及垂直度控制难度较大,施工会产生较大的振动,对周边环境影响大。随着旋挖桩设备机具的不断发展,旋挖钻机具有机械化程度高、地层适应性强的特点,已具备较强的嵌岩能力。旋挖桩施工垂直度控制较好,近年来已有不少工程采用旋挖桩设备施工咬合桩取得成功。旋挖施工法是指利用旋挖钻机的钻杆和钻头的旋转及重力使土屑进入钻斗,土屑装满钻斗后,提升钻斗出土,通过钻斗的旋转、削土、提升和出土,在多次反复、无循环液作业方式下成孔。

4.2.2 施工机具选择

咬合桩施工机械主要包括冲击钻机和旋挖钻机(图 4.7)。

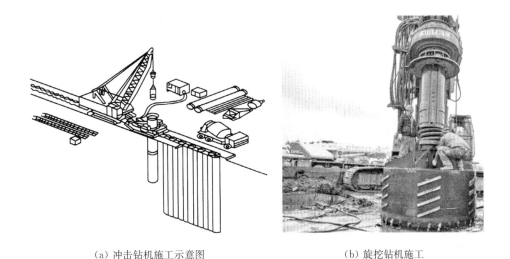

(a) 冲击钻机施工示意图   (b) 旋挖钻机施工

图 4.7 咬合桩施工机械

冲击钻机由钻机或桩架(卷扬机)、冲击钻头、掏渣筒、转向装置和打捞装置等组成,主要包括钻杆式和钢丝绳式两种类型。常用的冲孔设备选用定型冲击钻机和双滚筒卷扬机,卷扬机提升力为钻头重量的 1.2～1.5 倍。钻头体由上部接头、钻头、导正环和底刃脚组成,在提供重量和冲击动能的同时,也可起着导向作用。冲击钻头形式主要有十字形、工字形、人字形及圆形等。冲击锤的锤重、冲程等需考虑对周边环境及施工质量的影响。例如,某工程为尽量减少冲孔灌注桩施工产生较大振动对周边临海构筑物造成影响,施工时选用了 4 t 的冲锤。为防止孔斜、塌孔和缩径,在 1～2 m 深度或以下遇到抛石层、淤泥层、砂层时,采用小冲程(冲程≤1.0 m);当进入残积土及以下岩层时可加大冲程,但冲程不宜大于 3 m。

旋挖钻机由主机、钻杆和钻头组成,是利用伸缩钻杆传递扭矩并带动回转钻斗、短螺旋钻头或其他作业装置进行钻进、逐次取土(岩屑)、反复循环作业成孔的一种专用机械设备。

主机有履带式、步履式和车装式底盘,动力驱动方式有电动式和内燃式。旋挖钻机按动力头输出扭矩、发动机功率及钻深能力,可分为大型、中型、小型及微型钻机。小型旋挖钻机重 40 t 左右,钻孔直径 0.5~1.0 m,深度可达到 40 m;中型旋挖钻机重 65 t 左右,钻孔直径 0.8~1.8 m,深度可达到 60 m;大型旋挖钻机重 100 t 左右,钻孔直径 1.0~2.5 m,深度可达到 80 m。

对于旋挖钻机整机而言,钻杆是一个关键部件。伸缩式钻杆是实现无循环液钻进工艺必不可少的专用钻具,是旋挖钻机的典型机构。它将动力头输出的动力以扭矩和加压的方式传递给其下端的钻具,其受力状态比较复杂(承受拉、压、剪切、扭转及弯曲等复合应力),直接影响成孔的施工进度和质量。伸缩式钻杆可以分为摩擦式钻杆和机锁式钻杆两大类。摩擦式钻杆操作简便,在同一主机上使用可实现更大钻深,但靠摩擦力向钻具传递主机提供的下压力较小,不适合钻进硬地层,而机锁式钻杆抗扭能力大,向钻具传递压力大,无传压损失,适合钻硬地层。

钻头也是旋挖钻机的一个关键部件,旋挖钻机成孔时选用合适的钻头能减少钻头本身的磨损,提高成孔的质量和速度,从而达到节约能源和提高桩基施工效率的效果。目前常见的旋挖钻机的结构形式和功能大同小异,因此,施工是否顺利,很大程度上取决于钻头的正确选择。

旋挖钻机机型的合理选择应考虑施工场地岩土的物理力学性能、桩身长度、桩孔直径、桩数、施工成本及维修成本等因素,应尽量选择与工程相匹配的机型,充分发挥钻机的高效性,提高施工效率,节约施工成本。在多款机型均能满足工程使用要求时,应尽量选择输出扭矩低的机型。

4.2.3 施工工艺流程

1. 钻孔咬合桩

钻孔咬合桩施工工艺流程如图 4.8 所示。

2. 冲孔咬合桩

冲孔咬合桩施工工艺流程:搭设作业平台→埋置护筒→泥浆制备→冲击成孔→钢筋笼制作与安装→桩身混凝土浇筑。在施工顺序上,先施工一序桩,后施工二序桩,而且每种桩均要实施间隔跳打,避免后施工桩对先施工桩产生不利影响,并在一序桩浇筑数日且相邻一序桩强度相当后方可进行二序桩的冲击成孔施工,二序桩施工时将相邻两根一序桩的混凝土桩身分别弦切一部分,以达到相互咬合的目的。如图 4.9 所示,施工顺序为1→5→9→13→3→7→11→2→4→6→8→10→12。

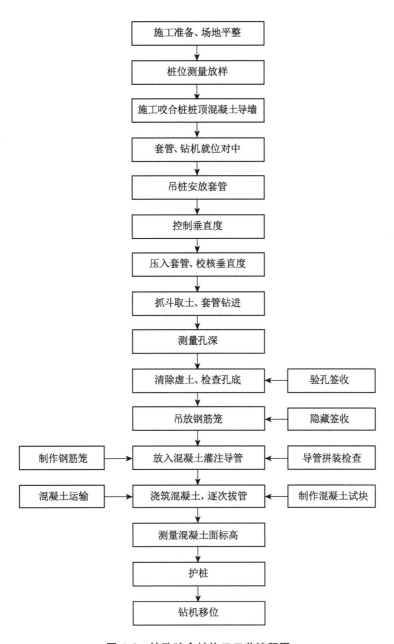

图 4.8　钻孔咬合桩施工工艺流程图

图 4.9　冲孔咬合桩施工顺序示意图

4.2.4　施工质量控制

1. 桩体垂直度要求

桩机就位后先进行初步对中,根据需要调节机械各支腿油顶,使机械操作平面水平。

水平调整完成后,再次对中,根据本次对中结果,再次平面移动进行对中,对中完成后,支起各支腿油顶。对中误差应小于 10 mm,护筒埋设与桩位中心偏差不得大于 5 mm。

2. 混凝土灌注

临水深基坑通常场地空间有限,受冲孔设备及泥浆池的干扰,混凝土运输罐车很难开到孔桩附近来直接进行桩基混凝土灌注。灌注方式常采用泵车、料斗等配合进行。为了保证桩基的相互咬合宽度,素混凝土孔桩要求清孔时间相对长一点,但泥浆相对浓度不得小于 1:1.05,以防止塌孔。

3. 灌注水下混凝土的质量控制

(1) 开始灌注混凝土时,导管底部至孔底的距离宜为 300~500 mm。

(2) 应有足够的混凝土储备量,导管一次埋入混凝土灌注面以下不应少于 1.0 m。

(3) 导管埋入混凝土深度宜为 2~6 m。严禁将导管提出混凝土灌注面,并应控制导管提拔速度,应有专人测量导管埋深及管内外混凝土灌注面的高差,填写水下混凝土灌注记录。

(4) 灌注水下混凝土必须连续施工,每根桩的灌注时间应按初盘混凝土的初凝时间控制,对灌注过程中的故障应记录备案。

(5) 应控制最后一次灌注量,超灌高度宜为 0.8~1.0 m,凿除泛浆高度后必须保证暴露的桩顶混凝土强度达到设计等级。每根桩灌注到顶后应注意超高 800 mm 的质量。

(6) 在灌注前必须控制好泥浆的含水率及泥浆比重。

4. 混凝土质量要求

(1) 素桩混凝土缓凝时间要大于或等于 60 h。

(2) 混凝土坍落度为 14~18 cm。

(3) 混凝土的 3 天强度值不大于 3 MPa。

(4) 混凝土的 28 天强度满足设计要求。

5. 咬合桩咬合厚度要求

根据施工偏差及咬合面受力破坏机理确定咬合桩的咬合厚度,桩位偏差允许值一般为 5~25 mm。

6. 孔口定位误差控制

为了保证钻孔咬合桩底部有足够的咬合量,应对其孔口的定位误差进行严格控制,孔口定位误差允许值见表 4.2。

表 4.2　　　　　　　　　　　孔口定位误差允许值　　　　　　　　　　　(单位:mm)

咬合厚度	桩长			
	<10 m	10~15 m	15~20 m	20~30 m
100	±10	—	—	—
150	±15	±10	—	—
200	±20	±15	±10	±5
250	±25	±20	±15	±10

4.3　水上旋喷桩施工

高压旋喷桩是以高压旋转的喷嘴将水泥浆喷入土体并与之混合,形成连续搭接的水泥加固体。高压旋喷桩施工占地少、振动小、噪声较小,但容易污染环境,成本较高,对于特殊的不能使喷出的浆液凝固的土质不宜采用。当临水深基坑需水上施工高压旋喷桩止水或加固时,可采用船舶作业或在水上基坑顶部支撑上搭建作业平台,布设旋喷机械,采用长喷浆杆,减少喷浆杆的接头以减少喷浆压力损失。水上施工高压旋喷桩时,预先埋设定位套管深至泥面以下,宜采用造孔和喷浆独立进行的施工方式。

4.3.1　施工前的准备

1. 施工现场要求

清除水下泥面、地面和地下可移动障碍,并应采取避免施工机械失稳的措施;施工单位应制订可行的施工现场环境保护措施,实现施工中废水、废浆的及时处理和回收;施工前应测量与核实场地范围内地上、地下管线及构筑物的位置;应复核测量并妥善保护基线、水准基点、轴线桩位和设计孔位置等;施工机械组装和试运转应符合安全操作规程规定;施工前应设置安全标志和安全保护措施。

2. 施工材料及机具准备

高压喷射注浆法所用灌浆材料主要是水泥和水,必要时加入相应外加剂。根据施工环境和工程需要确定高压喷射注浆所用的水泥品种和标号,一般情况下,宜采用强度等级为 42.5 的普通硅酸盐水泥。在基坑顶部支撑上搭建的作业平台上布设旋喷机械,结合水深与施工平台条件选择合适的长喷浆杆,减少喷浆杆的接头,从而减少喷浆压力损失。

3. 技术准备

施工前应取得经审批的工程设计文件等资料,以及设计单位的施工技术交底。同时,施工单位在开工前应首先做好施工组织设计的编制、质量体系的建立、安全操作规程及劳动保护和文明施工措施的制订等技术准备。

4. 搭建作业平台

在水中作业,施工前应根据需要搭建水上施工作业平台。

4.3.2　施工机具选择

高压喷射注浆法所用施工机具主要有地质成孔、搅拌制浆、供水和供浆、喷射注浆、控制测量与检测等设备。

（1）地质成孔设备：地质钻机、潜孔钻机、冲击回转钻机、水井磨盘钻机、振冲设备等。

（2）搅拌制浆设备：搅灌机、搅拌机、灰浆搅拌机、泥浆搅拌机、高速制浆设备等。

（3）供水和供浆设备：空压机、高压水泵、高压浆泵、中压浆泵、灌浆泵等。

（4）喷射注浆设备：高压喷射注浆机、旋摆定喷提升装置、喷射管喷头喷嘴装置等。

喷射注浆法采用的喷射机通常是专用特制的,根据喷射工艺的要求(提升速度和旋喷速度),对一般勘探用钻机加以改制而成。喷射管的构造根据所采用的单管法、二重管法、三重管法和多重管法有所不同,如图 4.10 所示。单管法的喷射管仅喷射高压泥浆,二重管法的喷射管则同时输送高压水泥浆和压缩空气,压缩空气通过围绕浆液喷嘴四周的环状喷嘴喷出。三重管法的喷射管要同时输送水、压缩空气和水泥浆,而这三种介质均有不同的压力。

(5) 控制测量检测设备:测量仪、测量尺、水平尺、测斜仪、密度仪、压力表、流量计等。

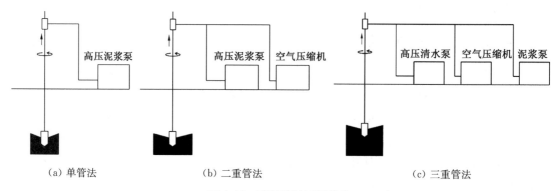

(a) 单管法　　　　　　　(b) 二重管法　　　　　　　　(c) 三重管法

图 4.10　喷射管的不同构造

4.3.3　施工工艺流程

高压喷射注浆施工工序应先分排孔进行,每排孔分序施工。当单孔喷射对邻孔无影响时,可依次进行施工。单管法非套接独立的旋喷桩不分序,依次进行施工。根据高压喷射注浆旋喷结构形式,对套接、搭接、连接、"焊接",孔与孔应分序施工。

施工用的高压水泥泵和空气压缩机布置在水泥堆场旁边的平台上,以方便水泥浆的制作。钻孔机和旋喷机布置在第一道支撑上搭建的活动平台上,作业平台分段铺设,完成一段后移到下一段重复利用。当钻机钻孔并形成一定的作业面后,喷嘴达到设计标高时,即可喷射注浆。成孔可以连续进行,喷浆必须跳孔喷浆,且分段进行。如图 4.11 所示,钻孔可以按 A1～A9 的顺序进行,但喷浆需要按要求跳孔进行,避免注浆串孔。

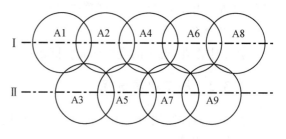

图 4.11　止水旋喷桩示意图

具体操作流程如下:

(1) 测量放线。根据设计的施工图和坐标网点测量放出施工轴线、钻孔点位。

(2) 浆液配比设计。先进行现场地质调查,并取得现场地基土,以标准稠度求得理论旋喷固结体的配合比,在室内制作标准试件,进行各种力学物理性的试验,以求得设计所需的理论配合比。施工时可依此作为浆液配方,先做现场旋喷试验,开挖观察并制作标准试件进行各种力学物理性试验,与理论配合进行比较,看是否满足设计要求,它是现场试验的一种补充试验。

(3) 布设孔位。在施工轴线上确定孔位,编上桩号、孔号、序号,根据基准点测量各孔口地面高程。

(4) 钻机造孔。可采用泥浆护壁回转钻进、冲击套管钻进和冲击回转跟管钻进等方法。钻孔孔口采用套管保护。在钻机钻进过程中,对实际孔位、孔深和每个钻孔内的地下障碍物、洞穴、涌水、漏水及与工程地质报告不符等情况均应做详细记录。

(5) 测量孔深。钻孔终孔时测量钻杆钻具长度,当孔深大于 20 m 时,进行孔内测斜。

(6) 下喷射管。钻孔经验收合格后,方可进行高压喷射注浆。

(7) 搅拌制浆。搅拌机的转速和拌和能力应分别与所搅拌浆液类型和灌浆泵的排浆量相适应,并应能保证均匀、连续地拌制浆液,保证高压喷射注浆连续供浆需用量。

(8) 供水供气。施工使用的高压水和压缩空气的流量、压力应满足工程设计要求。

(9) 喷射注浆。高压喷射注浆法为自下而上连续作业。喷头可分单嘴、双嘴和多嘴。旋喷机具就位后,灌注管插入高喷孔前采用中等压力试喷,以检查喷射和灌浆系统是否畅通;然后用卷扬机将灌注管插入钻孔设计深度,开始喷射灌浆作业,按成桩试验确定提升速度和旋转速度,边提升喷灌管边旋转。

(10) 冒浆。高压喷射注浆孔口冒浆量的大小可反映被喷射切割地层的注浆效果。孔口冒出的浆液能否回收利用,取决于工程设计和冒浆质量,工程中应尽可能利用回浆。

(11) 旋摆提升。单嘴喷头摆 360° 为旋喷;同轴双嘴喷头摆 180° 为旋喷。

(12) 成桩成墙。高压喷射注浆凝固体可形成设计所需要的形状,如旋喷形成圆柱状、盘形状,摆喷形成扇形状、哑铃状、梯形状、锥形状和墙壁状,定喷形成板状。

(13) 充填回灌。每一孔的高压喷射注浆完成后,将灌注管提出孔口,孔内的水泥浆很快会产生一定的析水沉淀,应及时向孔内充填灌浆(静压),直到饱满、孔口浆面不再下沉为止,防止固结体形成凹形。终喷后,充填灌浆是一项非常重要的工作,回灌的好与差将直接影响工程的质量,必须做好充填回灌工作。

(14) 清洗结束。每一孔的高压喷射注浆完成后,应及时清洗灌浆泵和输浆管路,防止清洗不及时、不彻底,浆液在输浆管路中沉淀结块,堵塞输浆管路和喷嘴,影响下一孔的施工。

(15) 开挖检查。旋喷完毕待凝固具有一定强度后,即可开挖。开挖检查因开挖工作量很大,一般限于浅层。由于固结体完全暴露出来,因此能比较全面地检查喷射固结体质量,也是检查固结体垂直度和固结形状的良好方法,这是当前较好的一种质量检查方法。

(16) 钻孔检查。在已旋喷好的加固体中钻取岩芯来观察判断其固结整体性,并将所取岩芯做成标准试件进行室内力学物理性试验,以获得其强度特性,鉴定其是否符合设计要求。取芯时的龄期根据具体情况确定,有时在未凝固的状态下"软取芯"。

(17) 渗透试验。通过现场渗透试验测定固结体抗渗能力,一般有钻孔压力注水和抽水观测两种方法。

（18）加载部位加强。在对旋喷固结体进行载荷试验之前,应对固结体的加载部位进行加强处理,以防加载时固结体受力不均匀而损坏。

4.3.4 施工质量控制

（1）水泥品种选择：根据施工要求选择水泥品种,通常情况下选择的是 42.5 普通硅酸盐水泥,并按照要求确定水灰比。浆液在搅拌阶段主要选择高速搅拌机进行操作,搅拌时间不小于 30 s,并且需要连续操作。浆液制作完成后需要做好温度控制,当施工环境温度低于 10℃时,储存的时间不超过 5 h,当施工温度高于 10℃时,浆液的储存时间不超过 3 h,若超过规定时间,浆液的性能就会下降。

（2）压力参数确定：在旋喷机参数确定的过程中,需要使用大泵压力对流速和流量进行控制,以提高压力值。在工程实践中,当喷射距离为 0～3 m 时,喷浆压力选择 25 MPa；当喷射距离在 3 m 以下时,喷浆压力选择 20 MPa。

（3）旋喷提升参数确定：施工中所采用灌浆压力不同,提升速度也应有差异。在一定的灌浆压力下,旋喷提升速度与有效半径、喷射角度是相互联系的,同时还会对喷流的特性造成影响,按照工程经验可将提升速度控制在 25～28 cm/min 之间,而对于顶部 1 m 的位置,需要合理控制旋喷设备转速与提升速度,可控制在 20～23 cm/min 内。临水基坑工程中的地质条件往往比较复杂,确定提升速度应充分考虑地层与孔位分序的影响：在砂层中提升速度可稍快,在砂卵（砾）石层中应放慢些,在含有大粒径（40 cm 以上）块石或（抛石）块石比较集中的地层应更慢；同时,先序孔提升速度可稍慢,后序孔相对来讲可稍快；高压喷射施工中若发现孔内返浆量减少,宜放慢提升速度。

（4）钻机就位与垂直偏差：钻机应平放在地面牢固坚实的位置,使钻机中的钻杆头对准孔中心,钻孔位置与设计位置偏差小于 50 cm。钻架矫正摆平,钻杆垂直,倾斜度小于或等于 1.0%。因此,钻孔过程中要经常注意钻杆偏斜情况,并及时矫正。

（5）测量孔深：钻孔的孔深可在终孔时测量钻杆钻具长度来确定,允许偏差不超过 5 cm。

（6）高压喷射注浆形成的桩、墙、板各项技术指标可通过开挖检查、取芯、标准贯入试验、载荷试验、围井注水试验等进行检验,结果应满足设计要求。

（7）对于地基加固工程,经高压喷射注浆处理的地基承载力必须满足设计要求。

4.4 水上基坑支撑体系施工

由于临水深基坑处在水域环境中,围护结构多选用内撑式围护结构形式。内撑式围护结构由竖向围护结构、挡土或止水帷幕、内支撑系统组成,各组成部分又有多种不同形式,常用的内支撑有钢结构支撑和钢筋混凝土支撑两类。

支撑的安装与拆除施工顺序应与围护结构的设计工况相符合,并与土方开挖和主体工程施工顺序密切配合。无论采用何种支撑,都要遵循"先撑后挖、限时支撑、分层开挖、严禁超挖"的施工基本原则,尽量减少基坑无支撑暴露时间和空间。同时应根据基坑工程等级、支撑形式、场内条件等因素,确定基坑开挖的分区及顺序,开挖过程中应分段、分层、随挖随撑、按规定时限完成支撑的施工。基坑开挖过程中,应采取措施防止碰撞围护结构、工程桩或扰动原状土。支撑拆除时,必须遵循"先换撑、后拆除"的原则。

对于不直接临水的深基坑围护结构的施工,可按照陆上基坑围护结构施工的方法进行。所有支撑应在地基上开槽安装,在分区开挖原则下做到先安装支撑,后开挖下部土方,在同层土开挖过程中做到边开挖边安装支撑。对于混凝土支撑的施工,应在混凝土强度达到设计强度的 80% 左右,方可开挖支撑面以下的土方。而对于直接处在水域环境中的临水深基坑围护结构的施工,采用搭设临时栈桥的方式将基坑与陆域相连接,并在基坑上部布置塔吊,在坑外水上布置起重船,以二者相结合的方式进行吊装施工。

4.4.1　钢筋混凝土支撑施工

钢筋混凝土水平支撑整体稳定性和变形控制能力好,适用于各种基坑平面形状、开挖深度与土层条件。钢筋混凝土支撑是现场定位、浇筑的,应首先进行施工分区和流程的划分,支撑的分区一般结合土方开挖方案,按照"分区、分块、对称"的原则确定。为了控制基坑工程的变形和稳定性,尽可能减少围护结构无支撑的暴露时间,须随挖随支。根据施工的先后顺序,施工过程一般可分为施工测量、钢筋工程、模板工程、混凝土工程及支撑拆除。

1. 施工测量

施工测量工作主要包括平面坐标系内轴线控制网的布设和场区高程控制网的布设。平面坐标系内轴线控制网应按照"先整体、后局部""高精度控制低精度"的原则进行布设。

2. 栈桥或水上施工平台搭设

为了方便水域环境中基坑混凝土支模施工,需要搭设临时性栈桥(图 4.12)。临时性栈桥一般采用钢管桩基础,其施工工艺操作流程如下:钢管桩加工→测量定位→钢管桩沉桩→(平联、斜撑)主横梁安装→贝雷梁安装→主、次分配梁安装→钢面板、防护栏杆安装。为了方便基坑水上施工作业,有时会搭设水上施工平台。

3. 钢筋工程

钢筋工程的重点是要做好(承载)主钢筋的定位和连接以及钢筋的下料、绑扎,确保钢筋工程质量满足相关规范要求。

4. 模板工程

不同于陆上混凝土模板工程,水域环境中的混凝土模板需要采用水上支模工艺。采用在基坑上部布置塔吊和在基坑外布置起重船相结合的方式对大量的材料进行起吊,活动平台用槽钢等材料搁置在第一道混凝土支撑两侧(图 4.13)。在槽钢上面铺设木板,作业平台分段铺设,完成一段后移到下一段重复利用。

5. 混凝土工程

钢筋混凝土支撑的混凝土工程施工目标是确保混凝土质量优良,确保混凝土的设计强度,特别是控制混凝土有害裂缝的发生;确保混凝土密实、表面平整,线条顺直,几何尺

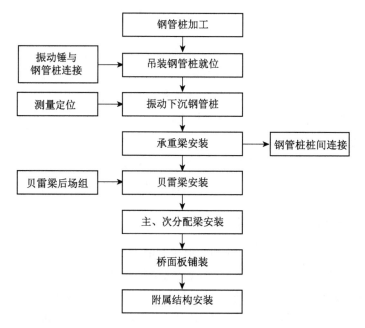

图 4.12 临时栈桥搭设流程图

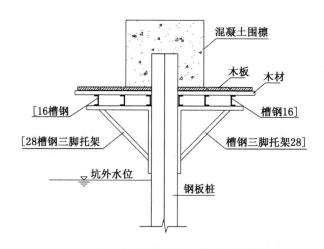

图 4.13 水上基坑混凝土支撑施工示意图

寸准确,色泽一致,无明显气泡,模板拼缝痕迹整齐且有规律性,结构阴阳角方正顺直。

4.4.2 钢支撑施工

水上钢支撑施工流程如下:测量定位→水上施工平台搭设→钢支撑运输→钢支撑起吊→钢支撑安装→施加预应力→支撑拆除。

1. 测量定位

钢支撑施工之前应做好测量定位工作,测量定位工作基本上与混凝土支撑的施工相同,包括平面坐标系内轴线控制网的布设和场区高程控制网的布设等。钢支撑定位必须精确控制其平直度,以保证钢支撑能轴心受压,一般要求在钢支撑安装时采用测量仪器(卷尺、水准仪、塔尺等)进行精确定位。安装之前应在围护体上标好控制点,然后分别向围护体上的支撑埋件引测,将钢支撑的安装高度、水平位置用红漆认真标出。

2. 水上施工平台搭设

不同于陆上基坑工程施工,水上基坑施工必须借助一定的施工平台方可进行,一般可选择工程船和搭设施工平台两种方式。选择工程船还是水上施工平台,需要综合考虑施工场地工程及水文地质条件、工程规模、经济适用性等因素。在选择打桩船时,应能满足施工要求,综合考虑吃水深度、船舶稳定、走锚可能性、锚缆布置能否打所有平面扭角桩、抗风浪性能、起吊能力、桩桁架高度以及施工进度等多方面因素。水上施工平台的搭设流程详见 4.4.1 节的相关内容。

3. 钢支撑运输

在钢支撑施工中,由于钢支撑材料一般从陆上经水上运输到施工水域,因此需配备起重船、运输方驳、拖轮以及其他辅助船在内的船组。运输船一般采用平板驳形式,在装钢支撑材料时,先进入码头的龙门档里,系好缆绳,桩支撑的龙门吊即按计划将支撑从堆积场地通过横移坑运到码头装驳。方驳的装撑高度视施工区域而定。在内河施工时,方驳上支撑材料的堆放与预制厂内的堆放要求相同。水上运输前应对运输材料、钢结构等货品进行加固。

4. 钢支撑吊装

从受力可靠角度考虑,纵横向钢支撑一般不采用重叠连接,而是采用平面刚度较大的同一标高连接。支撑的堆放高度必须和起重设备净空高度、吊重、吊距等能力相适应。第一层钢支撑的起吊与第二层及以下支撑的起吊作业有所不同,第一层钢支撑施工时,空间上无遮拦相对有利。第二层及以下钢支撑施工时,由于已经形成了第一道支撑系统,已无条件将某一方向的支撑在基坑外拼接成整体之后再吊装至设计位置。因此,当钢支撑长度较长,需采用多节钢支撑拼接时,应按"先中间后两头"的原则进行吊装,并尽快将各节支撑连起来,法兰盘的螺栓必须拧紧,快速形成支撑。对于长度较小的斜撑,在就位前,钢支撑先在地面预拼装到设计长度,再进行拼装连接。支撑钢管与钢管之间通过法兰盘和螺栓连接。

5. 施加预应力

钢支撑安放到位后,按设计要求逐级施加预应力。预应力施加到位后,再固定活络端,并烧焊牢固,防止支撑预应力损失后钢锲块掉落伤人。预应力施加应在每根支撑安装完以后立即进行。支撑施加预应力时,由于支撑长度较长,有的支撑施加的预应力很大,安装的误差难以保证支撑完全平直,所以施加预应力的时候为了确保支撑的安全性,分阶段施加预应力。

4.5 水下护坡施工

为解决围护结构受力不平衡及土体淘刷的问题,并保持整个围护体系周边荷载的平衡,一般在基坑外侧布置水下护坡结构。通常采取坑外压坡护底的措施,主体结构一般采用砂被或袋装土,护面结构可采用合金钢丝笼块石、模袋混凝土、抛石、土工织物等(图4.14)。水下护坡可按下列顺序进行施工:泥面标高复测→在底层进行排体铺设→抛填砂袋→合金笼施工→桩基施工→第一道混凝土支撑施工→充填砂→抛填碎石。基坑施工前及施工过程中需采用测深船对水上基坑地形进行测量,以掌握水下地形动态。

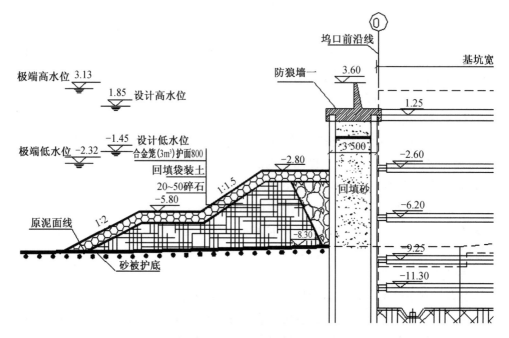

图 4.14 临水深基坑典型水下护坡示意图(尺寸单位: mm;高程单位: m)

护底软体排通常采用专用铺排船进行铺设,控制船体走向达到排体铺设的准确度,铺设后应进行水下探摸检查。软体排分块制作,排体搭接应大于 2 m。水下护坡体若采用袋装土,可由抛填作业船利用挖机、起重设备、滑板等缓缓抛填到指定位置。为预防水下护坡冲刷和破坏,可采用块石或合金钢丝笼块石结构进行护面,采用起重船定点放置。下面简述排体铺设、砂袋抛填、合金笼安放、水下抛石施工要点。

1. 土工布软体排铺设

(1)铺排船定位。结合铺排控制软件将铺排船定位于排头位置,运砂船向铺排船靠拢,准备充砂作业。

(2)土工布软体排上滚筒。开动滚筒将土工布软体排卷上滚筒,将甲板上的土工布软体排拉平至滑板边缘,并将滚筒刹车刹牢。

(3)充灌砂肋袋。将砂肋袋穿在土工布砂肋环内,用两台充砂泵同时从两头充灌。

(4)排体下沉。翻板上的砂肋袋充填结束即可放排,将翻板缓缓下倾,排体开始下滑,继续充灌甲板上的砂肋袋,充好后放一次滚筒。

(5)移船。根据当时水深计算确认排头已经落在泥面后,开始同步移船。

(6)重复充砂、放滚筒、退船的步骤,直至铺设完毕。

2．抛填砂袋施工

（1）定位。配备一条定位船进行定位，采用陆上竖花杆、船上移动背包校核的测量方法。

（2）充填。将土工布袋四个角系在定位船上，浮在水面上，两条定位船上各配备一台充砂泵，同时充灌。

（3）下沉。砂袋中充好一定量的砂后，袋子自然下沉，慢慢松绳子，直至砂袋落底。对于水深和流速较大的情况，砂袋入水后会产生一定距离的漂移，因此，施工时宜采用在砂袋上系浮漂的方法进行砂袋漂移试验，测出相同水深条件下各种规格的砂袋在潮水涨急、落急情况下的大致漂移距离，根据测定结果对抛袋的施工参数进行相应调整。

（4）继续充灌，直至充砂量大于理论计算量。

（5）检测水深，在不足的地方继续充填砂袋，直至全部达到设计标高，同时需要做好抛填砂袋的稳定性监测。单层砂袋的临界稳定波高一般在 1.5 m 以下，更大的波浪则需要两层砂袋，甚至需要上、下两层砂袋按品字形排列、交叉重叠，以提升其稳定性。

3．合金笼安放施工

（1）定位。对带吊机的定位船定位，并采用陆上竖花杆、船上移动背包校核的测量方法。

（2）安放。用吊机将合金笼从外侧的运石船上吊出，转至另一侧，将合金笼放至指定水域松扣沉放。

（3）检测。检测水深，在漏放的地方补吊合金笼，直至全部达到设计标高。

4．水下抛石护坡施工

测定断面控制桩→水下原始断面地形测量→试抛→定位船定位→抛投→石驳船移位→石驳船离开→按照前述程序抛满整个断面→水下断面测量与原地形比较，发现不合格，立即补抛→定位船移至下一断面→重复上述抛石过程。

4.6　临水深基坑降水及土方开挖

4.6.1　降水施工

临水深基坑位于水上或水边，坑内外常为水体，且坑外水位是不断变化的，因此，坑外无法进行降水，应编制坑内降水专项方案，一般可分为泥面以上的抽水与泥面以下的降水。

1．抽水

在第一道支撑施工完成后，封闭钢板桩桩壁上预留的进出水孔，采用水泵将基坑表面水体抽出排至基坑外。抽水至第二道支撑围檩底部，安装第二道钢围檩及钢支撑，同理依次抽水、挖土，安装下一道钢围檩及钢支撑，如图 4.15 所示。由于坑内水位的变化对钢板桩及支撑内力、变形的影响较大，因此应注意控制抽水速率，不可抽水太快，一般每昼夜水位下降不宜超过 30 cm。施工第二道及以下支撑时，水位应抽到该道支撑下 0.50 m 为止，能够施工该道支撑即可,不可超量抽水。

2. 降水

泥面以下降水一般选用管井井点降水,该方法一般适用于渗透系数大的砂砾层及地下水丰富的地层,广泛应用于第四系地层的基坑疏干等工程。管井井点由滤水井管、吸水管和抽水机械等组成,如图 4.16 所示。管井井点设备较简单、易维护、排水量大、降水较深,较轻型井点具有更显著的降水效果,可代替多组轻型井点使用。降水管井施工的整个工艺流程包括成孔工艺和成井工艺,具体又可分为以下过程:准备工作→钻机进场→定位安装→开孔→下护口管→钻进→终孔后冲孔换浆→下井管→稀释泥浆→填砂→止水封孔→洗井→下泵试抽→合理安排排水管路及电缆电路→试抽水→正式抽水→水位与流量记录。

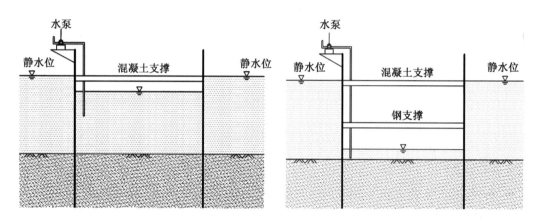

图 4.15　抽水时间控制工况图

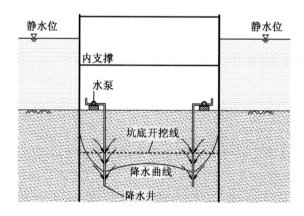

图 4.16　管井井点降水示意图

4.6.2　土方开挖

1. 开挖总体要求

基坑开挖前应根据工程地质、水文资料、结构和围护设计文件、环境保护要求、施工场地条件、基坑平面形状、基坑开挖深度等,遵循"分层、分段、分块、对称、平衡、限时"和"先撑后挖、限时支撑、严禁超挖"的原则编制土方开挖施工方案。同时,对于水上基坑土方开挖,还需要考虑水上施工平台和土方水上运输方案。挖土机械的停放和行走路线布置、挖土顺序、土方驳运、材料堆放等应避免引起对工程桩、围护结构、降水设施、监测设施和周围环境的不利影响,施工时应按照设计要求控制基坑周边区域的堆载。

2. 开挖机具

常用的土方施工机械主要可分为前期场地平整压实机械、土方挖掘机械、土方装运机械、土方回填压实机械等四类。场地平整压实机械主要有推土机、压路机等;土方挖掘机械主要有反铲挖掘机、抓铲挖掘机等;土方装运机械主要有自卸式运输车、水上运输方驳等;土方回填压实机械主要有推土机、压路机、夯实机等。详细的开挖机具介绍可参照陆上基坑的相关书籍。

3. 开挖方法

对于水中基坑的土方开挖,首先利用围护结构将需要开挖的施工场地围拢,然后进行抽水,使其形成干作业环境。其次,通过水上施工平台的起吊机或起重船将开挖机具吊入施工场地进行开挖施工。开挖的土方通过水上方驳运输运送至抛泥点。在基坑开挖过程中,经常采用边降水边开挖的方式进行施工。

开挖施工过程中,基坑内表层软土采用水力取土法取土,具体是将泥浆泵、浮筒及高压水枪组成水泥吸泥组,利用高压水枪射出的高压水流将泥土冲成泥浆,同时利用泥浆泵吸泥,通过出水管排入泥驳,运送到指定区域进行卸泥。基坑表层软土以下土方开挖采用干取土法。具体的开挖施工流程如图 4.17 所示。

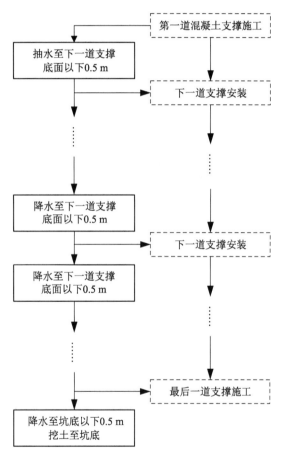

图 4.17　开挖施工流程示意图

4.7　围护拆除

位于陆上的临水深基坑围护拆除与常规陆上基坑一致,下面主要介绍位于水中的临水深基坑围护拆除,一般拆除顺序如下:从下往上依次拆除底部支撑→底部第二道支撑→直至顶部混凝土支撑→挖除水下护坡及挖泥→水下切割(凿除)围护桩。

(1)钢支撑拆除。钢支撑采用从下往上分层拆除的方法,在每道钢支撑拆除前,条件具备时可预先灌水至钢支撑底部 30 cm 处,通过提高基坑内水位来减小相对于外侧的水土压力差,保证围护结构拆除的稳定。

(2) 钢筋混凝土支撑拆除。常规内支撑拆除方式主要为爆破拆除、破碎拆除、切割拆除等,考虑水上基坑工程特殊的地理位置、周边自然环境、生产安全环境等诸多因素,通过对噪声、操作灵活性、安全性等方面进行方案比对,一般采用分段切割方法。混凝土支撑分段切割时,采用大型起重船分段整体吊除,起吊采用多点吊。混凝土支撑切割采用钢线切割机切割方式,切割时避免混凝土块体落入基坑内。

(3) 水下护坡挖除。水下护坡拆除可采用挖泥船挖除,挖泥船宜配备长臂反铲挖机。

(4) 围护桩割除(凿除)。围护钢板桩由于上拔力较大,在水域环境中整根拔出难度较大,需采用水下割除方式。钢板桩变形以及拔除时有可能对已施工的结构造成破坏,因此,底板以下的钢板桩通常放弃拔除,留置于土中。底板标高以上的钢板桩通常由潜水员水下分段切割,起重船配备振动锤进行吊除。钻孔灌注桩等水下混凝土围护结构一般采用凿除方式。

4.8　应急措施

临水深基坑由于位于水上、水边,自然环境较复杂,特别是遇到暴雨、台风等恶劣天气时,容易造成基坑失稳,故临水深基坑施工前应做好相应的应急预案,施工中要充分利用临水深基坑施工监测和信息化技术等手段,对可能发生的险情进行实时监控、循环跟踪与应急决策。根据现场施工情况,预留应急物资和急需设备,如钢筋、水泥、草袋、砂袋、堵漏材料、注浆机、排水及发电设备等,基坑内应根据施工组织规划设置不少于 2 台应急逃生梯。

1. 渗漏险情应急措施
(1) 当渗水量较小时,在不影响施工的情况下,可采用水泵将水从坑底抽出。
(2) 当渗水量较大时,设置积水坑,采取井点降水等措施,在确保安全的条件下,临水深基坑陆侧可采用防水混凝土或砂浆修补封堵,水侧采取贴钢板等措施。危及人身安全时,需紧急撤离。

2. 汛期、台风、暴雨天气应急措施
(1) 受汛期、台风影响的临水深基坑应尽量安排在非汛期或非台风期施工,若需要在汛期或台风期施工,应编制应急预案和相关专项施工方案,并报相关单位审批。
(2) 遇到恶劣天气应暂停施工,船机等施工设备需撤离现场,并加强基坑监测,针对基坑水下护坡等薄弱地方进行加固处理,确保基坑安全。
(3) 在基坑顶部,采取临时措施拦截地表水,应对地表水进行疏导,避免大量的地表水集中涌入基坑内。
(4) 在基坑坑底设置排水沟和集水坑,现场积水由专人用多台水泵连续工作,确保施工现场及坑内雨水和施工作业用水能及时抽排出场。

（5）当遇到极端工况时，为确保基坑结构的整体安全，可进行坑内灌水。

（6）在基坑使用期间加强检查巡视工作，定期对基坑进行监测，发现问题及时组织处理。

（7）施工用电按规范要求设置防雷、接地保护，雨后检查线路、电气设备，发现问题及时整改，确保用电和设备安全。

3. 监测报警或巡查发现险情应急措施

当土体水平位移、坑底隆起、周边地表竖向位移监测报警或巡查发现险情时，可采取下列应急措施：

（1）立即停止基坑开挖，撤离基坑内的作业人员，清理基坑周边堆载。

（2）回填好土、石或砂袋等，若在水中无法及时回填砂土，则应及时采取灌水措施，回填反压土直至基坑变形稳定为止。

（3）对已开挖段及时浇筑垫层。

4. 人员、物资安全撤离保障措施

施工之前，首先要编制水上施工安全应急预案，应对现有应急队伍、应急船舶、装备等应急能力和应急资源进行评估，包括应急人员的技术、经验和资历，以及应急设施、设备、装备、物资等情况，安排应急演练，查找需求和不足，在评价与潜在风险相适应的应急资源和应急能力的基础上，量力而行。根据水上应急特点、船舶及人员情况，选择最有效的反应策略。

在应急领导小组的统一指挥下，施工单位根据实际情况建立相应的应急队伍，应急队伍包括若干小组，根据分工不同，细化各个小组职责，主要组别包括：通信联络及后勤保障组、安全和物资保障组、现场医疗救护小组、现场应急抢险组等。预案中应详细对应急物资的名称、数量、储存地点、保管人员作出说明，明确应急保障经费来源和用途。

第5章 临水深基坑工程应注意的问题

5.1 水文地质勘察应注意的问题

临水深基坑处于水边或水中,其周边的水域环境对基坑工程的影响是不可忽视的。对场地周边水文、地质条件的了解程度是临水深基坑工程能否顺利施工的重要前提。因此,有必要在临水深基坑工程施工前掌握场地的水文、地质条件。场地、水文地质勘察主要是查清场地及其周边区域的水文、波浪条件,调查地质构造及不良的地质现象,获取场地各土层的岩土参数,了解地下水体类型及其与地表水之间的关系等,为基坑设计方案设计提供准确的水文、地质资料。

临水深基坑通常同时具有临水和软土地基的特点,饱受水体的侵蚀,如管涌、突涌等,大多数临水深基坑都需要进行专项水文、地质勘察,应注意以下几个方面。

(1)水文测验时,除地下水情外,还应包括附近临水环境的水位、流速、波浪等资料,并根据设计需要,给出相应频率的水位、波浪资料。

(2)勘察前应查明场地地下管线、建(构)筑物等分布情况,勘察时应复核勘探点位置,避免对其产生不利影响。

(3)临水深基坑场地的地质条件将直接决定围护结构的选型,尤其是在水陆交接处,常有抛石等特殊地层,勘察时应查明其分布范围、孔隙率等。

(4)水上作业平台的稳定性易受到水流、波浪及潮汐等影响,水文、地质勘察中涉及的原位测试较陆上基坑有区别,一般需要适当增加标准贯入的频率、加密标准贯入试验的间距,以判断土体的力学性能;在软土层中还可根据工程需要增加十字板剪切试验,判断软土的剪切强度和灵敏性。

(5)临水深基坑水文、地质勘察室内一般性试验和陆域的相同,试验频次除了满足规范要求外,还要满足划分层次的要求,因此,样品的数量一般较陆上基坑工程要多。因临水深基坑工程的特殊性,还有一些情况需要做特殊的试验,例如在坑外加固回填建筑材料时需要做砂土的休止角试验等。

(6)临水深基坑勘察通常在水边或水中进行,作业易受水流、波浪等自然条件影响。勘察应根据工作量的大小、工作场地的复杂程度、气象波浪条件等选择合适的钻探作业平台、机械数量,并制订详尽的安全预防措施,确保勘察顺利进行,保证勘察成果质量合格、成果可靠。

5.2　设计应注意的问题

基于临水深基坑的特点与组成系统的特殊性，在设计过程中，与陆上普通基坑有明显不同的侧重点，需要注意的问题和细节也更多。例如，对于水上基坑的临水侧，在设计中需要考虑面临波浪、水流等动荷载作用下围护墙的变形问题，常通过加大临水侧围护结构的刚度来实现稳定。根据现有水上基坑工程设计经验，归纳总结出临水深基坑在设计过程中应注意的问题，主要包括设计标准的确定、土压力计算、围护及支撑结构设计、加固及止水设计等几个方面。

5.2.1　设计标准选择应注意的问题

目前，国内所有基坑设计规范、标准都是主要针对陆上基坑进行编写，体系标准相对完善，但是没有专门形成一套关于临水深基坑工程的统一技术标准和相关技术。在工程实践中，广大技术人员一般根据本地区或类似土质条件下的工程经验，因地制宜地进行设计与施工。根据临水深基坑的定义，有不直接临水深基坑和直接临水深基坑两种情况。在临水深基坑设计标准确定的过程中，应从以下几个方面进行综合考虑。

对于不直接临水深基坑，地基多为软土地基，周围一般都有一定的建筑物，在选择设计标准时要充分考虑基坑对周围环境的影响，即在临水深基坑开挖过程中，对地基允许的沉降值和偏移量进行严格控制。因此，这类临水深基坑在确定设计标准时，要将基坑允许沉降值和偏移值纳入考量范围内。

对于直接临水深基坑，其周边一般无建筑物，大多数都直接建造在水中，距离岸边有一定的距离，一旦发生状况，不易采取应急补救措施。因此，这类基坑在确定设计标准时，要充分考虑基坑自身结构的安全性能及破坏后果的严重性，有时需要将基坑破坏后抢险的难易程度纳入基坑标准确定时的考量范围内。

临水深基坑在确定基坑围护墙顶标高时，要充分考虑防洪（潮）、防台对围护结构稳定性及坑内施工的影响。一般来讲，基坑施工期间不允许过水，在设计时，基坑围护结构的标高须高于相应施工水位加波浪超高；另一方面，涉河时要充分分析是否需要度汛，尽量选择非汛期施工。

5.2.2　土压力计算应注意的问题

在临水深基坑设计时，考虑其特殊性，一般需要从土压力计算及渗流稳定性分析两个方面考虑土压力计算分析的问题。

1. 土压力计算

近 40 年来，我国开展了大规模的经济建设，完成了大量的基坑工程，经典的土压力计算方法所得结果往往与实际情况相差甚大，尤其是在地下水丰富的情况。对于以上的问题，在土压力计算时，要注意下列几个问题。

1）水土分算与合算

在基坑工程的某些情况下，采用水土合算是不违背有效压力原理的。合算的结果比较近似实际情况。一般在分层土与分层地下水的情况下，饱和砂土采用有效应力强度指标进行水土分算是可以的，对饱和黏性土采用固结不排水强度指标进行水土合算。对于地下水竖直向下渗流的情况也可以采用水土合算的方法。然而需要注意的是，以下几种情况采用水土合算是不尽合理的。

（1）在渗流方向向上的情况下，如在基坑内采用集水井排水，此时渗透力方向是向上的，减小了有效竖向应力，此时采用水土合算计算的被动土压力偏大。

（2）对于粉土的水土合算要慎重，如果地下水向下渗流，且粉土以下是渗透系数大得多的透水层，合算的误差较小；如果粉土以下是渗透系数更小的不透水层，则粉土中的水压力应按静水压计算，即水土分算，这时水土合算会使计算的荷载偏小，而抗力偏大。

（3）对于承压水土层及其上、下的黏土层应合理考虑水压力，不宜简单地采用水土合算，例如，当承压水大到接近于使坑底黏土层流土或突涌时，竖向有效应力为零，再用水土合算就不合适了。

（4）由于临水深基坑紧邻水边，天然土层中的地下水呈十分复杂的形态，加之目前强调地下水控制，排、降、截、灌等手段综合应用，水土压力十分复杂，应提倡进行渗流分析、渗流计算及孔压观测，合理确定水土压力。

2）超静孔隙水压力

对于饱和的软黏土，由于其渗透系数小、压缩模量小，在受到外界荷载时，易产生超静孔隙水压力。以下几种情况在进行土压力计算时需要考虑超静孔隙水压力。

（1）坑边的堆载、机械设备运行以及附近道路上的来往车辆等，都会在饱和地基土中产生超静孔隙水压力。

（2）基坑施工中，开挖和扰动可能引起饱和砂土或高灵敏度黏性土的流动、滑坡等。

（3）在饱和黏性土中快速开挖，会使坑底土层因卸载而生成负的超静孔隙水压力，且短期内不易消散，有利于基坑的稳定，有丰富经验时可适当考虑。

（4）开挖引起围护结构的前移，使墙后土体的主应力减小，也会在饱和黏性土中产生负孔压，从而减少了荷载，有利于基坑稳定，有丰富经验时可适当考虑。

2. 渗流稳定性分析

对于基坑的渗透稳定性问题，针对不同的土层，主要发生的渗透破坏为流土和管涌。而临水深基坑由于特殊的区域位置，更容易受到水力的渗透破坏。在进行渗流稳定性分析时，应当明确流土与管涌产生条件的差异：流土破坏的渗流方向是向上的，且发生于地表；管涌则是沿着渗流方向发生；黏性土不会发生管涌现象，同时，级配均匀的砂土也不会发生管涌。

在基坑工程中，另一种与地下水有关的失稳现象称为突涌，如图 5.1 所示。在黏性土相对隔水层之下存在承压水，若隔水层的自重不足以对抗承压水向上的扬压力，则会造成坑底的土体隆起破坏并同时发生喷水涌砂的现象，称为突涌。

渗流稳定性分析方法也可以用于基坑封底混凝土施工控制计算。在地下水以下施工封底时,如果是水下浇筑混凝土,需要其凝固到一定强度后再排干基坑。如果是在基坑内通过集水井排水,然后直接封底,则如同图 5.1 的情况,封底以后无法再排水,混凝土底板以下将形成承压水。承压水在未凝固的混凝土中向上渗流,会将混凝土中水泥浆及砂骨料中的细粒带出,这也是一种管涌,这往往会导致底板混凝土强度降低,甚至止水失效,应当引起高度重视。

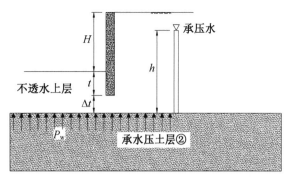

图 5.1　基坑抗突涌稳定验算示意图

5.2.3　围护及支撑结构设计应注意的问题

陆上基坑开挖设计时,外侧是土体,地下水位基本保持稳定。而临水深基坑外侧通常直接面临水体,并且水位是不断变化的,同时受到水流、波浪等诸多因素的影响,故基坑周围的荷载是不均匀的。因此,临水深基坑围护结构设计要注意尽量使基坑周围荷载均衡,避免围护体系失稳。

1. 围护结构

临水深基坑常常采用板式围护结构,计算方法是基于常规板式基坑围护计算理论,需要确定土的水平抗力比例系数、土体计算参数、土体加固参数等。

1) 土的水平抗力比例系数

大部分现行基坑设计规范在内力计算时均采用了竖向弹性地基梁法(杆系有限元法),其中 m 值为土的水平抗力比例系数,竖向弹性地基梁法中假定土体的水平抗力系数等于 m 值与计算点到基坑底部的垂直距离的乘积。严格来讲,水平地基抗力比例系数 m 应根据单桩的水平荷载试验结果来确定,没有单桩水平试验时,采用国标基坑规范提供的经验公式:

$$m = \frac{1}{\Delta}(0.2\varphi^2 - \varphi + c) \tag{5.1}$$

式中, Δ —— 变形位移;

　　　φ —— 土体内摩擦角;

　　　c —— 土体黏聚力。

在实际基坑工程中, m 值受诸多因素的影响,例如基坑开挖深度、坑内土体加固、开挖过程中土体的卸载、施工对土体的扰动等。 m 值的取值可参考上海市基坑标准(表 5.1)。

表 5.1　　　　　　　　　　　　　　　　　　 m 取值

地基土的分类	$m/(\text{kN} \cdot \text{m}^{-4})$
流塑的黏性土	1 000~2 000
流塑的黏性土、松散的粉性土、砂土	2 000~4 000

地基土的分类	$m/(\text{kN} \cdot \text{m}^{-4})$
可塑的黏性土、稍密至中密的粉性土、砂土	4 000～6 000
坚硬的黏性土、密实的粉性土、砂土	6 000～10 000
水泥土搅拌桩加固，水泥掺量＜8％	2000～4 000
水泥土搅拌桩加固，水泥掺量＞13％	4 000～6 000

2）土体计算参数的确定

由于基坑工程参数取值受地区土体特性影响较大，因此，不同地区规范对基坑开挖参数取值方法略有差异，各地方基坑规范对土体计算参数的选取规定如下。

（1）行业标准《建筑基坑支护技术规程》（JGJ 120—2012）相关规定

在土压力、水压力计算和土的各类稳定性验算时，分算、合算方法及相应的土的抗剪强度指标类别应符合下列规定：

① 对于地下水位以上的黏性土、黏质粉土，土压力计算和滑动稳定性验算时，土的抗剪强度指标应采用三轴固结不排水抗剪强度指标或直剪固结快剪强度指标；对于砂质粉土、砂土、碎石土，土的抗剪强度指标应采用有效应力强度指标。

② 对于地下水位以下的黏性土、黏质粉土，可采用土压力、水压力合算方法，土压力计算、土的滑动稳定性验算可采用总应力法。此时，对正常固结土和超固结土，土的抗剪强度指标应采用三轴固结不排水抗剪强度指标或直剪固结快剪强度指标；对欠固结土，宜采用有效自重压力下预固结的三轴不固结不排水抗剪强度指标。

③ 对于地下水位以下的砂质粉土、砂土和碎石土，应采用土压力、水压力分算方法，土压力计算、土的滑动稳定性验算应采用有效应力法，土的抗剪强度指标应采用有效应力强度指标。对于缺少有效应力强度指标的砂质粉土，也可采用三轴固结不排水抗剪强度指标或直剪固结快剪强度指标代替。对砂土和碎石土，有效应力强度指标可根据标准贯入试验实测击数和水下休止角等物理力学指标取值。当土压力、水压力采用分算方法时，水压力可按静水压力计算；但是当地下水渗流时，宜按渗流理论计算水压力和土的竖向有效应力，特别是当存在多个含水层时，应分别计算各水层的水压力。

④ 当有可靠的地方经验时，土的抗剪强度指标尚可根据室内、原位试验得到的其他物理力学指标，按经验方法确定。

（2）上海市标准《基坑工程技术标准》（DG/TJ 08—61—2018）相关规定

土的黏聚力标准值和内摩擦角标准值按照三轴固结不排水剪切试验测定的峰值强度指标或直剪固结快剪试验峰值强度指标取用。

（3）浙江省规程《建筑基坑工程技术规程》（DB33/T 1096—2014）相关规定

计算围护结构侧压力时，土压力、水压力计算方法和土的力学指标取值应符合下列规定：

① 对于地下水位以上的黏性土，其强度指标应选用三轴固结不排水抗剪强度指标或直剪试验固结快剪指标；对于地下水位以上的粉土、砂土、碎石土等，一般采用有效应力抗

剪强度指标。当无条件取得有效应力强度指标时,亦可选用三轴固结不排水抗剪强度指标或直剪试验固结快剪强度指标。土的重度取天然重度。

② 对于地下水位以下的粉土、砂土、碎石土等渗透性较强的土层,应采用有效应力抗剪强度指标和土的有效重度按水土分算原则计算侧压力。当无条件取得有效应力强度指标时,可选用三轴固结不排水抗剪强度指标或直剪试验固结快剪强度指标。

③ 对于地下水位以下的淤泥、淤泥质土和黏性土,宜按水土合算原则计算侧压力。对正常固结土和超固结土,土的抗剪强度指标可结合工程经验选用三轴固结不排水抗剪强度指标或直剪试验固结快剪指标。但是对于欠固结土而言,宜采用有效自重压力下预固结的三轴不固结不排水抗剪强度指标。土的重度取饱和重度。

(4) 广东省标准《建筑基坑工程技术规程》(DBJ/T 15—20—2016)相关规定

计算土压力时,土的抗剪强度指标应符合下列规定:

① 淤泥及淤泥质土应采用有效自重应力下预固结的三轴不固结不排水抗剪强度指标。

② 正常固结的饱和黏性土应采用有效自重应力下预固结的三轴不固结不排水抗剪强度指标。当施工挖土速度较慢、排水条件好、土体有条件固结时,可采用三轴固结不排水抗剪强度指标或直剪固结快剪强度指标。

③ 砂类土采用有效应力强度指标。

④ 软黏土的隆起稳定性验算可采用十字板剪切强度或三轴不固结不排水抗剪强度指标。

⑤ 当基坑邻近交通繁忙的主干道或其他对土的扰动源时,灵敏度较高的土的强度指标宜适当折减。

⑥ 应考虑打桩、地基处理的挤土效应等施工扰动原因造成的土的强度指标降低的不利影响。

⑦ 淤泥及淤泥质土可按固结快剪指标乘以系数 0.75 后采用;若乘以系数 0.75 后小于直接快剪指标的,按直接快剪指标采用。

⑧ 水土分算时,土的强度指标应采用有效应力强度指标,其值应通过室内固结排水试验获得。对于粉土,当缺少有效应力强度指标时,也可采用三轴固结不排水抗剪强度指标或直剪固结快剪强度指标代替。对于砂土和碎石土,有效应力强度指标可根据标准贯入试验实测击数和水下休止角等物理力学指标取值。

综上,岩土参数的选取较为复杂,选用时可参照地方基坑规范规定选取,也可结合当地地质和经验,并参考其他试验结果,综合考虑后采用。

3) 土体加固参数的确定

(1) 水泥土物理强度指标

水泥土的强度受到水泥掺量、龄期、水泥强度和外加剂等因素的影响。根据上海市基坑标准,由于软土中水泥浆的重度与软土的重度相近,水泥土重度一般高于被搅拌土的 3%～5%,所以水泥土的重度与天然软土的重度相差不大,设计中一般取 $\gamma=18\sim19$ kN/m³。实际工程中所采用的搅拌桩加固,水泥掺量一般不小于 20%,三轴水泥土搅拌桩 28 天龄期的无侧限抗压强度取 $q_u=0.8\sim1.0$ MPa。水泥土的抗剪强度一般由内摩擦角和黏聚力来反映,它的抗剪强度随无侧限抗压强度的增加而增加,水泥土的黏聚力 $c=0.2q_u\sim0.3q_u$,内摩擦角在 $20°\sim30°$ 之间变化。为考虑一定安全储备,规范推荐 $c=25\sim40$ kPa,$\varphi=20°$。

（2）加固参数

加固体平面置换率和断面布置及固化剂掺量与基坑开挖深度有很复杂的系统关系,很难通过单一数据予以确定,建立完全对应的比例关系在目前的技术条件下也是不现实的,必须结合不同的施工工法和工程经验确定,必要时进行计算复核。有环境保护要求时或考虑加固后的土体,其平面置换率通常可选择 $0.5\sim0.8$,在基坑较深或环境保护要求较高的一级或二级基坑中,可选用大值,反之可选用小值。

固化剂掺量和强度技术指标通常根据开挖深度和环境保护等级确定,还受施工工艺的限制。能掺入土中的固化剂含量因施工工法的不同而有所区别,一般注浆加固时水泥掺入量不宜小于 120 kg/m³；双(单)轴水泥土搅拌桩的水泥掺入量不宜小于 230 kg/m³；三轴水泥土搅拌桩的水泥掺入量不宜小于 360 kg/m³；旋喷加固时水泥掺入量不宜小于 450 kg/m³。水泥土加固体的 28 天龄期无侧限抗压强度一般在 $0.6\sim1.2$ MPa。

上述水泥掺量及强度的关系不是绝对的,因地层条件不同而有差别。不同种类的土在相同的水泥掺入量的条件下,二者的加固体强度有差别,此外,加固体强度随土中含水率提高而降低。对暗浜、杂填土、松散砂、淤泥质土或流塑状土等厚度较大的土层和含有少量有机质的土层,应适当增加水泥掺量,或通过加固试验确定。对重要复杂的工程,应进行现场加固试验,合理确定加固方法和加固强度。

（3）复合地基计算方法

被动区土体加固后,被动土压力计算时将加固后的被动区土体按复合地基考虑,用复合后坑底的 φ 和 c 值。加固后的土体是水泥与软土的复合体,因此可以用复合参数法计算被动区土体强度。而对于坑内加固的土体,按照工程常规方法,对参数取加权平均值,可求得：

$$\gamma_{sp}=m\gamma_p+(1-m)\gamma_s \tag{5.2}$$

$$E_{sp}=mE_p+(1-m)E_s \tag{5.3}$$

$$c_{sp}=mc_p+(1-m)c_s \tag{5.4}$$

$$\tan\varphi_{sp}=m\tan\varphi_p+(1-m)\tan\varphi_s \tag{5.5}$$

式中 m——面积置换率。

下标 sp 指加固后的土体；下标 p 指水泥土；下标 s 指原状土体。

4）其他

临水深基坑处于水域环境中,经常遭遇不平衡力的作用,在设计计算时还应注意以下问题。

① 在设计中应保证基坑的整体刚度,尤其是围护结构的刚度,避免由于水流、波浪等

造成基坑变形过大。

② 设计方案应考虑施工便利性、环保性和经济性,尽量采用可回收的、便于拆除的材料。

③ 临水深基坑围护结构设计时,有时会受到地质、环境等的限制,无法设置止水帷幕,此时需要考虑自身具有止水效果的围护结构,如咬合桩、钢板桩等。

2. 支撑结构

由于波浪、水流等动水压力的反复作用,临水深基坑围护结构容易发生变形,通常采用内支撑围护体系。因此,在支撑设计时需要注意以下两方面内容:①由于波压力、波吸力的往复作用,建议第一道支撑采用整体性较好的钢筋混凝土支撑,以增加围护结构的整体刚度,防止围护结构产生过大变形。②水平支撑是平衡围护墙外侧水平作用力的主要构件,支撑布置时要注意分布均匀、受力明确、平面刚度好。同时也应考虑正常施工偏差对工程质量的影响。

5.2.4　加固及止水设计应注意的问题

基坑加固与止水关系到结构整体稳定与安全,在设计中需要格外重视,对于临水深基坑来说更是如此。临水深基坑由于水力补给丰富,增加了止水、防水的难度,此外,水域环境中的不确定性因素更多,这也加大了基坑加固的难度。

1. 止水应注意的问题

对于临水侧围护结构,由于其直接临水,水土压力的作用会导致止水板桩有一定的变形,故法向位移应控制在一定的合理范围内。例如,当板桩受到波压力作用时,会向基坑内侧发生一定的变形,当受到波吸力作用时,会向基坑外侧发生一定的变形,这将形成往复摆动变形,会对围护结构产生极不利影响,此时变形控制显得尤为重要。

对于板桩,止水设施一般设置在板桩的交接处,设计时更需要关注板桩的法向变形,对于轴向变形一般不予考虑。当板桩受法向作用力时,会对板桩在法向产生一定的拉扯变形,从而破坏板桩间锁口止水等。因此,在板桩止水设计时,更需要注意板桩的法向位移控制。

一般而言,因临水深基坑外侧水力补给丰富,止水帷幕需伸至相对不透水层,截断与坑外水体的水力直接联系。

2. 加固应注意的问题

(1) 坑内加固。坑内加固一般与陆上普通基坑的加固方式一样。但是在设计时,临水深基坑所处的地基通常为较差的软土地基。软土具有渗透系数较小、固结速率慢等特点,如果施工速率过快,可能造成局部较大的塑性区,使基坑围护变形急剧增加或使建筑物产生严重的不均匀下沉。因此,在临水深基坑设计时,要注意考虑此类因素。

(2) 坑外加固。对于临水侧,一般采用抛填料的方式进行围护结构的加固。在设计坑外加固时,需要确定抛填料的高度、宽度,不仅需要充分考虑围护结构的安全性,同时也要考虑加固体自身的安全稳定。抛填料的高度定得过低或宽度过窄,可能达不到围护结构受力平衡的要求,定得过高或过宽则不经济。因此,要择优选取合适的高度和宽度。

（3）岸侧加固。需要考虑对周围管线、建（构）筑物等的影响。

5.2.5 设计应注意的其他问题

基坑开挖前，应制订基坑开挖施工方案，其内容主要包括：开挖方法、开挖顺序、出土路线、开挖监测方案、围护结构以及对周边环境的保护措施等。土方开挖应按照分层、分块、对称、均匀开挖的方案，严禁超挖。

根据工程的结构形式、基础设计深度、地质条件，基坑设计时应提出明确的监测要求和质量检测要求。其中，监测要求包括：监测项目、观察周期、变形报警值、变形控制值、注意事项等。质量检测要求主要是对围护结构止水帷幕提出明确的要求，尤其是围护结构中的重要构件或易出现质量问题的构件更加需要重视质量检测工作。

5.3 施工应注意的问题

5.3.1 土方开挖应注意的问题

对于不直接临水的基坑，其土方开挖与陆上基坑基本相同；对于直接临水的基坑，其土方开挖与陆上基坑不同，施工过程中应注意下列问题：

（1）基坑开挖顺序。基坑取土结合支撑布置从上而下分层依次进行，每层取土控制高程满足支撑安装即可，不允许超深。

（2）表层取土。基坑表层取土宜采用水力取土法，由泥浆泵、浮桶和高压水枪组成取土设备，利用高压水流将泥土冲成泥浆，利用泥浆泵吸泥通过出水管排入泥驳，运送到指定区域进行卸泥，吸泥和降水同时进行。

（3）底部取土。基坑底部取土采用干取土法，配备小型履带式挖土机挖土，由塔吊或起重船吊放至泥驳内。邻近围护桩 2.0 m 范围以及基坑底部 300 mm 由人工挖土，保护围护桩及避免基坑底部原状土被扰动。

（4）土方开挖应分层、分区进行，严格控制各分层之间土层高差（一般不大于2.0 m），必须确保土坡自身稳定，尤其在立柱附近，严防由于土坡太陡而产生滑动，危及支撑稳定。发现异常情况时，立即停止挖土并查明原因，待采取措施后方可继续挖土。

（5）土方开挖与围檩、支撑施工必须密切配合，土方开挖至标高后，应及时安装支撑、围檩。

（6）当机械在水平支撑上部作业时，必须注意土面高出支撑顶面 400 mm 以上，机械荷载和施工荷载作用力不得直接作用于支撑上。

（7）临水深基坑在抽水后进行土体开挖，地基卸载，土体中压力减小，且同时受到坑外变动水位、波浪等动荷载作用，这使得坑底产生回弹变形（隆起）。由于影响回弹变形的因素比较复杂，回弹变形尚难准确计算。施工中减少基坑回弹变形的有效措施是设法减少土体中有效应力的变化，减少开挖后的暴露时间，并防止地基土浸水，避免发生流土、管涌等破坏。因此，在基坑开挖过程中和开挖后，均应保证降水正常进行，并在挖至设计标高后,尽快浇筑垫层和底板,必要时可对坑底进行加固。

5.3.2　基坑渗漏应注意的问题

1. 排桩间发生渗漏

为防止围护桩排桩间土体发生坍落或流砂破坏,通常在桩间施工止水帷幕。当二者之间存在空洞、蜂窝、开叉时,在基坑开挖过程中,地下水有可能携带粉土、粉细砂等从止水帷幕外渗入基坑内。对此常用的措施有:

(1)立即停止土方开挖,确定漏点范围,迅速用堵漏材料处理止水帷幕,一般情况下,可采用注浆对止水帷幕进行修补和封堵。当基坑内外水头差较小时,采用化学注浆,封堵渗漏间隙。若漏水量很大,应直接寻找漏洞,用土袋和混凝土填充漏洞。

(2)在渗漏发生部位设置降水,将地下水位降低到基坑开挖深度以下。

2. 钢板桩间发生渗漏

(1)钢板桩施工前,要挑选质量合格的钢板桩,检查锁扣、桩身质量,维修、修复锁扣变宽的钢板桩,无法修复时严禁使用。

(2)钢板桩施工过程中,垂直度控制不好会导致钢板桩沿施工轴线倾斜,体现为钢板桩插打困难,桩身倾斜入土,可通过矫正桩纠正垂直度,防止脱扣。正常进土过程中,出现难以打入的情况,通过短时间的震动又可以顺利进土且较之前更为容易,可能是块石导致钢板桩脱扣,可将钢板桩拔出原地面查看是否脱扣,如果脱扣则重新对锁扣打桩。

(3)钢板桩发生脱扣开叉时,应采用补叉口的方式进行堵漏。当脱扣开叉部位在施工面以下且一直延伸到钢板桩底端时,没有办法进行一次性处理,只能一边开挖一边处理,直至基坑底面。对开挖面裸露出来的叉口,切割与叉口形状相同的钢板,将其与钢板桩焊接在一起,为保证止水效果,沿高度方向进行满焊。当基坑较深无法一次修补时,可分段进行,上、下两块钢板对接要满焊,直至堵漏至基坑地面。为防止基坑底面在叉口位置出现涌水和涌泥沙,可在该部位加强地基处理,用速凝混凝土进行封堵。

(4)钢板桩发生咬合缝隙的渗漏水时,视围护体系外侧是土还是水进行针对性的处理。

围护体系外侧是土可采取如下措施:①对基坑外进行井点降水,根据不同地质环境选取真空井点、喷射井点或管井深入含水层,不断抽水使地下水位降至基坑底以下。②采用高压旋喷、摆喷注浆来加固土体,提高土的抗渗性。旋喷注浆固结体的有效直径、摆喷注浆固结体的有效半径宜通过试验确定,缺少试验时,可根据工程经验确定。③采用压密注浆,在围护体系外侧打孔,利用较高的压力灌入浓度较大的水泥浆或化学浆液,使土体内形成新的网状骨架结构,提高土体的抗渗性。

围护体系外侧是水可采取如下措施:①在渗水部位基坑外侧沿着咬合齿口灌入黄砂、锯末等混合材料,利用水的自流将混合材料吸入齿口缝隙,达到堵渗的效果。②采用塑料薄膜堵漏,在有渗漏水的齿口外侧,将薄膜贴合钢板桩,依靠水流的吸力将薄膜吸入渗漏齿口,达到止水的目的。③采用止水条堵漏,由潜水员潜到水中,在渗流齿口的外侧缝隙塞入止水条,并捶打塞紧,达到止水的效果。④采用止水土工布堵漏,用土工布对钢板桩外侧进行包裹,达到止水的目的。

3. 坑底"疏不干"问题

"疏不干"问题的存在是由于基坑内外地下水始终存在水力联系,基坑外的水源源不断地补给基坑内,所以消除或削减的对策应是切断或减弱基坑内外的水力联系。具体工程对策包括:①坑内增加井数,缩小井间距;②外围增设止水帷幕,减少桩间渗漏,有利于基坑内疏干降水;③提高滤水管的过水能力;④增加止水帷幕插入深度,减少坑内渗流量,避开"疏不干"问题。

5.3.3　施工中应注意的其他问题

(1) 基坑施工前应组织有关单位进行基坑围护设计方案技术交底,明确设计要求、技术要求、质量标准及注意事项。

(2) 钢板桩因单件刚度小,在运输、制作、堆存时易变形,特别是旧钢板桩重复使用时更应对锁口、接桩等变形进行矫正。

(3) 水上打桩时应对已打桩及时用围檩加固,同时上部结构施工应抓紧进行,以防风浪、船只碰撞等造成破坏。

(4) 钢板桩水上合龙应尽量选择在平潮期,同时设法使钢板桩内外水头差尽量小,必要时开洞使内外水体平衡。

(5) 当打桩遇到需要岸坡保护时,要合理安排打桩顺序,先行施打保护区附近的桩基,并控制打桩速度,以防止产生过高的孔隙水压力叠加,使土体保持一定的抗剪强度。

(6) 在浅水区施工时,要根据地形、水深和作业条件选择水上搭设工作平台,使用陆上打桩机打桩,也可先进行水上挖泥后,用打桩船施工。

(7) 检查基坑开挖后揭露的地层性状、地下水情况是否与勘察报告相符,若有差别,需根据实际情况及时通知设计单位,进行必要的验算、调整设计,以及采取相应的施工措施。

(8) 开挖并降水至最大深度并非临水深基坑围护结构受力与变形的最不利状态,坑外护坡未施工、坑内已施工第一道支撑并进行降水,降水过程中可能出现围护结构侧向变形最大、受力最不利工况,施工时应注意这种最不利工况,严格按照设计工况,做好各施工工序的衔接。

(9) 信息化施工时基坑工程设计、施工的重要内容是保证基坑安全的重要手段,在基坑施工过程中,应严格按照监测方案中的监测项目、监测频率进行监测。

5.4　监测及环境保护应注意的问题

临水深基坑工程位于力学性质相当复杂的临水环境中,在基坑围护结构设计和变形预估时,一方面,基坑围护体系所承受的土压力、水压力等荷载存在着较大的不确定性;另一方面,地层、水流和围护结构一般都作了较多的简化和假定,与工程实际有一定的差异。此外,基坑开挖与围护结构施工过程中,存在着时间和空间上的延迟,以及降雨、台风、地面堆载和挖机撞击等偶然因素的作用，使得在基坑工程设计时，对结构内力计算以及结构和土体变形的预估值与工程实际情况有较大的差异，并在相当程度上仍依靠以往的工程经验。因此，在临水深基坑施工过程中，只有对基坑围护结构、基坑周围的土体、水体和相邻的构筑物进行全面系统的监测，才能对基坑工程的安全性和对周围环境的影响程度有全面的了解，确保工程的顺利进行，才能在出现异常情况时及时反馈并采取必要的工程应急措施，甚至调整施工工艺或修改设计。

5.4.1 临水深基坑监测

一般临水深基坑工程施工持续时间相对较短、投资规模相对较小，设计人员很少常驻现场。由于现场监测人员更熟悉整个基坑工程施工和监测情况，因此要求现场监测人员也要具有一定的计算分析水平，充分了解设计意图，并能够根据实测结果及时提出设计修改和施工方案调整意见，这就对监测人员提出了更高的要求。

在实际基坑监测过程中，"失真"的监测数据非但不会起到指导施工的作用，甚至还会"误导"施工，起到相反的效果。基坑监测误差主要来源于以下两个方面：一是现场监测设备和测试元件是否满足实际工程监测的精度、稳定性和耐久性要求；二是现场数据采集和处理过程是否满足监测技术要求。

基坑监测主要包括以下四方面内容。

1. 监测对象

基坑工程现场监测的项目主要包括：①地表竖向位移；②圈梁和围檩内力；③基坑内外地下水位；④基坑外水位；⑤潮汐变化规律；⑥坑底隆起（回弹）；⑦孔隙水压力；⑧立柱内力；⑨立柱竖向位移；⑩邻近地下管线竖向及水平位移；⑪邻近建筑物裂缝、地表裂缝；⑫邻近建筑物倾斜；⑬邻近建（构）筑物竖向及水平位移；⑭土体分层位移；⑮土体深层侧向变形；⑯围护墙（边坡）顶部竖向及水平位移；⑰围护墙侧向变形（测斜）；⑱围护墙侧向土压力和内力；⑲围护体系观察；⑳围护体系裂缝；㉑围护结构内力；㉒波浪各要素监测。

基坑工程的监测项目应与基坑工程设计方案、施工方案相匹配，应抓住关键部位，做到重点观测、项目配套，形成有效的、完整的监测体系。

2. 监测频率

临水深基坑工程监测频率应以能系统反映监测对象所测项目的重要变化过程，不遗漏其变化时刻为原则。临水深基坑工程监测工作应贯穿于基坑工程和地下工程施工全过程，监测应从基坑工程施工前开始，直至地下工程完成为止。监测周期应根据现场情况和数据变化情况等综合确定。监测频率是动态的且随时发生变化的，当监测值相对稳定时，可适当降低监测频率，当有危险事故征兆时，应实时跟踪监测。

3. 监测报警值

监测报警值应由变化速率和累计变化两个量来控制，报警值不应超过设计控制值。基坑工程监测必须确定监测报警值，设定基坑监测报警值的目的是及时掌握基坑围护结构和周围环境的安全状态，对可能出现的险情和事故提出警报，但目前对于基坑报警值即控制值的确定还缺乏系统的研究，很多还是依赖经验，而且各地区差异较大。

由于临水深基坑所处环境的复杂性和特殊性,以及它不易采取应急补救措施和失事的严重性,为慎重起见,临水基坑监测报警值建议如表 5.2 所示。基坑监测报警值还应综合考虑基坑工程特点、现场条件、设计要求和地区经验等其他因素,根据基坑周边环境的附加变形的承载能力综合确定:①不得导致基坑的失稳;②不得影响地下结构的尺寸、形状和地下工程的正常施工;③对周边已有建(构)筑物引起的变形不得超过相关技术规范的要求;④不得影响周边道路、地下管线等正常使用;⑤满足特殊环境的技术要求。同时,当监测数据反映的变化速率达到规定值,或者连续 3 天超过规定值的 70% 时,应当报警。

表 5.2 临水基坑监测报警值

监测内容	基坑安全等级一级			基坑安全等级二级			基坑安全等级三级		
	累计报警值		变化速率/(mm·d^{-1})	累计报警值		变化速率/(mm·d^{-1})	累计报警值		变化速率/(mm·d^{-1})
	绝对值/mm	相对值/($\times H$)		绝对值/mm	相对值/($\times H$)		绝对值/mm	相对值/($\times H$)	
墙顶水平位移	25~30	0.2%~0.3%	±(2~3)	40~50	0.5%~0.7%	±(4~6)	60~70	0.6%~0.8%	±(8~10)
墙顶竖向位移	10~20	0.1%~0.2%	±(2~3)	25~30	0.3%~0.5%	±(3~4)	35~40	0.5%~0.6%	±(4~5)
支撑轴力	承载能力设计值的 60%			承载能力设计值的 70%			承载能力设计值的 70%		
围护桩深层水平位移	40~50	0.4%~0.6%	±(2~3)	70~80	0.6%~0.7%	±(4~6)	70~90	0.8%~0.9%	±(8~10)
地下水位	1 000	—	300	1 000	—	300	1 000	—	300
周边地表竖向位移	25~35	—	±(2~3)	50~60	—	±(4~6)	60~80	—	±(8~10)
邻近建(构)筑物水平位移	10~30	—	±(1~3)	10~30	—	±(1~3)	10~30	—	±(1~3)
邻近建(构)筑物沉降量	10~30	—	±(1~3)	10~30	—	±(1~3)	10~30	—	±(1~3)

注:H—基坑开挖深度。

4. 巡视检查

基坑工程整个施工期内,每天均应有专门的人进行巡视检查。巡视检查以目测为主,可辅以锤、钎、量尺、放大镜等工(器)具以及摄像、摄影等设备进行。对自然条件、围护结构、施工情况、周边环境、监测设施等的巡视检查情况应做好记录。巡视检查记录应及时整理,并与仪器监测数据进行综合分析。巡视检查如发现异常和危险情况,应及时通知建设方及其他相关单位。

5.4.2 环境保护应注意的问题

随着基坑规模的增大及开挖深度越来越深,加之城市区域的建筑物密集,交通线路纵横交错,在这种复杂环境条件下,除了需要关注基坑本身的安全以外,还需要重点关注其实施对周边已有建(构)筑物及管线的影响。对于一些邻近河流、海洋及湖泊的临水深基坑同样如此,需要关注基坑工程是否会对附近居民正常的生活产生影响。对于大多数直接临水的深基坑,由于其建造在水中,一般周边无建(构)筑物。因此,对于这类基坑的开挖,大多数不用考虑对周边建(构)筑物的影响。

1. 环境调查

基坑周边环境调查的范围主要由基坑的墙后地表沉降影响范围决定。一般情况下环境调查应包括以下内容:

(1) 对于建筑物,应查明其平面位置及与基坑的距离关系、用途、层数、结构形式、构件尺寸与配筋、材料强度、基础形式与埋深、历史沿革及现状、荷载与裂缝情况、沉降与倾斜情况、有关竣工资料(如平面图、立面图和剖面图等)及保护要求等。而对于年代比较久远、保护要求较高的文物建筑,可能没有相关设计的原图,房屋结构需要相关部门监测与鉴定。

(2) 对于隧道、共同沟、防汛墙、海堤、码头等构筑物,应查明其平面位置、建造年代、埋深、材料类型、断面尺寸、沉降情况等,并应与相关主管部门沟通,掌握其保护要求。

(3) 对于地下管线,应查明其平面位置、直径、材料类型、埋深、接头形式、压力、输送物体(油、气、水等)、建造年代及保护要求等。

2. 保护措施

1) 围护墙施工

围护墙的施工涉及打桩、钻孔、冲孔及槽段开挖等,这些施工工艺会引起振动、挤土效应等,导致周围土体的变形。因此,围护墙施工时,必须充分考虑其对周边建(构)筑物的影响,同时也要根据监测情况及时调整。对不同形式的围护结构,其保护措施也有一定的差别。

(1) 板桩施工时,为减少打桩时的挤土、振动影响,应采用合适的工艺和方法;板桩拔出时,可采取边拔边注浆的措施,以达到减缓由于土体损失而引起邻近建(构)筑物、地下管线及设施下沉的不利影响。

(2) 钻孔灌注桩施工时,可采取套打、提高泥浆相对密度、适当提高泥浆液面高度等措施提高灌注桩成孔质量、减小孔周土体变形。

(3) 冲孔咬合桩施工时,可采用钻杆式和钢丝绳式两种施工工艺。为尽量减少冲孔咬合桩施工对周边建(构)筑物造成影响,应控制锤重、冲程及桩基施工速度。

(4) 砂性土地基中地下连续墙施工前可采取槽壁预加固、降水、调整泥浆配比、适当提高泥浆液面高度等措施,提高槽壁稳定性。同时可适当缩短地下连续墙单幅槽段宽度,以降低槽壁坍塌的可能性,并加快单幅槽段施工速度。

2) 基坑降水

(1) 在降水系统的布置和施工方面,应考虑尽量减少保护对象下地下水位变化的幅度。例如,井点降水系统宜远离保护对象,距离较近时,应采取适当布置方式减小降水深度。

(2) 降水井施工时,应避免采用可能危害邻近设施的施工方法,如在相邻基础旁用水冲法沉设井点等。

（3）设置止水帷幕以隔断降水系统降水对邻近设施的影响。坑内预降水实施过程中可结合坑外设置水位观测井，以检验止水帷幕的封闭可靠性。

（4）当基坑底层有承压水并经验算抗承压水稳定性不满足要求时，可视具体情况采取用止水帷幕隔断承压水、水平封底加固隔渗以及降压等措施。

（5）降水运行过程中随开挖深度逐步降低承压水头，以控制承压水头与上覆土压力满足开挖基坑稳定性要求为原则确定抽水量，不宜过量抽取承压水，以减少降承压水对邻近环境的影响。

（6）由于临水深基坑处于水域环境中，坑外的水可以对坑内的水进行补充，因此要做好基坑围护结构的止水，截断基坑内外水的渗流通道。

3）基坑开挖

（1）基坑开挖应遵循"先撑后挖、及时支撑、分层开挖、严禁超挖"的原则。

（2）先开挖周边环境保护要求较低的一侧的土方，然后采用抽条对称开挖、限时完成支撑或垫层的方式开挖环境保护要求较高的一侧的土方。

（3）当采用爆破方法拆除钢筋混凝土支撑时，宜先将支撑端部与围檩交接处的混凝土凿除，使支撑端部与围檩、围护桩割离，以避免支撑爆破时的冲击波通过围檩和围护桩直接传至坑外，从而对周围环境产生不利影响。

5.5　临水深基坑防汛防潮应注意的问题

临水深基坑位于水域环境中，在施工期间可能会遭遇防汛、防潮问题，有时甚至会遭遇设计标准洪（潮）水或超标准洪（潮）水的袭击。防汛、防潮的成败直接影响到基坑围护结构的施工安全、工期和造价等。因此，在基坑施工期内，无论是从保护工程自身安全和施工进度的角度考虑，还是从由此带来的对下游的危害性角度考虑，都必须保证工程安全度汛，设计、施工时应充分重视防汛、防潮问题。

工程施工安全度汛，一方面是指在设计阶段和工程施工过程中，对施工各期的导流和度汛作出周密妥善的安排；另一方面是指工程施工过程中，由于施工进度拖后或遭遇超标准洪（潮）水时采取的度汛措施。

施工过程中，应根据已确定的当年度汛洪水（防潮）标准，制订度汛（防潮）规划及技术措施，包括度汛洪水（防潮）标准分析、基坑安全分析、防洪（潮）组织、水文气象预报、通信系统、道路运输系统、防洪器材等，这些步骤都关系到基坑能否可靠拦洪（或过水）与安全度汛，关系到整个工程建设的进度与成败，是整个工程中的控制性环节，必须慎重对待。临水深基坑度汛时，无论是过水还是不过水，都有一定的设计标准和安全措施。当遇到超标准洪（潮）水时，一般的度汛（潮）措施有：①坑顶加高，保证安全度汛（潮）；②允许基坑过水，但要考虑基坑过水时的稳定性。

5.5.1　汛、潮期安全措施

入汛以后，受多地持续强降雨影响，内河水位快速上涨，持续高水位会对临水深基坑的安全性带来巨大考验。同时,临水深基坑开挖较深,与坑外形成较大水头差,存在较大的潜在风险,满足现状水情的防洪度汛方案必须满足安全要求。

（1）在防汛抢险过程中,需要建立较为完善的组织管理制度和应急响应机制,包括人员日常值班巡堤、人员实时观测、专家应急小组方案制订、抢险队伍落实等,从发现问题到解决问题形成一整套完备的体系。此外,为解决工程遇到的实际问题,有时须采取一系列紧急工程措施。例如,在发现基坑出现冒水情况后,第一时间组织工作人员进行抢险工作。每年汛前,根据年度防洪度汛专题报告,制订相应的防洪度汛预案。

（2）对于直接临水的深基坑,为保证基坑安全稳定,基坑两侧水头差不能超过允许值。在基坑外水位不断上升的情况下,可以采取向坑内灌水的方式,迅速抬高基坑内的水位,从而降低基坑内外水头差,有效减小渗透压力;对于不直接临水的深基坑,在条件允许的情况下,为确保基坑万无一失,可在基坑围护结构外侧抢筑一道围堰。

（3）度汛期间需要对围护、支撑结构等进行安全监测。如果发现有被破坏的结构,应立即进行修补。

5.5.2　人员及物资设备度汛、度潮

1. 施工场地度汛、度潮隐患

（1）施工作业平台、机械设备等位于水中,当水位较高时,可能受淹。

（2）汛期雨水较多,基坑内外水压力差加大,基坑塌方风险及施工人员的安全问题将更加突出。

（3）汛期机械设备更容易出现问题。

2. 人员及物资设备度汛、度潮措施

（1）人员度汛、度潮:①在汛期来临时,首先要做到现场人员的安全撤离。②设专人及时收听天气预报,在收到汛情或大风天气预报时,提前将现场相关人员撤离并停止一切施工活动。

（2）物资设备度汛。物资设备主要有桩机、挖掘机、装载机、自卸汽车、发电机、交通用车等,汛期应做好物资设备的保护,防止物资设备被雨水冲淋、浸泡、冲走等。

第6章 临水深基坑工程实例

基坑工程的实践性很强,结合工程实例进行分析,有助于我们更加深刻地认识临水深基坑工程的荷载特性、设计难点与施工关键技术。本章工程实例涉及较为典型的船坞坞口深基坑、紧邻邮轮码头深基坑、泵房深基坑、船闸深基坑、泵闸深基坑等可供设计与施工人员参考。

6.1 舟山某船坞坞口基坑工程

实例提示

　　船坞坞口是干船坞的重要组成部分,处于水陆交界处,是属于水运工程和岩土工程两大技术领域交叉的特种结构,对设计和施工要求极高。

　　坞口施工可采用大围堰(堤坝式)或基坑围护(直立式)等干施工开挖方案。对于原始水下地形既深又陡的坞口,大围堰方案在造价和工期上都不占优势,这时采用水上钢板桩围护方案先建坞口,后利用坞门挡水进行后方坞室及水泵房干施工的总体方案,具有影响范围小、总工期短、造价相对较低等优点。

　　舟山某船坞坞口基坑位于水中,采用水上钢板桩＋内支撑的结构形式,为抵御波浪、潮流等不平衡力的影响,临海侧采用了双排钢板桩结构形式,同时通过在基坑外侧设置抛石反压等加固措施以提高其整体性。

6.1.1 工程概况

本船坞改扩建工程位于舟山市定海区西南部,包括建设 3 万吨级和 8 000 吨级修船坞各 1 座。受场地条件限制,两坞并列布置于老船坞前,船坞坞口伸出原岸线约 60 m,坞口距东侧码头约 16.8 m,距西侧船台约 21.9 m,坞口拟采用水上基坑的方式进行施工,平面尺寸为 83.2 m×18.2 m,工程位置如图 6.1 所示。

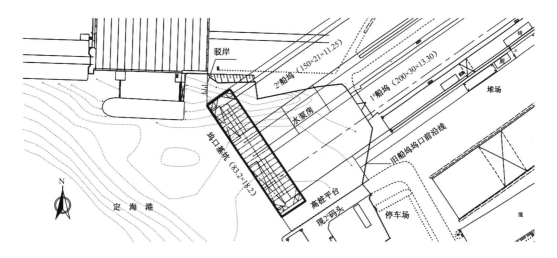

图 6.1　工程位置示意图(单位: m)

6.1.2　建设条件

1. 水文

根据潮位资料,设计高水位 1.85 m(高潮累积频率 10%),设计低水位−1.45 m(低潮累积频率 90%),极端高水位 3.13 m(50 年一遇高潮位),极端低水位−2.32 m(50 年一遇低潮位)。

拟建工程区主要受到 W~SW 和 S~SE 两个方位波浪的影响,设计波要素如表 6.1 所示。

表 6.1　　　　　　　　　　工程区域 50 年一遇设计波要素

波向	水位	$H_{1\%}$/m	$H_{4\%}$/m	$H_{5\%}$/m	$H_{13\%}$/m	T/s	L/m	C/ms
ESE~SSE	设计高水位	1.89	1.60	1.55	1.29	4.8	34.9	7.3
	设计低水位	1.85	1.57	1.52	1.28	4.7	31.9	6.8
	极端高水位	1.90	1.61	1.55	1.30	4.8	35.2	7.3
	极端低水位	1.83	1.56	1.52	1.28	4.7	31.1	6.6
WSW~SSW	设计高水位	1.41	1.19	1.15	0.95	3.9	23.7	6.1
	设计低水位	1.39	1.17	1.14	0.95	3.9	23.5	6.0
	极端高水位	1.41	1.19	1.15	0.96	3.9	23.7	6.1
	极端低水位	1.38	1.17	1.13	0.95	3.9	23.3	6.0

设计流速取 1.0 m/s。工程海域流速较小,最大涨潮流流速 53.4 cm/s,对应流向为 337°;最大落潮流流速 56.3 cm/s,对应流向为 133°。余流流速较小,一般在 10 cm/s 以下,流向偏北。

2. 工程地质

拟建场地地貌单元属海积、冲海积平原，下卧基岩为上侏罗系凝灰岩。根据钻探揭露、室内土工试验，岩土层自上而下依次为：①素填土，②淤泥质粉质黏土，③粉质黏土，④含黏性土角砾，⑤粉质黏土，⑥₁含黏性土砾砂，⑥₂粉质黏土，⑥₃含黏性土砾砂，⑦黏土，⑧含黏性土砾砂，⑨强风化凝灰岩，⑩中风化凝灰岩。主要土层的力学指标和基坑围护设计参数取值如表 6.2 所示。

表 6.2　　　　　　　　　　　　　　土体力学指标

岩土名称	含水率 $\omega_0/\%$	土的重度 $\gamma/(\text{kN/m}^{-3})$	孔隙比 $e_0/\%$	土的比重 G_s	液性指数 $I_L/\%$	凝聚力 c/kPa	摩擦角 $\varphi/(°)$	地基系数 m $/(\text{kN} \cdot \text{m}^{-4})$
①素填土		18				0	30	2 000
②淤泥质粉质黏土	39.8	17.85	1.139	2.73	1.22	14.1	9.0	1 500
③粉质黏土	28.2	19.64	0.786	2.74	0.40	36.3	18.1	4 000
⑤粉质黏土	34.9	18.77	0.971	2.74	0.68	28.8	14.0	2 000
⑥₁含黏性土砾砂	30.5	19.22	0.865	2.73	0.62	29.3	17.8	2 000
⑦黏土	28.8	19.50	0.813	2.74	0.27	39.3	18.3	4 000

注：φ 和 c 为固结快剪指标。

3. 周边环境

基坑紧邻船台和 2# 码头，基坑建设期间，要求不能影响邻近的船台和 2# 码头的使用。由于基坑的布置受到西侧船台、东侧 2# 码头、北侧厂区道路等已建构筑物制约，基坑须伸入海域约 60 m 来建造坞口。基坑的西侧（2# 船坞坞口）距离现有船台横移区约 21.98 m，东侧（1# 船坞坞口）距离已建的东侧高桩梁板结构的 2# 码头仅 16.8 m。

6.1.3　围护结构选型

1. 工程等级

本基坑从设计高水位 1.85 m 计算，最大开挖深度为 14.75 m，根据临水深基坑安全等级确定标准，本工程基坑安全等级定为一级。

2. 设计总体思路

（1）从工程建设的重要性、风险性角度分析，坞口建造关系到船坞的建设成败，改造项目的坞口建设更为复杂，若不采用有效的围堰或围护措施来建造坞口，工程建设难以实施。另外，该工程坞口开挖深度深、地质条件差、建设风险大，因此，坞口建造时不仅要考虑采用合适的坞口建造总体方案，更要找到合适的围堰或围护方案。

（2）从地质、环境角度分析，本工程位于海边，除临海一侧无相邻建筑物外，其他三侧均紧贴已建构筑物，其中垂直于坞口轴线方向的两侧分别是船台和码头，施工中不能影响其生产使用。显然大围堰方案会影响码头使用；若采用基坑方案，陆上常用的钻孔灌注桩加止水墙、地下连续墙等方法因位于水中而难以实施。因此,方案选择时应充分考虑这些影响因素。

（3）从结构变形、稳定性角度分析,若采用基坑围护方案,则需要考虑基坑一侧受到波浪和潮流等不平衡动荷载对结构受力的影响,且基坑底的软土性能极差,需要提升基坑围护结构的整体刚度,考虑坑内外加固等措施以减小变形。

（4）根据基坑围护墙顶标高计算标准,本基坑围护结构顶标高按设计水位加 25 年一遇 $H_{1\%}$ 的波高及 0.5 m 超高计算约为 3.3 m,而极端高水位加 25 年一遇 $H_{1\%}$ 的波高及 0.2 m 超高约为 4.5 m,综合考虑工期、投资、施工便利性等因素,基坑围护结构顶标高取为 3.6 m。若出现超标水位可在围护墙顶增设临时挡水措施。围护结构计算仍选取极端高水位 3.13 m 进行复核。

3. 围护方案选择

由于本工程坞口处水深较大,淤泥质粉质黏土层厚达 20 m,地质条件极差,如采用堤坝式或双排及格形板桩式等大围堰,不仅围堰工程量较大、总造价劣势明显,同时受到坞口离相邻船台及码头太近的影响,无法提供足够的场地空间来修筑大围堰,而且围堰建造在高压缩性的淤泥质软土层上,存在岸坡稳定的安全隐患。同样,受建筑空间的限制,采用人工岛基础上的板式围护墙结构也不合适。不同围护结构有着不同的特点与适用性,具体的适用性对比见表 6.3。

表 6.3 围护结构适用性对比

围护结构类型	特点	本工程特点	适用性
堤坝式或双排及格形板桩式等大围堰	工程量较大、总造价劣势明显,需要提供足够的空间来修筑大围堰	（1）坞口处水深大,底部岩面坡度陡,高达 21°; （2）地质条件差,淤泥质粉质黏土层厚约 20 m; （3）周边有船台、码头等处于运行中,环境复杂,空间有限	不适用
人工岛基础上的板式围护	需要提供足够的空间来修筑人工岛		不适用
整体钢壳沉箱方案	钢壳基础处理工序多,受回淤影响,其基床整体性和防渗质量不易保证,施工难度大、风险大		一般
水上钢板桩	工期相对较短、造价相对较低、有类似成功经验		适用

经初选后,重点对比分析整体钢壳沉箱方案和水上钢板桩基坑围护方案。钢壳沉箱基槽需开挖至 -16.05 m,放坡范围很大,局部还需加固岸坡,加固方量近 1.7 万 m^3,开挖方量近 5 万 m^3;钢壳基础处理工序多,受回淤影响,其基床整体性和防渗质量不易保证,施工难度大、风险大。相对而言,水上钢板桩基坑围护方案所需工期较短、造价较低。经综合对比,选定水上钢板桩作为基坑围护方案。

6.1.4 围护结构方案确定

本工程 1# 船坞和 2# 船坞并列布置,1# 船坞位于东侧,两坞坞壁间净距为 20 m。1#

和 2# 船坞坞口合并建造,主体结构采用桩基上"山"形整体式现浇钢筋混凝土结构。坞口纵向长度为 18 m,总宽度为 83 m,两坞口共用一个钢板桩基坑。本方案是将陆上板墙式基坑围护、直立式开挖施工地下建筑物的施工工艺应用于水上,与陆上基坑围护最大的不同点在于其围护墙上部外侧是水位变动的水体,而陆上基坑的周边是静止不动且土压力基本平衡的土体。同时,由于受到波浪、水流(涨落潮)的影响,水上基坑的坑外荷载具有明显的不均衡性,这要求整个围护体系包括围护墙和围檩支撑体系必须具有较好的整体性和足够的刚度。坞口基坑开挖面标高为 $-10.85 \sim -12.90$ m,设计高水位为 1.85 m,基坑开挖深度约为 15 m,采用钢板桩作围护墙,1# 坞内设 5 道支撑,2# 坞内设 4 道支撑。坞口基坑围护典型剖面如图 6.2 所示。

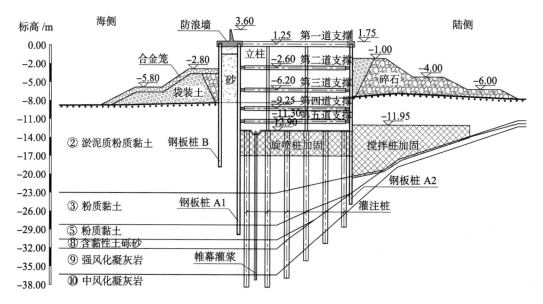

图 6.2 坞口基坑围护典型剖面图

1. 围护结构方案

根据设计总体思路及方案比选,确定工程采用水上钢板桩围护+内支撑体系基坑方案(图 6.2)。

钢板桩围护墙采用 PU32 钢板桩或等刚度的组合钢板桩(A1,A2),钢板桩锁扣内涂刷防水材料。为了增强临海侧围护结构止水效果和基坑横向整体稳定性,在临海侧围护墙外侧增设一排 AU16 钢板桩(B)与围护墙形成一道宽 3.5 m 的墙体。

内支撑共设 5 道支撑,为保证整个基坑的整体性,第一道支撑、圈梁(兼作防浪墙)采用钢筋混凝土结构,其余 4 道为钢支撑。采用对撑加角撑的布置形式,主支撑间距一般为 3.4 m,混凝土主撑断面尺寸为 800 mm×800 mm,钢支撑采用 ϕ609 mm×14 mm,立柱为 ϕ609 mm×14 mm 钢立柱。

2. 坑内外加固

为了保持整个围护体系周边荷载的平衡,通过坑外块石抛填反压的方式提高结构整体稳定性,抛填反压加固体标高尽量保持一致。本工程考虑临海侧已有双排桩结构,临海侧加固体顶标高设计为－2.80 m,陆侧加固体顶标高设计为－0.50 m。坑外加固体主体主要采用袋装土及碎石,护面采用合金笼网兜块石;坑外加固体邻近板桩区域尽量采用止水性能好、容易密实的材料。

为减少围护墙钢板桩的变形和提高坑底土体的土抗力,在坑内采用旋喷桩对坑底土层进行加固,在坑外采用搅拌桩进行加固,主要加固范围为②层淤泥质粉质黏土层。为节约投资,紧贴钢板桩 4 m 范围内的加固体置换率取 60%,其余置换率取 20%。

6.1.5　围护结构计算

临海侧钢板桩底设计标高为－30.25 m,插入深度为 17.35 m,加固抛石顶设计标高为－2.80 m;陆侧钢板桩底设计标高为－26.75 m,插入深度为 13.85 m,加固抛石顶设计标高为－0.50 m。桩顶设计标高均为 1.25 m。防浪墙设计标高为 3.6 m。坑底高程为－12.90 m,坑内水位高程为－13.40 m,地下水位埋深为 0.5 m。

1. 稳定性验算

稳定性验算主要包括整体稳定性、坑底抗隆起稳定性、抗倾覆稳定性、墙底抗隆起稳定性验算。具体计算结果见表 6.4。

表 6.4　　　　　　　　　　　　　稳定性验算结果

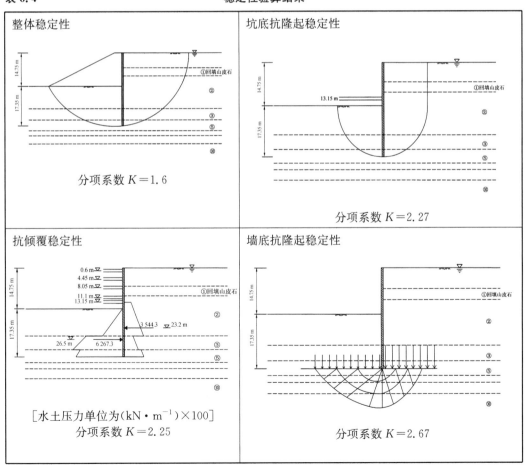

2. 变形及内力计算

1) 整体式的弹性地基梁有限元法

板式围护结构通常简化为对称的半边结构,按弹性地基梁有限元法进行变形及内力计算。但本基坑工程尽管采用了钢板桩＋内支撑结构形式,考虑到该基坑结构的非对称性,以及受到波浪、潮汐水流等不平衡荷载,其受力及边界条件较复杂,变形及内力的正确计算还是需要采用整体建模计算(图 6.3)。

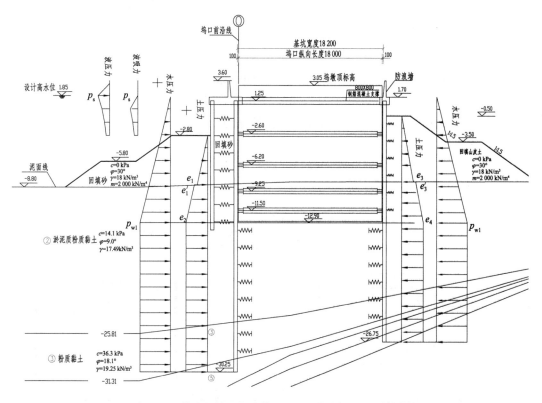

图 6.3　基坑围护结构计算图示(尺寸单位:mm;高程单位:m)

通过弹性地基梁有限元法计算,围护结构变形及内力计算结果如图 6.4 所示,钢板桩桩身最大弯矩为 412 kN·m/m,最大水平位移为 35.5 mm,波浪荷载的波峰波谷交替作用的最大摆动位移为 16 mm。

2) 连续介质有限元法

为进一步掌握土方开挖过程中基坑周边地面沉降等情况,还需要采用连续介质有限元法进行数值模拟。

(1) 计算模型

基于本工程地质条件与基坑宽度、深度等参数,确定计算范围,计算网格模型如图 6.5 所示。两侧边界距基坑中心点 75 m,两侧边界约束水平位移,底边界约束水平、竖向位移。土体采用实体有限单元,本构模型采用 HS 模型,钢板桩、坑内立桩及坑底钻孔灌注桩均采用板单元模拟。

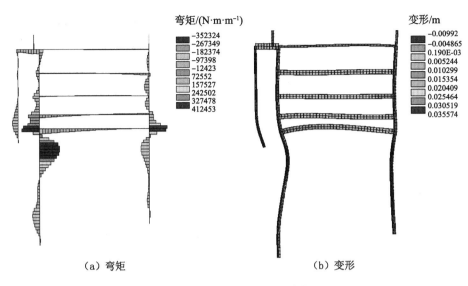

弯矩/(N·m·m⁻¹)

■ -352324
■ -267349
□ -182374
■ -97398
□ -12423
□ 72552
□ 157527
□ 242502
■ 327478
■ 412453

变形/m

■ -0.00992
□ -0.004865
□ 0.190E-03
□ 0.005244
□ 0.010299
□ 0.015354
□ 0.020409
□ 0.025464
□ 0.030519
■ 0.035574

（a）弯矩　　　　　　　　　　　　　（b）变形

图 6.4　围护结构内力、变形计算结果

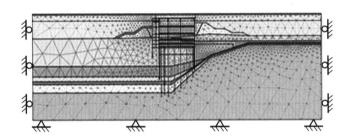

图 6.5　连续介质法计算网格模型

（2）施工方案及计算步骤

坞口基坑主要施工工序包括：钢板桩、钢立柱、立柱桩（灌注桩）施工→圈梁、防浪墙和第一道支撑整体现浇→坑底旋喷桩加固及坑外陆侧水泥土搅拌桩加固→围护结构形成后坑内分步分层逐步降水、土体开挖和架设每道支撑等。基坑开挖并降水至坑底浇筑坞底板后，自下而上逐步拆除各道支撑。因此，基坑施工主要计算步考虑至基坑开挖到坑底，并考虑海侧极端高水位加正向波压作用的不利施工工况。基坑施工主要计算步如表6.5 所示。

表 6.5　　　　　　　　　　　　　　基坑施工主要计算步

计算步	施工内容	备注
0	初始地应力平衡	平均水位
1	施打钢板桩及桩间填充砂（设钢拉杆），灌注桩、立柱施工	
2	现浇第一道钢筋混凝土支撑（1.25 m）、防浪墙，坑底及坑外地基加固	计算前位移清零
3	坑内降水至−3.10 m	

（续表）

计算步	施工内容	备注
4	架设第二道钢支撑(−2.60 m)，坑内降水至−6.70 m	
5	架设第三道钢支撑(−6.20 m)，施工两侧护坡、护底	
6	坑内降水并开挖至−9.75 m	
7	架设第四道钢支撑(−9.25 m)，坑内降水并开挖至−11.8 m	
8	架设第五道钢支撑(−11.30 m)，坑内降水至−13.40 m，开挖至−12.90 m	
9	海侧极端高水位(3.13 m)＋正向波压(最大波压14.45 kPa至3.13 m)	陆侧平均水位

（3）计算结果

不同计算步海侧钢板桩 A1、B 和陆侧钢板桩 A2 侧向变形如图 6.6 所示。钢板桩 A1、A2 和 B 均在计算步 4 产生最大侧向变形，分别为 73.1，64.2 和 73.1 mm。就基坑围护结构整体侧向变形而言，计算步 4 为最不利工况，这是由于该阶段基坑围护桩内外两侧水头差达 6.9 m（平均水位），而此时基坑海侧和陆侧护坡尚未施工，第 1 道混凝土支撑将两侧钢板桩通过顶圈梁形成类似于门式刚架的超静定结构。同时，海侧充填砂双排钢板桩刚度明显大于陆侧单排钢板桩，围护结构刚度的不对称导致钢板桩在水头差压力作用下整体向陆侧变形。

计算步 5 基坑两侧护坡、压脚的反压作用使钢板桩向陆侧的侧向变形得到有效控制，钢板桩 A1 最大侧向变形降至 48.1 mm，钢板桩 A2 最大侧向变形降至 24.3 mm。由于陆侧护坡高于海侧约 1.8 m，作用于陆侧钢板桩的土压力大于海侧，使得陆侧钢板桩 A2 的变形降低幅度大于海侧钢板桩 A1。

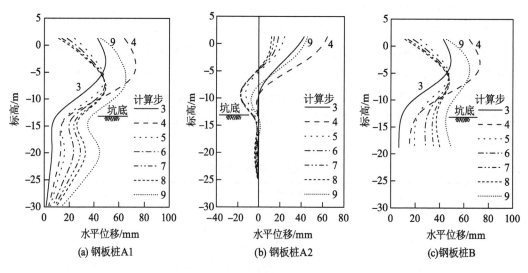

图 6.6　钢板桩侧向变形

相对计算步 8,计算步 9 极端高水位加正向波压作用下,钢板桩 A1 向坑内的最大水平位移由 49.6 mm 增加至 65.3 mm,增加幅度为 31.6%,最大侧向变形点标高约为 -6.0 m;钢板桩 A2 向坑外的最大水平位移由 11.6 mm 增加至 45.7 mm,增加了 1.9 倍,最大侧向变形点位于桩顶。

对比不同计算步钢板桩 A1、A2 和 B 的整体侧向变形曲线形态可以看出,海侧钢板桩 A1 和 B 的整体侧向变形形态相似。尽管钢板桩 B 桩端入土深度不足,导致钢板桩 B 桩端踢脚变形较大,但由于桩顶处圈梁和钢拉杆的刚度约束,不同计算步钢板桩 B 上部侧向变形曲线与钢板桩 A1 相近。最大侧向变形点均位于 -8～-4 m 标高范围,而不是位于桩顶,表明海侧双排钢板桩的整体受力性态类似于门架结构。陆侧单排钢板桩 A2 的受力性态与海侧双排钢板桩 A1 和 B 存在明显差异,由于为单排钢板桩,其受力性态类似于悬臂梁,荷载和结构刚度的不对称导致其桩顶变形最大。

计算步 9 海侧极端高水位加最大波压作用下基坑围护钢板桩整体变形矢量如图 6.7 所示(变形放大 100 倍)。海侧钢板桩 A1 桩长 31 m,陆侧钢板桩 A2 桩长 26 m,但由于原始地层的不均匀分布,钢板桩 A2 进入⑨强风化层,而钢板桩 A1 仅进入⑤粉质黏土层,桩底嵌固层刚度的差异导致桩底位移性态差别较大。另外,基坑外侧(陆侧)搅拌桩最大地基加固体厚度为 8.5 m,而坑底(坑内)旋喷桩加固体厚度仅为 4 m,坑外加固对陆侧钢板桩 A2 下部的侧向变形约束刚度更大。钢板桩 A1 桩端侧向位移为 14.4 mm(向坑内),沉降为 12.8 mm;钢板桩 A2 桩端侧向位移仅 -0.6 mm(向坑内),沉降仅 0.4 mm。海侧钢板桩 A2 桩长仅 20 m,桩端位于②淤泥质粉质黏土层,桩端土体约束刚度条件较差,导致桩端侧向位移达 49.4 mm(向坑内),沉降为 -42.4 mm。

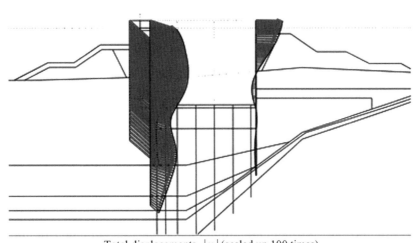

Total displacements |u|(scaled up 100 times)
Ma:dmum value = 0.07664 m(Elernent 208 at Node 37951)

图 6.7　基坑围护钢板桩整体变形矢量

不同计算步钢板桩弯矩 M 和剪力 V 标准值如表 6.6 所示(延米值),钢板桩 A1、A2 和 B 的最大弯矩分别为 563.7,395.5 和 95.6 kN·m/m。海侧钢板桩 A1 和 B 均在计算步 9

极端高水位加正向波压作用下产生最大弯矩,而陆侧钢板桩 A2 在计算步 6 产生最大弯矩。

表 6.6   不同计算步主要围护结构内力

计算步	钢板桩 A1		钢板桩 A2		钢板桩 B	
	M /(kN·m·m^{-1})	V /(kN·m^{-1})	M /(kN·m·m^{-1})	V /(kN·m^{-1})	M /(kN·m·m^{-1})	V /(kN·m^{-1})
3	383.5	128.5	168.6	58.0	75.0	54.9
4	545.7	235.2	319.8	126.0	51.2	61.5
5	492.7	262.3	287.5	173.2	68.1	54.9
6	505.5	320.0	395.5	272.1	73.9	61.5
7	517.4	384.4	355.2	333.6	75.3	63.7
8	517.1	408.0	388.4	356.0	76.3	65.3
9	563.7	384.1	343.7	365.8	95.6	59.5

通过对本坞口水上基坑施工全过程进行动态数值模拟,分析了不同施工工况下基坑围护结构的受力与变形基本性态,得出以下结论:

(1)外部荷载条件、围护结构刚度及原始地形地质条件的非对称性,导致水上基坑围护结构钢板桩呈现明显的不对称侧向变形状态。

(2)开挖并降水至最大深度并非水上基坑围护结构受力与变形的最不利状态,坑外护坡未施工时坑内降水施工阶段围护结构钢板桩整体侧向变形最大。

(3)不同水位及波压条件对陆侧单排钢板桩的影响比对海侧双排钢板桩的影响更明显。海侧双排钢板桩由于顶圈梁的整体刚接,受力性态类似于门架结构,侧向变形性态明显改善;陆侧单排钢板桩由于桩顶缺少有效的刚度约束,受力性态类似于悬臂梁,桩顶侧向变形较大。

(4)水上基坑设计与施工过程中应密切关注第一道支撑在不同计算工况下受力状态的改变,注意增强基坑围护结构的整体刚度,设置多道防线的整体门架结构是水上基坑推荐的围护结构形式。

6.1.6 主要施工技术

(1)搭设水上施工平台。由于工程位于水上,为解决打桩船无法进入施工区域进行水上钢板桩施工的问题,在坞口搭设水上施工平台,先施工坞口桩基和钢板桩,待外排钢板桩与围护墙施打完成后再在其间回填砂,同时为维护外排桩稳定,可在靠近外排钢板桩外侧预先加高。

(2)屏风式施打钢板桩。钢板桩施工必须采用导桩及导向围檩,其位置必须确保正位,经校核后才能沉桩。施打宜分段、屏风式、阶梯式进行,不宜单根打入。在钢板桩沉桩施工过程中,因桩长大于 20 m,故施工中选择 90 kW 以上的振动锤。

(3)钢板桩锁口必须采取有效的防渗止水措施,止水材料的灌注高度不得低于锁口高度的 3/4,并要灌注均匀,无漏灌点。

(4) 水下护坡施工。水下护坡堤身采用袋装土,由抛填作业船利用滑板缓缓抛填到指定位置。为预防水下护坡被冲刷和破坏,采用合金钢丝笼块石结构进行护面,采用起重船定点放置。

(5) 利用水上平台施工坞口止水墙及基坑坑底地基加固体后,基坑内抽水至第二道支撑底部,安装第二道钢围檩及钢支撑;同理依次抽水、挖土,安装第三道钢支撑、围檩,及时施工坑外加固体;挖土安装下道支撑。

(6) 坑内表层土体采用水力机械取土,其他土体采用机械挖土至坑底。

(7) 坞口浇筑,从底往上换撑、拆撑,最后水下割除周围的围护板桩。

基坑围护现场照片如图 6.8 所示。

图 6.8　基坑围护现场照片

6.1.7　监测情况

1. 监测内容及布置

基坑施工过程中,主要对钢板桩垂直位移、水平位移、深层位移、钢支撑轴力、混凝土支撑轴力等进行监测。基坑监测平面布置如图 6.9 所示。

A 型钢板桩深层位移监测孔共计 9 个,分 2 个阶段监测,第一阶段是打桩时对钢板桩深层位移监测,第二阶段是基坑开挖时对钢板桩深层位移监测。

基坑混凝土支撑轴力共布设 5 组支撑轴力计,基坑外侧内角各布设 1 组,1$^\#$船坞、2$^\#$船坞及基坑中间位置各布设 1 组。根据基坑开挖的深度以及潮水水位的不同,基坑混凝土支撑轴力的受力情况也发生着不同的变化。基坑钢支撑轴力共布设 24 组支撑轴力计,第一道支撑布设 5 组,位置同混凝土支撑布设。第二道支撑布设 7 组,外侧内角各 1 组,沿基坑纵深平均布设 5 组。支撑第三道布设 4 组,1$^\#$船坞外侧内角布设 1 组,1$^\#$船坞至中墩墩的纵深布设 3 组。1$^\#$船坞和 2$^\#$船坞基坑围护的水平八字钢支撑分别为 2 道,每道布设 4 组,共布设 8 组支撑轴力。根据基坑开挖的深度以及潮水水位的不同,钢支撑轴力的受力情况也发生着不同的变化。

基坑共布设 9 个垂直位移监测点,随着基坑的开挖以及支撑的拆除,各监测点的最后监测日期不一,基坑累计垂直位移最大点为 W7,累计垂直位移值为 9.2 mm。基坑共布设 9 个水平位移监测点,随着基坑的开挖、淤泥的堆放以及基坑外侧高压旋喷桩的挤压,基坑板桩水平位移监测点累计位移最大点为 W7,累计水平位移值为 81.9 mm。

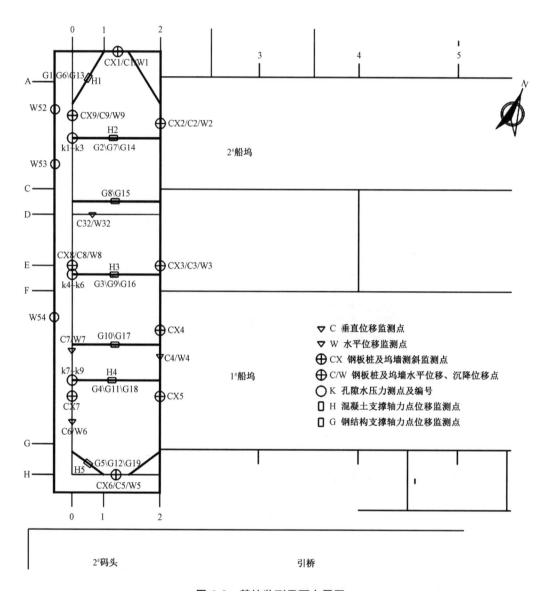

图 6.9 基坑监测平面布置图

2. 监测结果及分析

围护 A 型钢板桩的深层位移监测结果如图 6.10 所示,图 6.11 为土体开挖过程中的第一道钢筋混凝土支撑轴力历时曲线,图 6.12 为土体开挖过程中的钢支撑轴力历时曲线。具体分析如下:

(1) 围护结构的变形具有明显的非对称性。从图 6.10 可知,临水与非临水侧的钢板桩水平位移明显受到了非对称荷载的作用,产生了非对称变形。临水侧钢板桩(CX8,CX9)产生了整体向陆域侧(向坑内)的水平位移,而陆域侧钢板桩(CX2,CX3,CX4,CX5)也产生了整体向陆域侧(向坑外)的水平位移。

(2)内支撑轴力变化复杂,甚至出现拉应力。从图 6.11 可以看出,受动荷载作用,第一道混凝土支撑轴力变化较大,甚至出现了拉力情况,此工况要引起重视。从图 6.12 可以看出,从第二道到第四道钢支撑基本承受压力的作用,抽水布设第三道支撑后再施工坑外加固体,轴力产生了显著变化,此时轴力最大,此工况为最不利工况。

(3)水上基坑承受动荷载的特殊性。从图 6.10—图 6.12 的监测成果来看,充分验证了水上基坑的特殊性,与设计中考虑的波浪力等不平衡荷载作用情况吻合较好。

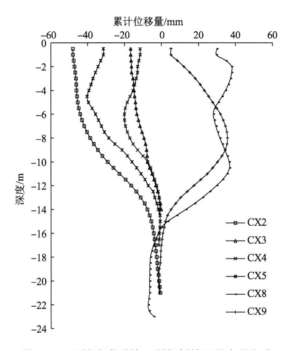

图 6.10　开挖完成后的 A 型钢板桩深层水平位移

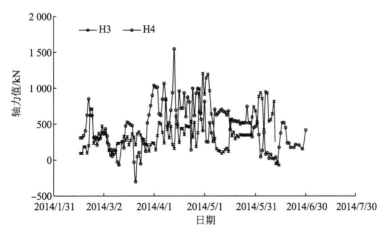

图 6.11　第一道混凝土支撑轴力历时曲线

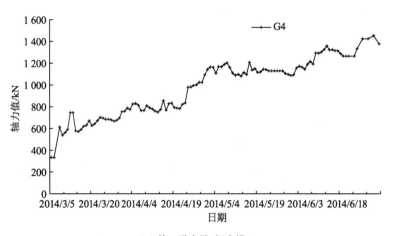

（a）第二道支撑（钢支撑）

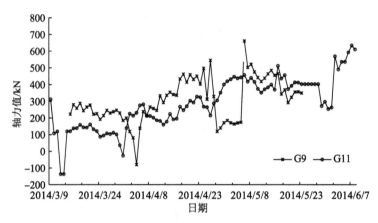

（b）第三道支撑（钢支撑）

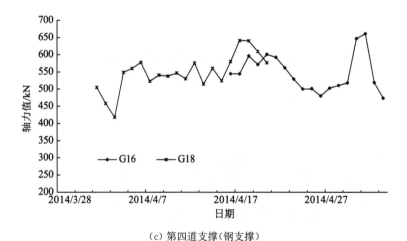

（c）第四道支撑（钢支撑）

图 6.12　钢支撑轴力历时曲线

6.2　深圳某邮轮码头后沿基坑工程

实例提示

　　抛石,自古以来广泛应用于软土处理,实施简单,显著提升承载力。

　　基坑,遇水则难,止水做好,就等于控制了灾害的源头。

　　深圳某邮轮码头后沿基坑工程,建设于深厚抛石地基之上,基坑围护结构形式除需适应强透水抛石地基施工困难以外,还需止水措施有效,保证干地施工。

　　冲孔咬合桩方案,将塑性混凝土 A 桩＋钢筋混凝土 B 桩间隔布置,既适应抛石地基条件,又能高效止水,围护桩采用冲孔成桩工艺,便于施工与管理。

6.2.1　工程概况

　　本基坑工程位于深圳某邮轮码头后沿的填海区域内,工程位置如图 6.13 所示,其东南侧紧邻 22 万 GT 邮轮码头,东侧距离客运码头驳岸约 13.6 m,西侧靠近 5 万 GT 邮轮码头,北侧紧连陆地。工程场地为填海所形成的码头后方陆域,高程 $-14 \sim -12$ m 以上为新近堆填形成的场地,回填料主要为土夹石、块石及抛石,在填筑之前进行了表层淤泥清除。填筑形成的场地高程为 $2.2 \sim 3.6$ m,场地规划设计高程为 4.10 m,地下室最低处底高程为 -6.0 m。基坑的平面呈不规则五边形,工程边界共分为 *AB*、*BC*、*CD*、*DE* 和 *EA* 五条边,其中 *AB*、*BC* 边紧邻码头结构,长度分别为 251.59 m 和 252.01 m,基坑边线距离码头上部结构分别为 15 m 和 12.9 m。*CD*、*DE* 和 *EA* 边外侧为陆地,长度分别为 51.97 m,277.45 m 和 59.37 m。基坑围护面积约 3.82 万 m^2,基坑围护结构周长约 894 m,主体结构地下室外墙周长约 837 m。

图 6.13　工程位置示意图

本基坑工程不直接临水而距离水边小于 2 倍基坑开挖深度,且建设于强透水的抛石地基之上,与海水的水力联系紧密。坑底高程−4.3 m,坑边场地高程约 1.5~2.2 m,坑深约 6.99 m(以校核高水位计)。

6.2.2　建设条件

1. 水文

根据赤湾站潮位资料,设计高水位 1.59 m(高潮累积频率 10%),设计低水位−0.91 m(低潮累积频率 90%),极端高水位 2.69 m(50 年一遇高潮位),极端低水位−1.61 m(50 年一遇低潮位)。

2. 工程地质

工程场地原始地貌单元属海积平原、阶地地貌,经人工填海造陆形成现状地形,勘察时场地高程为 1.70~3.50 m。场地内地层自上而下分布为人工填土层(Q_4^{ml})、第四系全新统海相沉积层(Q_4^{ml})、第四系上更新统海陆交互相沉积层(Q_3^{mc})、第四系残积层(Q^{el}),基岩为燕山晚期花岗岩(r_5^{3-1})。为探明工程建设场地的地质情况,进行了 25 个钻孔,具体钻孔平面布置如图 6.14 所示,钻孔地质剖面见图 6.15。

钻孔结果表明,紧邻码头侧的基坑围护墙坐落于①₁回填土层,该层大多地段主要由花岗岩填筑,块径为 5~40 cm 不等,孔隙间充填 40%~50%的砂、碎石及黏性土,回填土层厚 5.5~16.5 m。在抛石层之下,③₁含砂黏土层在场地多数地段均有分布,局部层位

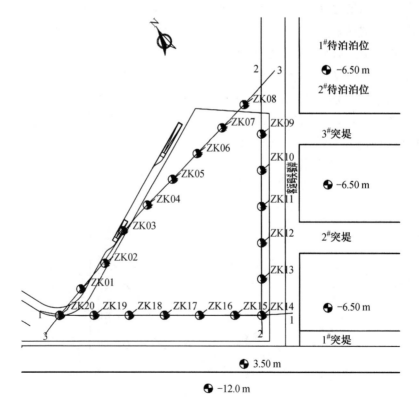

图 6.14　钻孔平面布置图

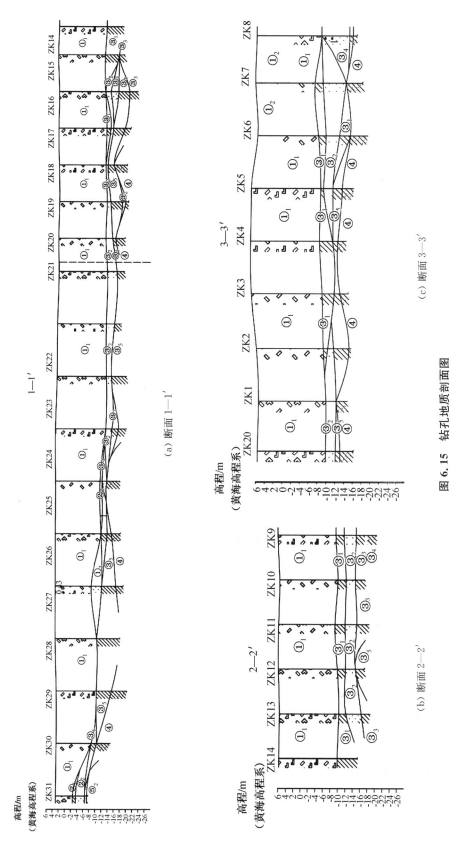

图 6.15　钻孔地质剖面图

不太稳定,层厚0.6～4.6 m;③₂黏土质砾砂层在场地多数地段均有分布,局部层位不太稳定,层厚0.7～5.2 m;③₃黏土层主要分布在场地东侧;③₄砾砂层层位不太稳定;③₅黏土层在场地多数地段均有分布,局部层位不太稳定,层厚1.0～4.9 m。总体看,工程场地的地基层位不太稳定,各层往往穿插、互层,地基土均匀性较差。

场地土体力学指标如表6.7所示。

表6.7 土体力学指标

地层名称		天然重度 γ /(kN·m^{-3})	直接快剪强度		渗透系数 k/(cm·s^{-1})
			内摩擦角 φ/(°)	黏聚力 c/kPa	
人工填土层①	填石层①₁	22	35		2.5×10^{-1}
	砂夹碎石层①₂	21	28		1.3×10^{-1}
	粗砂层①₃	20.0	25		2.0×10^{-2}
第四系海相地层②	黏土层②₁	17.5	2.5	20	5.0×10^{-7}
	中粗砂层②₂	20.0	25		2.5×10^{-2}
第四系海陆交互相沉积层③	含砂黏土层③₁	19.0	15	28	3.0×10^{-6}
	黏土质砾砂层③₂	20.5	25	5	4.5×10^{-3}
	黏土层③₃	17.5	3.0	20	3.0×10^{-7}
	砾砂层③₄	20.5	30		5.0×10^{-2}
	黏土层③₅	18.5	10	25	3.5×10^{-7}
残积层砂质黏性土层④		18.5	25	25	5.0×10^{-5}
强风化花岗岩层⑤₂		21.0	35	40	6.0×10^{-4}

3. 地下水

勘察场地系近期填海造陆形成,回填料主要为碎石及块石土,浅部(对基坑工程影响较大的回填土层内)地下水与深圳湾海域海水基本相通,且受潮汐影响,水位有明显的变化幅度,达2 m以上。由钻孔观测结果得到,工程场地的地下水位高程为0.30～1.38 m。填筑抛石层渗透系数$k=(1.3～2.5)\times10^{-1}$ cm/s,③₄砾砂层渗透系数$k=5\times10^{-2}$ cm/s,均属强透水层,与海水联系紧密,水力连通性好。

4. 周边环境

基坑的平面呈不规则五边形,其中AB、BC边场地紧邻邮轮码头结构,上部结构与基坑围护边沿最小距离仅为12.9 m,且基坑围护桩位置就在码头接岸挡土墙的抛石基础上,基坑施工对码头的影响不可忽略。因此,为确保码头结构安全,施工期间码头结构及地基所产生的最大水平位移按10 mm控制。

6.2.3 围护结构选型

1. 工程等级

本工程基坑开挖深度为6.99 m(小于10.0 m),位于深厚的抛石层强透水地基中,水力联系紧密,开挖面积大,一旦失事,对工程的损失将是巨大的。同时基坑紧邻已建 22 万 GT 邮轮码头、客运码头和 5 万 GT 邮轮码头,最小距离仅 12.9 m,变形控制要求高。

根据临水深基坑安全等级确定标准,考虑本工程基坑开挖影响范围内存在重要建筑物、对变形敏感的建筑物,因此,本工程基坑安全等级定为一级。

2. 设计总体思路

(1) 从工程建设的重要性、风险性角度考虑,本工程开发后的地下空间是邮轮中心重要组成部分,若没有基坑围护的支撑,工程地下室难以建成,另外,基坑占地面积也较大,一旦失事,易造成工程巨大损失。因此,本基坑工程不宜简单地采用放坡大开挖,需要根据具体情况进行分析,采用相应的围护结构方案,尤其是紧邻码头侧须重点设计。

(2) 从地质、环境角度分析,本工程紧贴码头后沿,基坑围护边与码头最小距离仅 12.9 m,且紧邻海边,该侧基坑围护结构位于深厚的抛石层中,常规的板式围护体系中钢板桩、型钢水泥土搅拌墙施打有困难,实施难度大。另外,由于抛石层较厚且空隙较大,常规的止水帷幕较难施工形成封闭的止水体系。因此,围护方案选择时要重点考虑既能确保结构安全又能解决止水防水的方案。

(3) 根据基坑围护墙顶标高计算标准,本基坑工程设计水位宜选取极端高水位 2.69 m。但考虑到有码头接岸挡土墙的掩护作用、基坑施工工期相对较短、节约投资等因素,围护墙顶标高实按设计高水位(1.59 m)+超高(0.5 m)取为 2.2 m,若施工期间出现超标水位,考虑在围护墙顶增设临时围堰措施挡水。围护结构计算仍选取极端高水位 2.69 m 进行复核。

3. 本工程的特点、难点

(1) 建设周期短、要求高。业主要求设计方案简单、经济,确保施工方便,设计到施工总体建设周期为半年。

(2) 环境条件复杂,保护要求高。为充分利用土地和地下空间,码头与基坑围护边最小距离仅 12.9 m,且要求施工期间码头结构的水平位移不超过 10 mm。码头为高桩梁板结构,后沿驳岸结构为清除表层淤泥后,采用 10~100 kg 块石、水抛石形成棱体。

(3) 地质条件复杂,施工难度大。邻近码头侧的基坑围护墙将坐落于深厚的抛石棱体和回填土石料中,平均厚度达 6 m 之多,最厚达 15 m。抛石层下依次为③$_1$含砂黏土、③$_2$黏土质砾砂、③$_3$黏土、③$_4$砾砂、③$_5$黏土,软硬不一,地质条件差。

(4) 水文地质条件差,止水防渗困难。基坑围护的建设将处在自然环境条件恶劣的海边。围护墙的施工随时会受到波浪、潮流等动水环境影响。抛石层渗透系数 $k=1\times10^{-1}\sim2\times10^{-1}$ cm/s,③$_4$砾砂层渗透系数 $k=5\times10^{-2}$ cm/s,属强透水层,与海水相联系,水力连通性好。

4. 围护方案选择

根据本工程的特点、难点,要提出合适的设计和施工方案,重点是要解决好抛石层中施工和止水的问题。若采用常规的钢板桩、型钢水泥搅拌桩基坑围护结构方案,由于地基土层中存在大量的块石,那么将面临难以沉桩、成桩的问题,不具备施工技术可行性。若采用冲孔灌注桩或冲孔咬合桩方案,按以往经验均可行,但均存在施工振动、挤土效应对

邻近码头结构产生影响的技术难点,同时冲孔灌注桩方案还需采用旋喷桩止水,施工困难,存在防渗等技术难点。经综合比选,本工程对临水侧的基坑提出两种围护设计方案供进一步比选,即方案一"冲孔灌注塑性混凝土 A 桩＋钢筋混凝 B 土桩咬合桩"、方案二"冲孔灌注排桩＋桩间高压旋喷桩",具体适用性的对比见表 6.8。

表 6.8　　　　　　　　　　　　　围护结构适用性对比

围护结构类型	特点	本工程特点	适用性
钢板桩	钢板桩打入地基时,遇到夹杂块石时易发生卷边失效、难以打入;钢板桩刚度相对小,易产生较大变形,且对周围建筑物保护不利	(1) 紧邻码头,变形控制要求高; (2) 深厚抛石地基止水难度大; (3) 地下水与海水连通性好	不适用
型钢水泥土搅拌墙	需要搅拌成桩工艺,在含有大量块石的地基中难以搅拌成桩		不适用
地下连续墙	在含有大量块石的地基中施工,成槽困难		一般
冲孔灌注桩＋高压旋喷桩	冲孔灌注桩间隔布置,桩间进行旋喷桩止水		适用
冲孔灌注桩＋塑性混凝土咬合桩	冲孔灌注桩间隔布置,桩间进行塑性混凝土咬合桩止水		适用

6.2.4　典型试验及方案确定

对于方案一(图 6.16),A 桩和 B 桩直径均为 1 200 mm,间距 900 mm,间隔布置。其中,A 桩采用塑性混凝土,B 桩采用钢筋混凝土,底高程为－19.6～－20.6 m,顶设一道圈梁将各桩相连起来,增强整体刚度,圈梁尺寸为 1.6 m×0.8 m,顶高程为 2.2 m。对于方案二(图 6.17),排桩采用 ϕ1 200 mm 的冲孔灌注桩,间距 1.3 m,底高程为－17.8 m,顶设一道圈梁将各桩相连起来,增强整体刚度,圈梁尺寸为 1.6 m×0.8 m,顶高程为 2.2 m。墙后桩间采用 ϕ800 mm 的高压旋喷桩进行止水,桩穿过③$_2$黏土质砾砂层进入③$_3$黏土层不小于 0.5 m。

1. **典型试验**

1) 试验目的

根据国内外工程应用与施工经验,方案一和方案二均采用了冲孔灌注桩的工艺,该工艺应用于抛石地基中也有成功的案例与经验。但由于环境条件、地质条件的不同,防渗效果可能存在差异,有必要进行现场的实际效果验证。综合考虑基坑状况与结构安全要求,确定防渗墙渗透系数应不大于 1×10^{-5} cm/s。

2) 试验方法

试验采用围井抽水方法(图 6.18),观察围井渗水情况,计算围护墙的渗透系数。方案一开挖围井长 6 m、宽 6 m、深 6.25 m,围井布置如图 6.19(a)所示。方案二开挖围井长 6.6 m、宽 6.6 m、深 6.25 m,围井布置如图 6.19(b)所示。围井结构参数均直接

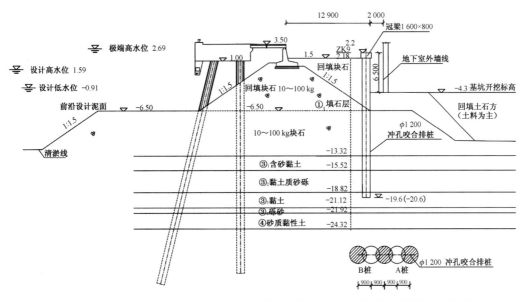

图 6.16　方案一"冲孔灌注塑性混凝土 A 桩＋钢筋混凝土 B 桩咬合桩"断面示意图
(尺寸单位: mm;高程单位: m)

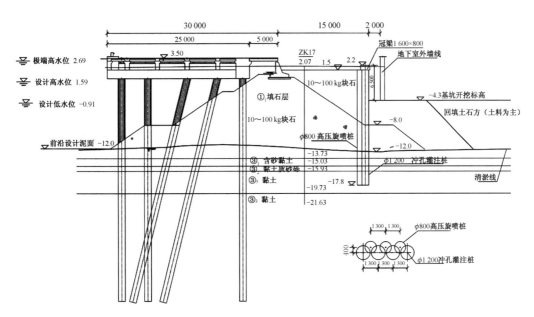

图 6.17　方案二"冲孔灌注排桩＋桩间高压旋喷"断面示意图
(尺寸单位: mm;高程单位: m)

采用基坑围护设计方案的参数。施工过程中,桩位孔口定位偏差不超过 50 mm,垂直度偏差不超过 0.3%。

在无明显渗漏的前提下,进行渗透效果检验:抽水到－4.3 m 后,观测水位上升过程,第 1 h 内每 15 min 记录一次,第 2 h 内每 30 min 观测一次,之后在 12 h 前每 1 h 观测一次,12 h 以后间隔 2 h 观测一次,24 h 以后间隔 4 h 观测一次,直到恢复至地下水位。围

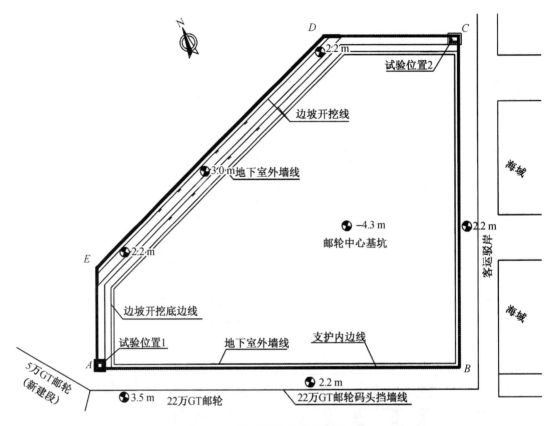

图 6.18 围井试验平面位置示意图

井内水位观测方法：在试验点基坑底水面放置浮标，然后在基坑边架设徕卡 TS02 全站仪（免棱镜），用免棱镜模式按设计要求的频次对浮标高程进行测量，计算不同时间点的水面高程，根据观测结果计算基坑涌水量。

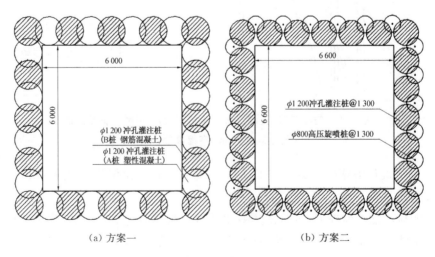

（a）方案一　　　　　　　　（b）方案二

图 6.19 围井布置图（单位：mm）

3）试验结果

围护结构渗透系数采用非稳定水头的渗流计算方法,公式为

$$k = \frac{A}{F(t_2 - t_1)} \ln \frac{H_1}{H_2} \tag{6.1}$$

式中　k——土的渗透系数(m/s);

　　　t——基本时间因子,水头降至初始水头的 37% 时的时间(s);

　　　H_1——试验开始后,在时间 t_1 时所测的井内水头(m);

　　　H_2——试验开始后,在时间 t_2 时所测的井内水头(m);

　　　A——围井底面积(m^2);

　　　F——试验段的形状系数(m),通过下式计算得到。

$$F = \frac{2\pi L}{\ln\left\{(L/D) + \sqrt{\left[1 + (L/D)^2\right]}\right\}} \tag{6.2}$$

式中　D——试验坑直径,若为正方形,则为边长(m);

　　　L——试验坑内水深(m)。

观测结果如表 6.9、图 6.20 所示。可见,方案一达到设计要求,优于方案二,方案二的渗水速率是方案一的 5 倍左右。

表 6.9　　　　　　　　　　　　　　渗水测试结果

试验方案	渗透系数/$(cm \cdot s^{-1})$	设计要求/$(cm \cdot s^{-1})$
方案一	0.72×10^{-5}	1×10^{-5}
方案二	3.24×10^{-4}	

2. 方案确定

本基坑工程坑底标高 -4.3 m,基坑内地下水位为 -4.8 m,坑外按极端高水位 2.69 m 计算,最不利条件下基坑内外水头差 7.49 m。根据《建筑基坑支护技术规程》(JGJ 120—2012),取最短渗流路径流线总长。经计算,帷幕底标高应低于 -14.6 m。

通过先后 3 次渗透试验结果对比,规律与图 6.20 所示一致,方案一优于方案二。在深厚抛石地基中,采用冲孔灌注桩+高压旋喷桩不能满

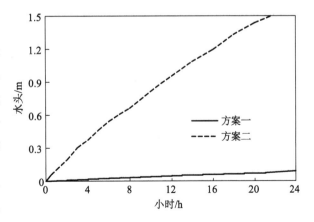

图 6.20　水头与时间的变化曲线

足设计要求,未达有效的止水作用,分析其不成功的主要原因有:①块石间空隙太大,浆液随着动水很快流失;②较难找到合适的浆液配比,凝结效果不理想。冲孔咬合桩由于其

桩心相交咬合,解决了传统桩心相切桩防水效果差的弊端,兼有围护和止水帷幕的双重作用,止水效果较好,能满足本工程渗透系数不大于 1×10^{-5} cm/s 的设计要求。

因此,本基坑工程的围护方案确定采用方案一。

6.2.5 围护结构计算

咬合桩坑底以下插入深度为 15.3 m,桩径 1 200 mm,桩间距 1 800 mm,混凝土等级为 C30,坑外地坪标高 +1.5 m,坑底高程为 -4.3 m,坑外水位高程为 2.69 m,坑内水位高程为 -4.8 m。基坑周边荷载无地面超载,地下水位埋深为 0.5 m。

1. 水、土压力计算

基坑围护设计岩土参数如表 6.10 所示,水、土压力计算结果如图 6.21 所示。

表 6.10 基坑围护设计岩土参数

序号	土层名称	厚度 /m	天然重度 γ /(kN·m^{-3})	黏聚力 c /kPa	内摩擦角 φ /(°)	m /(MN·m^{-4})	分算/合算
1	填石层①$_1$	15.23	22.0	0.0	35.0	13.0	分算
2	含砂黏土层③$_1$	1.30	19.0	28.0	15.0	5.8	合算
3	黏土质砾砂层③$_2$	0.90	20.5	5.0	25.0	8.0	分算
4	黏土层③$_3$	1.90	17.5	20.0	3.0	5.0	合算
5	黏土层③$_5$	3.80	18.5	25.0	10.0	5.4	合算

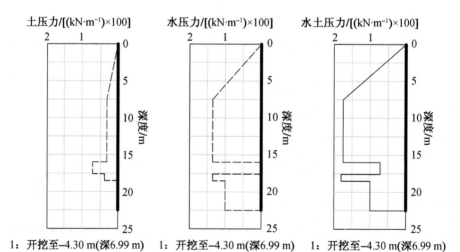

图 6.21 围护墙的水、土压力计算结果

2. 稳定性验算

稳定性验算主要包括整体稳定性、坑底抗隆起稳定性、抗倾覆稳定性、抗渗稳定性验算。具体计算结果见表 6.11。

表 6.11   稳定性验算

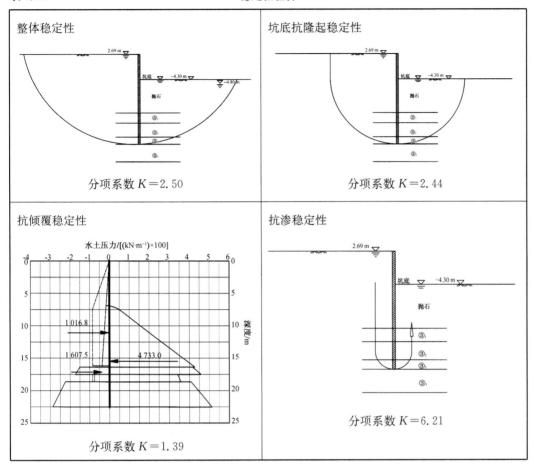

综合上述验算结果可见,基坑稳定性满足规范要求。

3. 结构内力及变形计算

按 1.8 m 宽度的单桩进行计算(未计素混凝土柱的作用),计算参数如表 6.12 所示。单桩位移计算结果如图 6.22 所示,最大水平位移发生在桩顶,其值为 53.4 mm。

表 6.12   单桩计算参数

参数	桩径/mm	桩长/m	抗弯刚度 EI /(kN·m^2)	桩间距/m
取值	1 200	21.10	3 053 628	1.8

4. 基坑施工对邻近码头安全的影响分析

由于本工程周边码头与基坑围护边最小距离仅 12.9 m,要求施工期间码头结构的水平位移不超过 10 mm。为确定此要求的合理性和可行性,采用有限元软件 Plaxis 2D 模拟施工过程,以分析基坑开挖对邻近码头的影响。根据工程经验,模型的影响宽度为悬臂距离的 3~4 倍,影响深度为悬臂距离的 2~4 倍。因此,本模型取 100 m×40 m 以充分考虑位移边界的影响。模型位移边界条件如下:四周边界水平向为位移限制边界,竖向为自

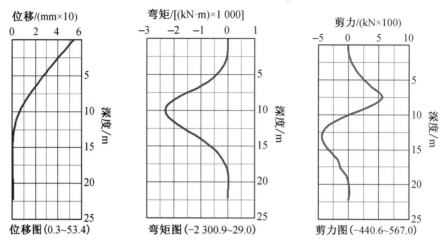

图 6.22 咬合桩结构内力、变形计算结果

由移动边界,底部采用全约束。土体采用英尔-库仑模型模拟,土体参数可见表 6.13。围护墙结构根据抗弯刚度相同的原则,采用梁单元进行模拟。计算工况:①地应力平衡;②后方陆域施工围护结构,开挖基坑。

表 6.13 土体单元参数

土层名称	重度 $\gamma/(kN \cdot m^{-3})$	变形模量 E_0/MPa	内摩擦角 $\varphi/(°)$	黏聚力 c/kPa
抛石层	22.0		35	0
③₁含砂黏土层	19.0	18.0	15	28
③₂黏土质砾砂层	20.5	20.0	20	15
③₃黏土层	17.5	8.0	20	20
③₄砾砂层	20.5	40.0	30	0
③₅黏土层	18.5	16.0	10	25

模拟结果如图 6.23 所示,可以看出,码头挡土墙下地基土体位移均小于 10 mm。因此,从上述有限元计算结果可知,基坑开挖对码头变形的影响是在可以接受的范围内。

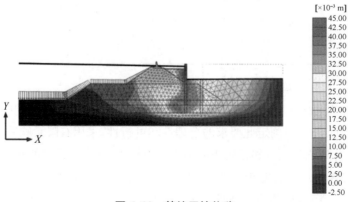

图 6.23 基坑开挖位移

6.2.6　主要施工技术

1. 冲孔灌注咬合桩施工

冲孔排桩成孔采用冲击锤反复冲击,将孔中的土石劈裂、破碎、挤入钻孔壁中,用泥浆悬浮排渣成孔,为了保证较好的止水效果,各桩间采取搭接咬合布置。

在冲孔灌注咬合桩施工过程中,为尽量减少冲孔灌注咬合桩施工产生的较大振动对码头结构的影响,施工选用 4 t 的冲锤,冲程 1～2 m,限制桩基施工速度,要求平均长21.10 m 的桩施工速度控制在 3～5 d/根,并进行振动和位移监测,要求振动烈度小于Ⅴ级。码头的振动速度均小于设计要求的预警值 4.0 cm/s,由此可判断冲孔桩施工对码头的振动影响并不明显。同时在整个基坑施工过程中,测得围护结构最大水平位移为10.2 mm,码头结构最大水平位移为 1.9 mm,满足设计要求。因此证明在距离 13～15 m的情况下,冲孔灌注咬合桩围护方案对周边码头结构影响较小,码头是安全的。

2. 止水帷幕施工

本工程在临水侧设计为 φ1 200 mm 钢筋混凝土和塑性混凝土咬合桩,在陆域侧放坡段设计为塑性混凝土咬合桩,作为止水帷幕。塑性混凝土桩是在普通混凝土中加入黏土、膨润土等掺和材料,大幅度降低水泥掺量而形成的新型防渗材料。塑性混凝土防渗墙由于其弹性模量小,极限变形大,使得塑性混凝土在荷载作用下,墙内应力和应变都很小,可以提高墙体的抗渗能力。塑性混凝土施工方便,节约水泥,可降低工程成本,较刚性混凝土在力学性能上具有显著优点。

3. 坑内分层开挖

基坑开挖采用盆式中心开挖法。基坑开挖前先降水,后开挖中心部分,再开挖周边部分,基坑周边 20 m 范围内的主体结构工程施工应在开挖至高程不低于−0.80 m 时进行,且在基础桩基满足强度要求后再进行剩余土方的开挖。

6.2.7　监测情况

本基坑工程的施工监测,不仅是为了确保基坑工程的稳定与安全,而且可以掌握对码头等保护对象的影响状况。同时,通过监测数据与计算结果的对比,也能分析、验证设计方案的合理性。本基坑工程施工期间的监测内容主要有桩身水平位移、周边地下水位、桩身应力、围护结构水平位移、周边土体沉降、对周围环境影响的监测,各测点布置见图 6.24。

1. 桩身水平位移

现场实测的桩身最大水平位移为 13.1 mm,如图 6.25 所示。该数据比计算的最大水平位移要小,经分析主要有三方面的影响因素:①计算是按各种不利工况组合进行的,实际中如水位等未遇到最不利工况;②抛石地基已存在多年,实际上可能较密实,计算时 m值取值偏小;③塑性混凝土桩在计算中没有考虑其荷载分担作用,实际中该桩可能参与作用。但无论是从计算位移图还是从实测数据来看,二者桩体位移的变化规律是相同的,这也验证了理论计算是可以指导实践的。

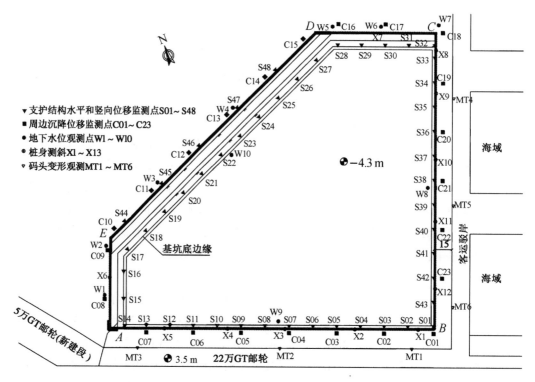

图 6.24　观测点布置图

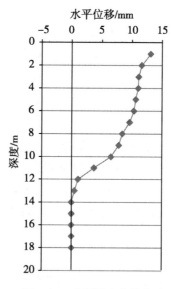

图 6.25　实测桩身水平位移

从图 6.26 可知：在 3 月 12 日之前，基坑开挖总体较浅，基坑围护结构侧向位移较小；当基坑陆续挖深，由于没有支撑结构作用，围护结构的侧向深层位移也逐渐增大，符合悬臂式基坑围护结构变形规律。

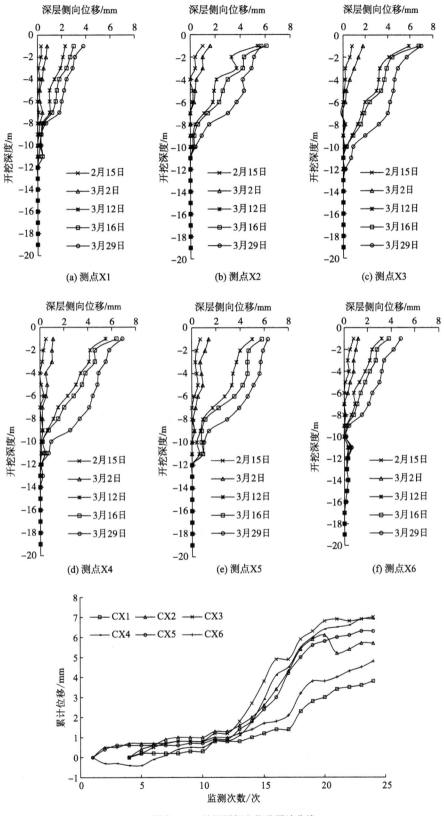

(a) 测点X1　　(b) 测点X2　　(c) 测点X3

(d) 测点X4　　(e) 测点X5　　(f) 测点X6

(g) 深度－1 m 处深层侧向位移累计曲线

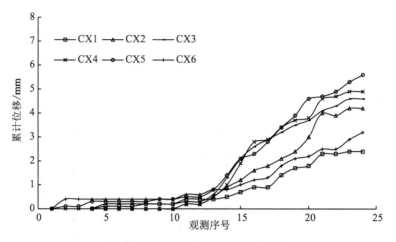

（h）深度－4 m 处深层侧向位移累计曲线

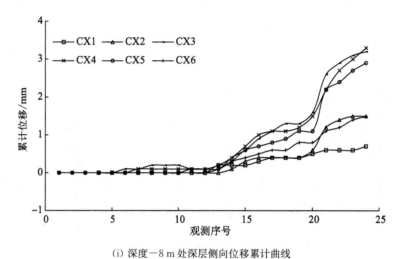

（i）深度－8 m 处深层侧向位移累计曲线

图 6.26　实测桩身位移

2. 周边地下水位

监测时间与监测序号的关系见表 6.14，周边地下水位监测结果见图 6.27。

表 6.14　　　　　　　　　　　监测序号与监测时间关系

监测序号	1	2	3	4	5	6	7	8	9	10	11	12
监测日期	2015/1/28	2015/1/30	2015/2/1	2015/2/3	2015/2/5	2015/2/7	2015/2/9	2015/2/11	2015/2/13	2015/2/15	2015/2/26	2015/2/28
监测序号	13	14	15	16	17	18	18	20	21	22	23	24
监测日期	2015/3/2	2015/3/4	2015/3/6	2015/3/8	2015/3/10	2015/3/12	2015/3/14	2015/3/16	2015/3/24	2015/3/26	2015/3/28	2015/3/29

随着基坑的不断开挖，陆侧场地地下水位呈现下降趋势。然而，在开挖过程中，可能由于天气降雨的原因，也出现了短暂地下水位上升的情况。

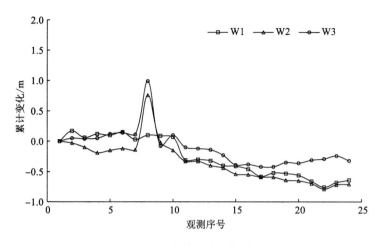

图 6.27　周边地下水位监测结果

3. 桩身应力

对桩身不同埋设深度位置进行桩身应力监测,掌握灌注桩的承载变化过程,跟踪其工作状态,监测结果如图 6.28 所示,可见灌注桩的工作状态良好。

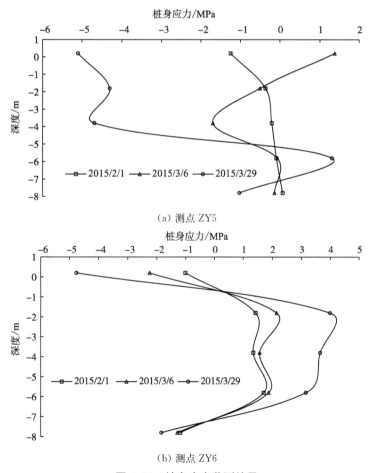

（a）测点 ZY5

（b）测点 ZY6

图 6.28　桩身应力监测结果

桩身应力受到拉应力和压应力的共同作用,随着基坑的不断开挖,桩身应力不断增大,在接近坑底位置处,拉压应力最大。

4. 围护结构水平位移

由图 6.29 可得,随着基坑的不断开挖,围护桩慢慢悬空,桩顶水平位移不断增大,但增大的趋势基本趋于稳定。当基坑完成开挖后,围护桩完全悬空,水平位移几乎达到最大。

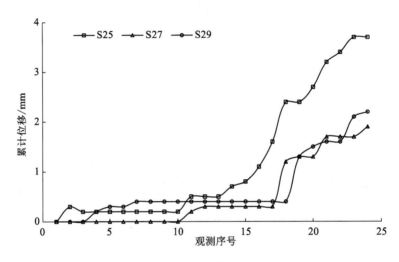

图 6.29 围护结构水平位移监测结果

5. 周边土体沉降

由图 6.30 可得,随着基坑的不断开挖,基坑周边土体沉降不断增大,但是沉降量在预警控制范围内(25 mm)。

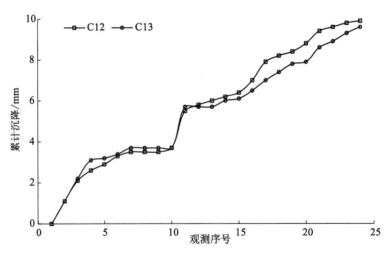

图 6.30 周边土体沉降监测结果

6. 对周围环境影响

冲孔施工直接影响紧邻码头的安全,在现场施工前应选取典型试验桩进行试验,确定施工参数,并加强监测与评估。施工时在 AB、BC 边各选一个典型试验桩,监测冲孔全过程中码头的振动速度。冲孔作业过程中,上部 10 m 范围内,每进尺 1 m 测一次;10 m 以下部分,每进尺 2 m 测一次。

在离码头最近的 AB-B1 号冲孔桩施工期间,对码头进行了振动响应监测(监测点号为 ZD1),结果见表 6.15。测试结果显示,X 方向最大值为 0.06 cm/s,出现在冲孔桩施工深度 7 m 处;Y 方向最大值为 0.07 cm/s,出现在冲孔桩施工深度 8 m 处;Z 方向最大值为 0.18 cm/s,出现在冲孔桩施工深度 16 m 处。从所有的监测数据可以看出,三个方向的振动监测值均未超过设计设定的预警值 4.0 cm/s,由此可以判断该点冲孔桩施工对 22 万 GT 邮轮码头的振动影响并不明显。

表 6.15　AB-B1 桩施工对码头振动的影响(监测点距离测点 16.94 m)

冲锤深度/m	ZD1 测到的最大码头振动速度		
	X 方向/(cm·s⁻¹)	Y 方向(cm·s⁻¹)	Z 方向(cm·s⁻¹)
1.6	0.05	0.03	0.08
2.0	0.05	0.02	0.08
3	0.04	0.02	0.08
4	0.05	0.03	0.08
5	0.05	0.03	0.08
6	0.05	0.03	0.08
7	0.06	0.03	0.09
8	0.02	0.07	0.08
9	0.02	0.02	0.07
10	0.02	0.01	0.09
12	0.03	0.01	0.16
14	0.03	0.01	0.13
16	0.05	0.04	0.18
18	0.03	0.01	0.07
20	0.01	0.01	0.06

在 BC-B5 号冲孔桩施工期间,对码头进行了振动响应监测(监测点号为 ZD2),结果见表 6.16。对 ZD2 监测点相对应的 BC-B5 号桩进行了长达 5 天的跟踪测试。测试结果显示,X 方向最大值为 0.06 cm/s,出现在冲孔桩施工深度 3 m 和 4 m 处;Y 方向最大值为 0.04 cm/s,出现在冲孔桩施工深度 7 m 处;Z 方向最大值为 0.11 cm/s,出现在冲孔桩施工深度 6 m 处。从所有的监测数据可以看出,三个方向的振动监测值均未超过设计设定的预警值 4.0 cm/s,由此可以判断该点冲孔桩施工对客运码头的振动影响并不明显。

表 6.16　　　BC-B5 桩施工对码头振动的影响(监测点距离测点 17.92 m)

冲锤深度/m	ZD2 测到的最大码头振动速度		
	X 方向/(cm·s⁻¹)	Y 方向/(cm·s⁻¹)	Z 方向/(cm·s⁻¹)
1.4	0.05	0.03	0.09
2.0	0.05	0.03	0.09
3	0.06	0.03	0.10
4	0.06	0.03	0.06
5	0.05	0.02	0.07
6	0.05	0.02	0.11
7	0.04	0.04	0.10
8	0.04	0.02	0.09
9	0.03	0.02	0.06
10	0.04	0.02	0.06
12	0.04	0.02	0.08
14	0.03	0.02	0.07
16	0.02	0.01	0.06
18	0.03	0.01	0.07
20	0.03	0.01	0.07

6.3　温州某海水泵房基坑工程

实例提示

　　海水泵房是取排水口工程的重要建筑物,往往建设于海陆交接处,需建设较深的基坑形成干施工条件。

　　海水泵房基坑工程建设于松散碎块石地基之上,碎块石含量为 70%~85%,透水性强,严重影响基坑围护结构的止水性能,采用旋挖咬合排桩方案,止水性能好,无需高压喷射灌浆、深层搅拌等止水措施。

6.3.1　工程概况

本工程位于温州市某港区,场地为回填形成。场地陆域平整标高为 6.0 m(1985 国家高程基准,下同),其中基坑北侧紧邻围堤,围堤挡墙顶高 8.0 m,路面顶标高 6.8 m,堤顶宽 5.0 m。本工程基坑面积约 1 123 m²,周长约 146.6 m,基坑外形为矩形(图 6.31)。基坑长 51.5 m,宽 21.8 m,设计底标高为 −11.4 m,开挖深度为 17.4～18.2 m。

图 6.31 基坑平面位置

6.3.2 建设条件

1. 水文

根据潮位资料,设计高水位 2.87 m(高潮累积频率 10%),设计低水位 −2.83 m(低潮累积频率 90%),极端高水位 4.63 m(50 年一遇高潮位),极端低水位 −3.75 m(50 年一遇低潮位)。基坑北侧毗邻水域波要素如表 6.17 所示。

表 6.17　50 年一遇设计波要素

波向	水位	$H_{1\%}$/m	$H_{4\%}$/m	$H_{13\%}$/m	T/s	L/m	C/(m·s⁻¹)
W～WSW	极端高水位	3.45	2.91	2.33	6.1	56.8	9.4
	设计高水位	3.41	2.89	2.31	6.1	56.4	9.3
	设计低水位	3.24	2.75	2.21	6.1	54.2	8.9
NE～ENE	极端高水位	4.87	4.12	3.33	9.5	123.4	13.0
	设计高水位	4.64	3.92	3.17	9.5	121.0	12.7
	设计低水位	3.72	3.14	2.53	9.5	111.7	11.8

2. 工程地质

工程区域的地层主要为人工回填碎块石、冲海积（al − mQ$_4^2$）粉砂夹淤泥、冲积（alQ$_3^{2-2}$）卵石和风化基岩等组成,共划分为 4 个工程地质层及 5 个亚层,钻孔平面布置如图 6.32 所示。地基土自上而下分层描述如下。①₀ 碎块石:层厚 3.50～26.50 m,层底埋深 3.50～26.50 m,各孔均有分布。②$_{1a}$ 粉砂夹淤泥（al−mQ$_4^2$）:层厚 3.00～3.80 m,层底埋深 18.50～19.00 m,各孔均有分布。④₃ 卵石（alQ$_3^{2-2}$）:层厚 2.00～12.00 m,层底埋深

26.70～31.80 m。⑩₂强风化花岗岩：层厚 2.80～8.70 m,层底埋深 25.30～39.20 m。
⑩₃中风化花岗岩：该层稳定性好,勘探施工过程中未发现洞穴、临空面、破碎岩体或软弱
岩层。该层未揭穿,揭露厚度 2.50～26.50 m,层顶埋深 3.50～39.20 m,各孔均有揭露。
根据岩样测试结果,岩石饱和抗压强度标准值为 45.8 MPa,判定为较硬岩,岩体较破碎,
岩体基本质量等级为Ⅳ类。基坑围护设计的岩土参数如表 6.18 所示。

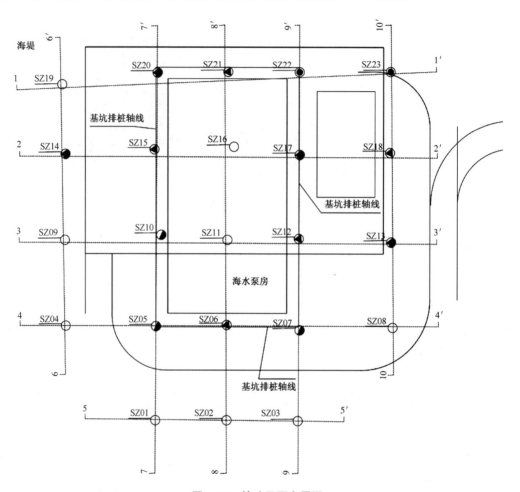

图 6.32　钻孔平面布置图

表 6.18　　　　　　　　　　　基坑围护设计岩土参数

序号	土层名称	$\gamma/(kN \cdot m^{-3})$	c/kPa	$\varphi/(°)$	渗透系数 $/(cm \cdot s^{-1})$
1	①₀碎块石层	21	0	33	10^{-1}
2	②₁ₐ粉砂夹淤泥层	17	5	20	10^{-4}
3	④₃卵石层	19	2	32	10^{-2}
4	⑩₂强风化花岗岩层	22	100	34	$10^{-4}～10^{-5}$
5	⑩₃中风化花岗岩层	25	600	42	$10^{-7}～10^{-8}$

3. 地下水

地下水主要有第四系松散层孔隙潜水和基岩裂隙水。孔隙潜水赋存于碎块石层、粉砂夹淤泥层和卵石层中,主要由大气降水补给,排泄以蒸发和侧向径流为主。地下水位受季节变化、大气降水影响较大。本次勘察时稳定水位埋深 4.10~5.70 m,高程 1.78~2.26 m。其中,北侧堤身靠海一侧胸墙为 C35 钢筋混凝土,胸墙坡度为 1:1.5,高度为 16 m。地下水与海水联系密切,水位受潮汐影响,随潮汐变化。基岩裂隙水存在于⑩$_2$强风化花岗岩层和⑩$_3$中风化花岗岩层节理和裂隙中,受大气降水补给,以径流方式排泄,渗透性一般较差,水量较贫乏,水位变化较大。基坑开挖时坑壁可能出现裂隙水排出,水量一般不大,应及时疏导。

4. 周边环境

基坑场地位于回填区,场地空旷且周边无建筑物,南侧为原山体,北侧为海堤。基坑内边线北侧与海堤胸墙前沿线距离不到 8 m,海堤外坡坡度为 1:1.5。根据现场调查分析,结合施工工艺及基坑稳定性要求,对基坑周边荷载取值要求如下:邻近海堤侧,基坑外 30 m 范围内地面均载控制在 5 kPa 以内($D-E$、$E-A$、$A-B$ 区域);其余区域,基坑外 30 m 范围内地面均载控制在 30 kPa 以内($B-C$、$C-D$ 区域)。

6.3.3　围护结构选型

1. 工程等级

该基坑开挖深度为 17.3~18.1 m,根据临水深基坑安全等级确定标准,基坑开挖深度大于 10 m,因此本工程基坑安全等级定为一级。

2. 设计总体思路

(1) 本工程在近岸地区建设海水泵房地下结构,泵房结构埋深较深。总体施工方法若选择预制结构,则吊装或浮运均难以实施;若选择沉井方式,则受地质条件限制难以下沉,也不合适,因此,选用合适的基坑围护形式,形成干施工条件是较为合理的方案。

(2) 从地质、环境角度分析,本工程位于海边,基坑深度深,围护结构位于深厚松散的碎块石层中,常规的板式围护体系中钢板桩、型钢水泥土搅拌墙等施打有困难,实施难度大。另外,由于碎块石层较厚且空隙较大,常规的止水帷幕较难施工且质量不易保证,从而难以形成封闭的止水体系。因此,围护方案选择时要重点考虑既能确保结构安全又能解决止水防水的方案。

3. 围护形式选择

1) 围护结构比选

基坑围护形式的选择需要根据基坑深度、结构类型、工程地质、场地条件、使用要求、施工工艺等确定,选用技术成熟、方便施工、造价合理、符合环保要求的方案。根据大量基坑工程的实施经验,该临水深基坑工程坑内边线北侧与海堤胸墙前沿线距离不到 8 m,同时基坑开挖深度达到了 17.3~18.1 m,不适宜采用大开挖方案。另外,该基坑开挖深度影响范围内的主要地层为①$_0$碎块石层、④$_3$卵石层,都具有强透水性,与海水联系密切,受潮汐影响,这对基坑围护结构的止水性能提出了很高的要求,技术风险较大,不能采用常规的钢板桩、型钢水泥土搅拌墙等止水方案。因此,该基坑工程考虑采用旋挖咬合排桩和地下连续墙的围护结构形式进行比选,见表 6.19。

表 6.19　　　　　　　　　　　　　围护结构形式比选

比较项目	围护结构	
	旋挖咬合排桩	地下连续墙
围护效果	刚度大,变形小	刚度大,变形小
止水效果	钢筋混凝土桩与素混凝土桩相互咬合,止水性能好	止水性能较好,每段连续墙之间的接头部位容易形成结构的薄弱点,产生渗漏现象
对建筑物的影响	影响很小	影响很小
适用深度	适用深度较大	适用深度大
对地层的适用性	适用于各种土层	适用于各种土层
内支撑使用形式	需要内支撑	需要内支撑
风险性	风险小	风险较小
对机具设备要求	需要钻孔桩机具	需要地下连续墙成槽机具
施工速度	施工速度一般	施工速度一般
施工难度	一般	成槽困难,容易塌孔
围护结构造价	造价一般	造价较高

综合对比来看,考虑工程安全、经济性、止水效果等因素,旋挖咬合排桩受力性能可靠、工艺成熟,且桩径可根据挖深灵活调整,桩体刚度大,土体位移较小;造价较低,造价一般可比地下连续墙节省约 10% 以上;旋挖咬合排桩钢筋混凝土桩与素混凝土桩相互咬合,止水性能较好,不需要高压旋喷桩、深层搅拌桩等其他辅助止水措施,因此,本基坑工程的围护桩宜采用旋挖咬合排桩方案。

2) 水平支撑体系比选

深基坑水平支撑材料主要有钢筋混凝土支撑和钢支撑两种形式。

钢支撑一般用在基坑跨度不大、基坑形状比较规则的情况,有利于支撑受力及控制基坑变形。采用钢支撑,施工速度快,可以施加预应力控制基坑变形,同时也方便以后的拆除。但钢支撑刚度较混凝土支撑小,不利于控制基坑变形和保护周边环境,在面积大、开挖深度大的基坑中使用需特别谨慎。

钢筋混凝土内支撑具有刚度大、变形小的特点,能加强上部刚度,减少顶部位移,有利于对周边环境的保护,保证围护结构稳定。钢筋混凝土支撑适应性强,布置灵活,可适用于各种形状的基坑,此外还便于分块施工,可以预留较大的出土空间,方便土方开挖,减少工期。

　　鉴于本基坑深度达到 17.3～18.1 m,但基坑跨度不大,为适应临水基坑围护结构的荷载与位移非对称性,保证上部刚度,同时为了加快施工速度,第一道支撑采用钢筋混凝土支撑,其余支撑采用钢支撑。

　　3) 水平支撑布置形式

　　本基坑围护设计的平面支撑采用对撑＋角撑的布置形式。对撑、角撑布置形式适用于各种复杂形状的深基坑,是基坑工程中应用最多的平面支撑布置形式之一。各块支撑受力相对独立,可实现支撑和挖土流水化施工,缩短基坑工期;可提供较大的出土及地下施工空间。具体支撑布置形式如图 6.33 所示。

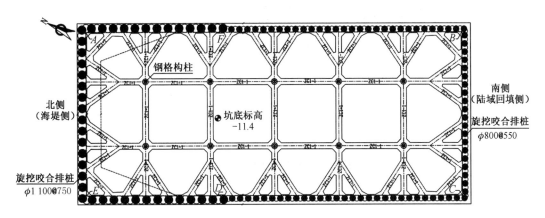

图 6.33　第一道支撑平面布置图(尺寸单位: mm;高程单位: m)

6.3.4　围护结构方案确定

　　1. 围护结构

　　围护桩桩径、桩长的设计计算主要考虑地质条件、基坑深度、支撑形式、基坑变形控制要求。本工程由于岩面埋深变化较大,场地主要分布在①$_6$碎块石层,结构松散,性质较差。根据不同区域的岩面埋藏深度及基坑安全控制要求,岩面埋藏较深处(DE、EA、AF 边)基坑主要采用 ϕ1 100@750 旋挖咬合排桩,岩面埋藏较浅处(FB、BC、CD 边)基坑采用 ϕ800@550 旋挖咬合排桩,旋挖咬合排桩混凝土强度为 C35。基坑剖面如图 6.34 所示。

　　2. 支撑体系

　　基坑采用 5 层水平支撑体系,第一层为钢筋混凝土支撑,第二～五层为钢支撑。支撑布置形式以对撑为主,辅以角撑、琵琶撑。

　　第一道钢筋混凝土支撑体系中心标高 4.50 m,围檩截面为 1 300 mm×800 mm,支撑截面为 800 mm×800 mm,角撑、琵琶撑截面为 800 mm×800 mm。

　　第二道钢支撑体系中心标高 0.30 m,支撑型号为双拼 ϕ609×16 钢管,围檩型号为双拼 H700×300×13×24,角撑、琵琶撑型号为 HW400×400×13×21。

　　第三道钢支撑体系中心标高－3.50 m,其余与第二道钢支撑相同。

　　第四道钢支撑体系中心标高－6.50 m,其余与第二道钢支撑相同。

　　第五道钢支撑体系中心标高－9.30 m,其余与第二道钢支撑相同。

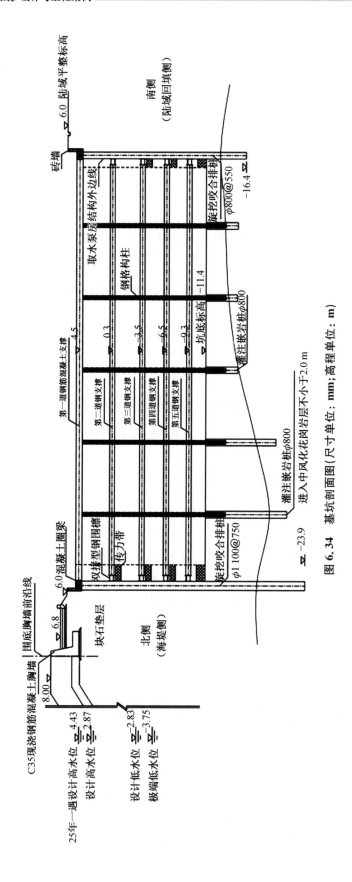

图 6.34 基坑剖面图(尺寸单位: mm; 高程单位: m)

3. 止水体系

本工程围护结构采用旋挖咬合排桩,钢筋混凝土桩与素混凝土桩相互咬合,止水性能较好,无需高压旋喷桩、深层搅拌桩等止水措施。基坑工程采用集水明排的降水措施。施工期间一旦遇到暴雨,坑内水位上升,需要及时抽水,保持基坑内水位在坑底以下 0.5 m。

4. 立柱体系

对于支撑立柱,坑底以上采用 4L140×14 型钢格构柱,截面为 440 mm×440 mm,插入坑底不小于 2.5 m;坑底以下设置立柱桩,立柱桩采用 ϕ800 mm 灌注嵌岩桩。型钢格构立柱在穿越底板的范围内需设置止水片。

5. 拆撑换撑

在底板、标高 −7.30 m、标高 −4.30 m、标高 −0.50 m 处设置混凝土传力带换撑,混凝土设计强度为 C35。泵房结构内部、传力带位置处需设置临时钢支撑(可重复利用拆除后的钢支撑),待主体结构完成后拆除。

6.3.5 围护结构计算

1. 计算内容及方法

基坑围护结构的计算内容包括咬合桩的内力与变形、各道支撑内力、基坑稳定性计算。

咬合桩的内力与变形计算采用规范推荐的竖向弹性地基梁法,采用启明星软件作为计算工具,土的黏聚力值和内摩擦角值均采用勘察资料提供的固结快剪峰值指标,充分考虑各岩土层的透水性或不透水性以及场地的其他岩土工程条件。在土压力计算时,采用朗肯土压力公式分层计算,基坑面下主动土压力采用矩形分布模式,各土层采用水土分算。地面超载根据位置的不同而不同,BZ21 孔超载为 5.0 kPa,BZ15 孔超载为 30.0 kPa。

2. 计算结果

1) 岩面埋藏较深处(表 6.20)

表 6.20 基坑围护计算结果汇总(ϕ1 100@750)

计算内容		计算结果
基坑稳定安全系数	整体稳定性	5.88
	抗倾覆稳定性	6.24
	墙底抗隆起稳定性	3.23
	坑底抗隆起稳定性	2.53
	抗渗稳定性	3.00
咬合桩结构内力及变形计算	最大正弯矩 M_{max}/(kN·m)	1 943.8
	最大负弯矩 M_{min}/(kN·m)	−658.6
	最大正剪力 Q_{max}/kN	417.9

（续表）

	计算内容	计算结果
咬合桩结构内力及变形计算	最大负剪力 $Q_{\min}$/kN	−903.3
	最大位移 $S_{\max}$/mm	33.2
	第一道支撑力 $N_{\max}$/kN	1 749
	第二道支撑力 $N_{\max}$/kN	4 537
	第三道支撑力 $N_{\max}$/kN	4 987
	第四道支撑力 $N_{\max}$/kN	5 605
	第五道支撑力 $N_{\max}$/kN	4 696

2）岩面埋藏较浅处（表 6.21）

表 6.21　　　　基坑围护计算结果汇总（$\phi800@550$）

	计算内容	计算结果
基坑稳定安全系数	整体稳定性	6.07
	抗倾覆稳定性	9.39
	墙底抗隆起稳定性	121.9
	坑底抗隆起稳定性	7.46
	抗渗计算结果	3.5
基坑围护结构内力及变形计算	最大正弯矩 $M_{\max}$/(kN·m)	1 020.9
	最大负弯矩 $M_{\min}$/(kN·m)	−690.1
	最大正剪力 $Q_{\max}$/kN	506.6
	最大负剪力 $Q_{\min}$/kN	−682.9
	最大位移 $S_{\max}$/mm	33.6
	第一道支撑力 $N_{\max}$/kN	1 748
	第二道支撑力 $N_{\max}$/kN	5 699
	第三道支撑力 $N_{\max}$/kN	6 252
	第四道支撑力 $N_{\max}$/kN	6 964
	第五道支撑力 $N_{\max}$(kN)	5 270

通过表 6.20 和表 6.21 可知，无论是在岩面埋藏较深处，还是在岩面埋藏较浅处，基坑围护结构的稳定性及内力计算结果均满足相关要求。

6.3.6　主要施工技术

1. 咬合排桩施工

旋挖咬合排桩成孔采用旋挖桩设备回转破碎岩土，并直接将其装入钻斗内，然后再由钻机提升装置和伸缩钻杆将钻斗提出孔外卸土,这样循环往复,不断地取土卸土,直到钻至设计深度。为保证较好的止水效果,各桩间采用搭接咬合方式布置。围护墙为钢筋混凝土和塑性混凝土咬合桩。旋挖咬合排桩采取隔桩施工,A 桩(素混凝土)和 B 桩(钢筋混凝土)间隔布置。相邻桩咬合施工时,应采取措施确保被咬合的桩桩身混凝土不得初凝,混凝土初凝时间应根据工程具体情况确定,初凝时间宜≥60 h,坍落度宜为 160 mm±20 mm,3 天强度宜≤3 MPa。

2. 内支撑体系施工

第一道钢筋混凝土圈梁和支撑采用土模法施工。待上一道支撑到达设计强度后,开挖土方至第二道支撑底,安装第二道钢支撑,按设计要求逐级施加预应力。预应力施加到位后,再固定活络端,并烧焊牢固,防止支撑预应力损失后钢锲块掉落伤人。

依次施工下一道支撑,直至开挖至坑底。向上浇筑主体结构,设置传力带、换撑,逐层拆撑直至施工完成地下主体结构。

6.3.7　质量检测及基坑监测

1. 质量检测

(1) 旋挖咬合桩。采用低应变动测法检测桩身完整性,检测数量不小于总数的20%,且不得少于 5 根。当根据低应变动测法判定的桩身缺陷可能影响桩的水平承载力时,应采用钻芯法补充检测,检测数量不少于总数的 2%,且不少于 3 根;灌注桩应抽取总数的 20%进行超声波或取芯检测。

(2) 钢筋混凝土圈梁、支撑。当对钢筋混凝土支撑等施工质量有怀疑时,宜采用超声波探伤等非破损方法检测,检测数量根据现场情况确定。

(3) 其他。所使用的原材料及成品应符合有关标准的要求,进场前应按有关标准进行质量检查。原材料计量、混凝土强度、钢筋焊接质量等按现行标准进行检查验收和签证。

2. 基坑监测

(1) 围护结构施工和基坑开挖过程中应对围护结构、周边陆域、管线及建(构)筑物进行环境监测,监测数据须及时反馈,进行信息化施工。

(2) 监测应由具有专业资质的单位实施,监测方案实施前应通报设计单位和管线单位进行协调。

(3) 监测内容:

① 围护墙顶水平位移及竖向位移监测点,在基坑两侧布置。

② 支撑轴力监测点宜设置在主要支撑构件、受力复杂和影响支撑结构整体稳定性的支撑构件上。对多层支撑围护结构,宜在同一剖面的每层支撑上设置测点。

③ 围护桩深层水平位移(测斜)和土体深层水平位移监测点,在基坑两侧布置。

④ 坑外地下水位(潜水)监测点,在基坑两侧布置。

⑤ 周边地表竖向位移监测点,在基坑两侧布置。

⑥ 邻近围堤水平位移和沉降监测点。

⑦ 立柱监测应在每根支撑立柱上设置沉降、倾斜监测点。

⑧ 坑外地下水位(潜水)监测点,在基坑周边布置。

(4)监测频率:

① 围护结构施工前,须测得初读数。基坑开挖初期,每2天监测1次。如出现异常现象,加密监测。

② 当基坑挖深超过5 m时,每天监测1次。如出现变形异常现象,加密监测。

③ 当基坑挖深超过10 m时,每天监测2次。如出现异常,加密监测,并应连续监测。

④ 基础底板浇筑后7天内,每天监测2次。当超过报警值时,应根据具体情况及时调整监测时间间隔,加密监测频率,甚至跟踪监测。

⑤ 基础底板浇筑完毕7~14天内,每天监测1次。当超过报警值时,应根据具体情况及时调整监测时间间隔,加密监测频率,甚至跟踪监测。

⑥ 基础底板浇筑完毕14天后,每2天监测1次。当超过报警值时,应根据具体情况及时调整监测时间间隔,加密监测频率,甚至跟踪监测。

(5)报警界限值参考表6.22。

表6.22 报警界限值

监测内容	累计报警值	变化速率
墙顶水平位移	25 mm	±2 mm/d
墙顶竖向位移	20 mm	±2 mm/d
支撑轴力	承载能力设计值的70%	
围护桩深层水平位移	35 mm	±2 mm/d
土层深层变形	35 mm	±2 mm/d
地下水位	1 000 mm	500 mm/d
周边地表竖向位移	35 mm	±2 mm/d
立柱竖向位移	25 mm	±2 mm/d
周边道路沉降量	20 mm	±3 mm/d

注:当检测速率达到表中规定值,或者连续3天超过该值的70%时,应当报警。

6.4 澳门某取水泵房基坑工程

实例提示

人工岛基础是人工填筑的临时水上作业平台,能将水上基坑施工工艺转化为陆上施工工艺,方便基坑安全施工,同时也能有效解决一些基坑围护结构因无土而无法实施的困难。

6.4.1　工程概况

澳门某取水泵房位于海堤外侧,海堤内侧已填海成陆,地面高程约为 5.67 m(MCD,下同),周边海域泥面高程为 $-2.37\sim+1.02$ m,整体地形较为平缓,属于海岸平滩地貌。因建造取水泵房需要设置基坑围护进行干地施工,基坑平面呈矩形,长×宽为 23 m×27.83 m,范围约为 640.1 m^2,周长约为 101.7 m。坑底标高为 -11.25 m,局部加深处为 -17.20 m,位于海中。基坑深度以设计高水位计算,为 14.25 m,局部为 20.20 m。工程平面布置如图 6.35 所示。

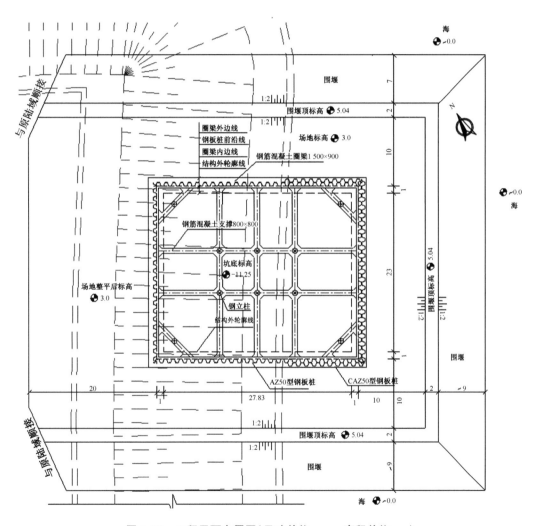

图 6.35　工程平面布置图(尺寸单位：mm;高程单位：m)

6.4.2　建设条件

1. 水文

根据潮位资料,设计高水位 3.00 m(高潮累积频率 10%),设计低水位 0.85 m(低潮累积频率 90%），极端高水位 4.54 m(25 年一遇高潮位)。设计波要素如表 6.23 所示。

表 6.23 设计波要素

方向	$H_{1\%}$/m	$H_{4\%}$/m	$H_{5\%}$/m	$H_{13\%}$/m	$\bar{H}$/m	$\bar{T}$/s	L/m
SE～ESE	1.28	1.15	1.12	1.0	0.72	5.4	31.6
S～SSE	1.28	1.15	1.12	1.0	0.72	6.5	39.4
SW～SSW	1.63	1.52	1.50	1.4	1.12	4.2	22.9
WSW～W	1.38	1.25	1.23	1.1	0.81	3.3	15.9
WNW～NW	1.17	1.04	1.02	0.9	0.63	3.3	15.9
NNW～N	1.06	0.93	0.91	0.8	0.55	3.0	13.5
NNE	1.06	0.93	0.91	0.8	0.55	2.7	11.2
NE	1.06	0.93	0.91	0.8	0.55	2.6	10.4

2. 工程地质

本工程所在土层为全新统和晚更新统松散堆积层，岩层为燕山期中细粒黑云母花岗岩。根据揭露的各土层地质时代、成因类型、埋藏深度、空间分布、发育规律、工程地质特征，可将地层划分为 5 个土层及其相应的亚层。根据地质勘察报告，基坑所在区域主要土层有杂填土层、淤泥层、①₂填砂层、②₁淤泥层、③₁粉质黏土层、③₂中粗砂层、③₂ₜ粉质黏土层。基坑围护设计岩土参数如表 6.24 所示。

表 6.24 基坑围护设计岩土参数

序号	土层名称	重度 γ/(kN·m⁻³)	黏聚力 c/kPa	内摩擦角 φ/(°)
1	杂填土层	18.0	0.0	28.0
2	淤泥层	17.0	12.0	10.20
3	①₂填砂层	19.5	1.0	36.70
4	②₁淤泥层	17.0	12.0	10.20
5	③₁粉质黏土层	18.8	23.10	12.70
6	③₂中粗砂层	19.5	2.0	34.40
7	③₂ₜ粉质黏土层	18.4	18.50	13.0

3. 周边环境

基坑东南侧为海域，泥面高度约为 0.00 m。基坑西北侧为现状海堤，陆域标高约为 5.67 m。根据现场调查的实际情况、施工需求以及岸坡稳定的需要，设计对基坑周边荷载取值要求如下：基坑外 10 m 范围内地面荷载控制在 20 kPa 以内。

6.4.3　围护结构选型

1. 工程等级

该基坑开挖深度达到 14.25 m,局部为 20.20 m,根据临水深基坑安全等级确定标准,基坑开挖深度大于 10 m,因此本工程基坑安全等级定为一级。

2. 设计总体思路

(1)本工程在近岸地区施工取水泵房地下结构,泵房结构埋深深,总体施工方法若选择预制结构,则吊装或浮运均难以实施;若选择沉井方式,则因泵房结构不规则、局部存在加深而难以实施,因此,选用合适的基坑围护形式,形成干施工条件是较为合理的方案。

(2)从地质、环境角度分析,本工程位于海中,基坑深度非常深,若采用水上板式围护结构,一旦结构局部渗漏水,由于水压大、水源补给丰富,不易补救,技术风险大。另外,由于所处海域水深相对较浅,船舶类施工设备无法长时间停留施工,且受场地条件限制,还缺陆上施工场地。因此,设计考虑采用人工岛基础板式围护结构形式。

3. 围护方案选择

基坑围护形式的选择,需要根据基坑深度、结构类型、水文条件、工程地质、场地条件、使用要求、施工工艺等确定,选用技术成熟、方便施工、造价合理、符合环保要求的方案。根据总体设计思路,采用人工岛基础板式围护结构形式。在此基础上,结合本工程基坑占地面积小、基坑深度大(14.25 m)、位于海中、易受波浪及潮流等多种不可预见性因素影响等特点,考虑对在人工岛基础上常用的 SMW 工法桩＋内支撑、钻孔灌注桩＋内支撑和 AZ/CAZ 型钢板桩＋内支撑 3 种围护结构形式进行比选,主要的对比结论见表 6.25。

表 6.25　　　　　　　　　　围护结构形式比选

比较项目	围护结构		
	SMW 工法桩＋内支撑	钻孔灌注桩＋内支撑	AZ/CAZ 型钢板桩＋内支撑
围护效果	刚度一般,变形一般	刚度大,变形小	刚度较大,变形较小
对建筑物的影响	有一定影响	影响小	影响较大
适用深度	不宜大于 15 m	适用深度大	适用深度较大
对地层的适用性	适用于软土,碎石土施工有困难	适用于各种土层	适用于软土,碎石土施工有困难
内支撑使用形式	需要内支撑	需要内支撑	需要内支撑
对机具设备要求	需要搅拌桩机具	需要钻孔桩机具	需要板桩沉桩机具
施工速度	施工速度较快	施工速度一般	施工速度快
围护结构造价	型钢可回收,造价较高	造价高	钢板桩可回收,造价较低

综合对比来看,考虑工程安全、经济、施工效率等因素,AZ/CAZ 型钢板桩＋内支撑安

全有保障,施工速度快,工程造价低,因此,本基坑工程的围护桩宜采用人工岛基础上的 AZ/CAZ 型钢板桩+内支撑方案。

6.4.4　围护结构方案确定

鉴于工程所处海域水深小,人工岛基础采用围堰形式,在工程造价、工期、施工操作可行性和方便性等方面均有着明显优势。先在外海侧设置围堰,回填成陆域,形成干地施工条件。围堰顶标高 4.5 m,顶宽 2 m,底标高约 0.0 m。在围堰顶面设置防浪墙,墙顶标高 5.04 m。围堰采用砂被堤结构,护面采用 150～200 kg 抛埋块石,内部采用大砂袋填充。

基坑开挖深度为 14.25 m 处(浅坑),围护结构采用"AZ 型钢板桩+4 道内支撑"方案,剖面见图 6.36;基坑局部开挖深度为 20.2 m 处(深坑),基坑围护结构采用"CAZ 型钢板桩+7 道内支撑"方案。

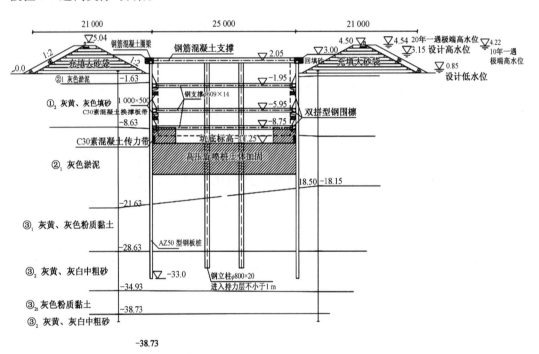

图 6.36　人工岛基础上的板式围护基坑方案剖面图(尺寸单位: mm;高程单位: m)

钢板桩围护墙采用 AZ/CAZ 型钢板桩,在桩锁扣内涂刷防水材料。内支撑体系由 1 道钢筋混凝土+4 道钢支撑组成,采用对撑加角撑的布置形式,主支撑间距一般为 5.50 m,局部深坑处另增设 3 道钢支撑。为快速有效形成人工岛,采用冲填大砂袋作围堰,待围堰形成后再吹砂形成人工岛;为保证整个基坑的整体性,第一道支撑、圈梁采用钢筋混凝土结构;为增强围堰止水效果,在围堰体内设防渗土工膜;为提高坑底下土体的土抗力而减少钢板桩围护墙的变形,在坑内采用格栅形旋喷桩进行地基加固,浅坑加固体深度为 5 m,深坑加固体深度为 4 m,置换率约 60%。具体的围护方案参数如表 6.26 所示。

表 6.26   基坑围护方案参数

围护方案参数	开挖深度 14.25 m	局部开挖深度 20.20 m
围护体系	AZ50 型钢板桩＋4 道内支撑	CAZ50 型钢板桩＋7 道内支撑
围护结构	AZ 型钢板桩,单宽 580 mm,桩长 35 m	CAZ 型钢板桩,单宽 1160 mm,桩长 43 m
支撑体系	4 道内支撑,支撑平面布置形式为对撑＋角撑;第一道为钢筋混凝土支撑,支撑截面尺寸为 800 mm×800 mm(宽×高),支撑中心线高程为 2.05 m;第二～四道支撑为 φ609 mm×14 mm 钢支撑,支撑中心线高程分别为－1.95 m,－5.95 m,－8.75 m	7 道内支撑,支撑平面布置形式为对撑＋角撑;第一道为钢筋混凝土支撑,支撑截面尺寸为 800 mm×800 mm(宽×高),支撑中心线高程为 2.05 m;第二～四道支撑为 φ609 mm×14 mm 钢支撑,支撑中心线高程分别为－1.95 m,－5.95 m,－8.75 m;第五～七道支撑为 φ609 mm×14 mm 钢支撑对撑,支撑中心线高程分别为－10.75 m,－13.20 m,－15.20 m
围檩结构	圈梁采用钢筋混凝土结构,尺寸为 1 500 mm×1 000 mm(宽×高);围檩采用双拼型钢围檩,型号为 H700×300×13×24	圈梁采用钢筋混凝土结构,尺寸为 1 500 mm×1 000 mm(宽×高);围檩采用双拼型钢围檩,型号为 H700×300×13×24
立柱体系	钢立柱	钢立柱
坑底加固	坑底采用旋喷桩满堂加固,桩底标高－16.25 m	坑底采用旋喷桩满堂加固,桩底标高－21.2 m

6.4.5　围护结构计算

1. 计算内容及方法

基坑围护结构的计算内容包括板桩的内力与变形、各道支撑内力、基坑稳定性计算等。

板桩结构的内力及变形计算采用竖向弹性地基梁法,淤泥的黏聚力值和内摩擦角值均采用勘察资料提供的固结快剪峰值指标乘以 0.75 折减,其余土的黏聚力值、内摩擦角值均采用勘察资料提供的固结快剪峰值指标。围护墙变形、内力计算和各项稳定性验算均采用水土分算。在支撑体系的计算中,将支撑与围檩作为整体,按平面杆系进行内力、变形分析。地面超载按实际情况考虑,计算时取 20 kPa。

2. 计算结果

(1) 围护钢板桩最大弯矩设计值：379.3 kN·m。

(2) 围护墙体最大变形：37.8 mm。

(3) 最大支撑轴力设计值：675.8 kN(第三道撑)。

(4) 围护结构断面整体稳定性、抗倾覆稳定性、抗隆起稳定性及外坡的整体稳定性均满足相关要求(表 6.27)。

表 6.27   **基坑围护计算结果汇总表(浅坑)**

	计算内容	计算结果
基坑稳定安全系数	整体稳定性	2.27
	抗倾覆稳定性	1.22
	坑底抗隆起稳定性	2.37
	墙底抗隆起稳定性	18.2
	渗流稳定性	2.94
板桩结构内力计算	最大正弯矩 $M_{max}/(kN \cdot m \cdot m^{-1})$	379.3
	最大负弯矩 $M_{min}/(kN \cdot m \cdot m^{-1})$	−338.0
	最大正剪力 $Q_{max}/(kN \cdot m^{-1})$	189.5
	最大负剪力 $Q_{min}/(kN \cdot m^{-1})$	−304.6
	最大位移 S_{max}/mm	37.8
	第一道支撑力 $N_{max}/(kN \cdot m^{-1})$	132.0
	第二道支撑力 $N_{max}/(kN \cdot m^{-1})$	320.2
	第三道支撑力 $N_{max}/(kN \cdot m^{-1})$	675.8
	第四道支撑力 $N_{max}/(kN \cdot m^{-1})$	501.5

6.4.6 主要施工技术

(1) 人工岛采用冲填大砂袋作围堰,待围堰形成后再吹砂形成人工岛基础。

(2) 围护钢板桩施工。钢板桩采用的热轧 AZ 型钢板桩和热轧 CAZ 型钢板桩,小锁口打入,以起到咬合防水作用。钢板桩锁口必须采取有效的防渗止水措施,止水材料的灌注高度不得少于锁口高度的 3/4,并要灌注均匀,无漏灌点,采用陆上打入施工工艺。钢板桩的搭设应采用屏风法顺序施工,不得跳跃间隔进行,以保证钢板桩完整连接。转角处钢板桩应根据实测角度和尺寸切割、焊接支座相应的异形钢板桩,且转角桩和定位桩宜比原设计桩长加 2.0 m。

(3) 坑内加固土旋喷桩施工。基坑加固的旋喷桩桩径 0.80 m,间距 0.65 m,满堂布置。施工工艺均采用二重管法施工,设计桩身的 28 天无侧限抗压强度为 1.2 MPa,90 天无侧限抗压强度为 1.5 MPa。水泥掺入量不小于 25%,水灰比控制在 0.8~1.2,并加入减水剂。

6.4.7 质量检测及基坑监测

1. 质量检测

(1) 桩基。采用低应变动测法检测桩身完整性,检测数量不少于总数的 10%,且不得少于 3 根。当根据低应变动测法判定的桩身缺陷可能影响桩的水平承载力时,应采用钻芯法补充检测,检测数量不少于总数的 2%,且不少于 3 根。

（2）钢筋混凝土圈梁、支撑。当对钢筋混凝土支撑等施工质量有怀疑时,宜采用超声波探伤等非破损方法检测,检测数量根据现场情况确定。

（3）其他。所使用的原材料及成品应符合有关标准的要求,进场前应按有关标准进行质量检查。原材料计量、混凝土强度、钢筋焊接质量等按现行标准进行检查验收和签证。

2. 基坑监测

（1）围护结构施工和基坑开挖过程中应对围护结构、周边道路、地下水等进行环境监测,监测数据须及时反馈,进行信息化施工。

（2）监测应由具有专业资质的单位实施,监测方案实施前应通报设计单位和管线单位进行协调。

（3）监测内容及布设要求:

① 围护墙顶水平位移及竖向位移(A1)监测点,在基坑两侧布置,间隔不大于 20 m。

② 支撑轴力(A2)监测点宜设置在杆件中部,每道支撑布置间隔不大于 30 m 且每个开挖段不少于 2 个。

③ 围护桩深层水平位移(测斜)或土体深层水平位移(A3)监测点,在基坑两侧布置,间隔不大于 30 m,宜设置在每个开挖段中间,长度较围护桩深 1.0 m。

④ 坑外地下水位(潜水)(B1)监测点,在基坑两侧布置,间隔不大于 50 m。

⑤ 周边地表竖向位移(B2)监测点,在基坑两侧布置,间隔不大于 30 m,宜设置在每个开挖段中间。

（4）监测频率:

① 从围护施工开始至土方开挖前:影响明显时 1 次/天,不明显时 1~2 次/周。

② 从基坑开始开挖到结构底板浇筑完成后 3 天:1 次/天。

③ 结构底板浇筑完成后 3 天到地下结构施工完成:在各道支撑拆除完成后 3 天为 1 次/天,其他时间为 2 次/周。

（5）报警界限值参考表 6.28。

表 6.28　报警界限值

序号	监测内容	累计报警值	变化速率
A1	墙顶水平位移	40 mm	±4 mm/d
	墙顶竖向位移	30 mm	±3 mm/d
A2	支撑轴力	承载能力设计值的 70%	
A3	围护桩深层水平位移	40 mm	±5 mm/d
	土层深层变形	40 mm	±5 mm/d
B1	地下水位	1 000 mm	500 mm/d
B2	周边地表竖向位移	50 mm	±5 mm/d

注:当检测速率达到表中规定值,或者连续 3 天超过该值的 70% 时,应当报警。

6.5　上海某内河船闸基坑工程

实例提示

　　对于城市建成区,临水深基坑工程设计往往限制条件较多,施工场地局促,并需要兼顾对周边环境的影响。

　　上海某内河船闸工程位于城市内河航道之中,整体为狭长形工程,两面临水。基坑工程围护结构根据不同分区及开挖深度选择了 SMW 工法桩＋钻孔灌注桩的组合形式,并采用三轴搅拌桩作为截水帷幕。

6.5.1　工程概况

　　本新建船闸工程位于上海市浦东新区,场地现状地坪高程为 4.80 m,主体结构施工完成后平整场地至 5.00 m,北侧紧邻现有节制闸和一线船闸。本船闸工程外闸首底板底高程为 -7.60 m,内闸首底板底高程为 -7.20 m,闸室底板底高程为 -5.60 m,基坑开挖深度为 $10.4 \sim 12.4$ m。本工程闸首、闸室基坑面积合计 16 072 m^2。其中,内、外闸首基坑平面形状均为矩形,长 64.6 m,宽 35 m,基坑面积为 2 261 m^2;闸室基坑为狭长形基坑,总长 350 m,宽 33 m,基坑面积为 11 550 m^2。本工程位置及基坑总体布置如图 6.37 和图 6.38 所示。

图 6.37　工程位置示意图

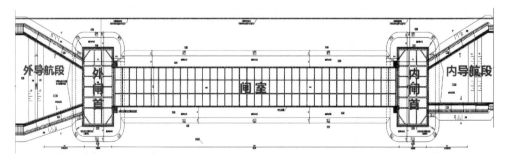

图 6.38　工程基坑平面布置图

6.5.2 建设条件

1. 水文

本工程所在河道西接黄浦江,其出口外河水文条件直接受黄浦江控制,工程处黄浦江的特征潮位:千年一遇高潮位 5.35 m(2003 标准),千年一遇高潮位 4.78 m(1984 标准),历史最低潮位 0.80 m,多年平均潮位 2.30 m,多年平均高潮位 3.00 m,多年平均低潮位 1.60 m。

本工程内河特征水位:规划最高控制水位 3.75 m,常水位 2.50~2.80 m,最低水位(预降水位)2.00 m。

外河侧最高通航水位 4.75 m,最低通航水位 1.3 m;内河侧最高通航水位 3.2 m,最低通航水位 2.0 m。

2. 工程地质

1) 地基土基本参数

本工程基坑开挖影响深度范围内土层为①$_1$层杂填土、①$_{1A}$层吹填土、①$_2$层浜土、②层粉质黏土、③层淤泥质粉质黏土、③$_夹$层黏质粉土、④层淤泥质黏土。其中,①$_1$层杂填土、①$_{1A}$层吹填土、①$_2$层浜土工程性质差,对基坑开挖极为不利,在基坑开挖围护过程中必须进行相应处理;②层粉质黏土,可塑状态,工程性质较好;③$_夹$层黏质粉土渗透性较强,在水力作用下极易产生流砂、管涌、坍塌等不利岩土现象,应做好降排水工作;③层淤泥质粉质黏土、④层淤泥质黏土为软土,具有流变触变特性,在基坑开挖时应尽量减小对其扰动。基坑围护设计岩土参数如表 6.29 所示。

表 6.29　基坑围护设计岩土参数

序号	土层名称	重度 $\gamma/(kN \cdot m^{-3})$	黏聚力 c/kPa	内摩擦角 $\varphi/(°)$
①$_3$	江滩土	18.3	4	27
②	粉质黏土	18.7	17	15
③	淤泥质粉质黏土	17.5	10	15
③$_夹$	黏质粉土	18.6	4	30
④	淤泥质黏土	16.8	9	10
⑤$_{1-1}$	黏土	17.4	12	12
⑤$_{1-2}$	粉质黏土夹粉土	17.8	13	12.5
⑤$_2$	砂质粉土夹粉质黏土	18.6	3	31
⑤$_3$	黏土	17.9	15	16
⑥	粉质黏土	19.3	41	15
⑦$_1$	砂质粉土	18.8	4	32

2) 地基土渗透性

根据室内试验、现场注水试验及工程经验,场地浅部影响基坑的各土层渗透性评价见表 6.30。

表 6.30　　　　　　　　　　　　　　各土层渗透系数汇总表

土层	土层渗透系数					渗透性评价	备注
	土工试验值		注水试验值	规范值	推荐值		
	K_V /(cm·s^{-1})	K_H /(cm·s^{-1})	K /(cm·s^{-1})	K /(cm·s^{-1})	K /(cm·s^{-1})		
①$_{1A}$	1.83×10^{-7}	3.25×10^{-7}		$(0.7\sim3.0)\times10^{-4}$	1×10^{-4}	弱透水	土层渗透性参考《工程地质手册》(第三版)有关内容进行评价: $K=1.16\times10^{-6}\sim 1.16\times10^{-5}$ cm/s 为微透水; $K=1.16\times10^{-5}\sim 1.16\times10^{-3}$ cm/s 为弱透水; $K=1.16\times10^{-3}\sim 1.16\times10^{-2}$ cm/s 为透水;
①$_3$	3.56×10^{-5}	5.03×10^{-5}	3.65×10^{-4}	$(0.6\sim2.0)\times10^{-4}$	2×10^{-4}	弱透水	
②	1.16×10^{-7}	1.64×10^{-7}	5.04×10^{-6}	$(2.0\sim5.0)\times10^{-6}$	2×10^{-6}	微透水	
③	1.28×10^{-7}	2.43×10^{-7}	5.15×10^{-5}	$(2.0\sim5.0)\times10^{-6}$	5×10^{-5}	弱透水	
③$_{夹}$	6.40×10^{-5}	1.75×10^{-4}	2.41×10^{-4}	$(0.6\sim2.0)\times10^{-4}$	2.4×10^{-4}	弱透水	
④	8.64×10^{-8}	1.16×10^{-7}	4.29×10^{-6}	$(2.0\sim4.0)\times10^{-7}$	4×10^{-6}	微透水	
⑤$_{1-1}$	2.95×10^{-7}	1.50×10^{-6}	6.12×10^{-6}	$(2.0\sim5.0)\times10^{-7}$	6×10^{-6}	微透水	
⑤$_{1-2}$	3.25×10^{-7}	1.18×10^{-6}	1.50×10^{-5}	$(2.0\sim5.0)\times10^{-6}$	1.5×10^{-5}	弱透水	
⑤$_2$	1.15×10^{-4}	2.63×10^{-4}	7.99×10^{-4}	$(2.0\sim6.0)\times10^{-4}$	8×10^{-4}	弱透水	
⑤$_3$	—	—	—	$(2.0\sim5.0)\times10^{-6}$	1.5×10^{-5}	弱透水	
⑥			2.55×10^{-6}	$(2.0\sim5.0)\times10^{-6}$	3×10^{-6}	微透水	
⑦$_1$			7.60×10^{-4}	$(2.0\sim6.0)\times10^{-4}$	8×10^{-4}	弱透水	

3) 地下水作用评价

场地地下水位较高且呈季节性变化,对基坑开挖有影响的是浅部土层中的孔隙潜水。

拟建场地分布有第⑤$_2$(局部)、⑦层承(微)压水含水层(局部连通),根据上海市工程建设规范《岩土工程勘察规范》(GBJ 08—37—2002)中第 11.3.3 条判别:基坑按最不利组合因素考虑,以最大深度 12.1 m、微承压水埋深 3.0 m 计算,基坑开挖面以下至承压水含水层顶板间覆盖土的自重压力 P_{cz} 与承压水压力 P_{wy} 比值大于 1.05,不会有基坑突涌的可能。

基坑开挖深度范围内为杂填土、黏性土及粉土,坑底处在③层相对隔水层中,主要采取坑内降水。对于拟建船闸,在开挖施工期间,由于其结构自重与上部覆土荷重总和小于地下水浮托力,故需要考虑开挖施工期的抗浮问题。

3. 周边环境

船闸基坑场地现状地坪高程为 4.80 m,主体结构施工完成后平整场地至 5.00 m,北侧紧邻现有节制闸和一线船闸。基坑边沿与北侧节制闸最小距离约 36 m,与南侧厂房、民房最小距离约 44 m。

6.5.3　围护结构选型

1. 工程等级

根据《基坑工程技术标准》(DG/TJ 08—61—2018)第 3.0.1 条,内、外闸首基坑开挖深度分别为 12.0 m 和 12.4 m,均超过 12 m,属于一级安全等级基坑工程;闸室基坑开挖深度为 10.4 m,属于二级安全等级基坑工程。

本工程内、外闸首以及闸室 2H(H 为基坑开挖深度)范围内均无重要环境保护对象,根据《基坑工程技术标准》(DG/TJ 08—61—2018)第 3.0.2 条,内、外闸首及闸室基坑工程环境保护等级为三级。

2. 设计总体思路

(1) 本工程北侧紧邻节制闸,距离河道水体近,显然不能直接大开挖,需要采用基坑围护结构进行干地施工。对于平面呈哑铃形的基坑,应当根据平面特征、开挖深度将基坑划分为三个独立基坑施工,率先施工两侧较深的闸首基坑,并保持闸首基坑两侧土体平衡,闸首完工后再开挖闸室侧土体。

(2) 围护结构方案考虑了地质条件、环境保护要求,针对闸首、闸室不同的开挖深度,分别选择合适的围护结构方案及止水防水措施。

3. 围护结构方案选择

1) 闸首

本工程内、外闸首基坑开挖深度分别为 12.0 m 和 12.4 m,对于上海软土地区,一般开挖 10 m 以上的基坑可采用地下连续墙、钻孔灌注桩、SMW 工法桩等作为围护结构。经比选,为有效控制变形,内、外闸首推荐采用刚度较大的灌注桩基坑围护结构形式。现状地面先以 1∶2.5 边坡放坡开挖至 3.0 m 高程,在 3.0 m 高程处设 10 m 宽平台,边坡及平台采用钢筋网喷面。围护墙采用 φ900 mm@1050 mm 钻孔灌注桩围护墙,桩长 26.6 m(内闸首:25.6 m),入土深度 16 m(内闸首:15.4 m);灌注桩后侧采用 3φ850 mm@600 mm 三轴搅拌桩(套打一孔)止水帷幕,桩长 22.6 m(内闸首:21.6 m),入土深度 12 m(内闸首:11.4 m)。基坑采用双道钢筋混凝土支撑,支撑平面布置形式为井字形对撑布置;第一道支撑截面尺寸为 700 mm×800 mm(宽×高),支撑中心线高程为 2.6 m;第二道支撑截面尺寸 1 000 mm×800 mm,支撑中心线高程为 -3.0 m(内闸首:-2.6 m)。墙前坑底采用三轴搅拌桩裙边加固,加固范围为坑底以下深 4 m、宽 5 m。

内、外闸首基坑断面见图 6.39 和图 6.40。

2) 闸室段

本工程闸室基坑开挖深度为 10.4 m,对于上海软土地区,一般开挖 10 m 左右的基坑可采用钻孔灌注桩围护、SMW 工法桩围护等方案。经多个方案比选,为加快施工速度、节省工程投资,闸室常规段采用 SMW 工法桩围护。现状地面先以 1∶2.5 边坡放坡开挖至 3.0 m 高程,在 3.0 m 高程处设 10 m 宽平台,边坡及平台采用钢筋网喷面。围护墙采用 SMW 工法围护桩[3φ850 mm@600 mm 三轴搅拌桩(套打一孔),H 型钢(700×300×13×24)插二跳一],桩长 20.4 m,入土深度 11.8 m。基坑采用双道支撑,首道支撑采用钢筋混凝土支撑,支撑截面尺寸为 700 mm×800 mm(宽×高),支撑中心线高程为 2.6 m,支撑间距 9 m;第二道支撑采用钢支撑,钢支撑型号为 φ609 mm,壁厚 16 mm,间距为 4.5 m。墙前坑底采用三轴搅拌桩裙边加固,加固范围为坑底以下 4 m 深、裙边宽 5 m。

闸室段基坑围护断面见图 6.41。

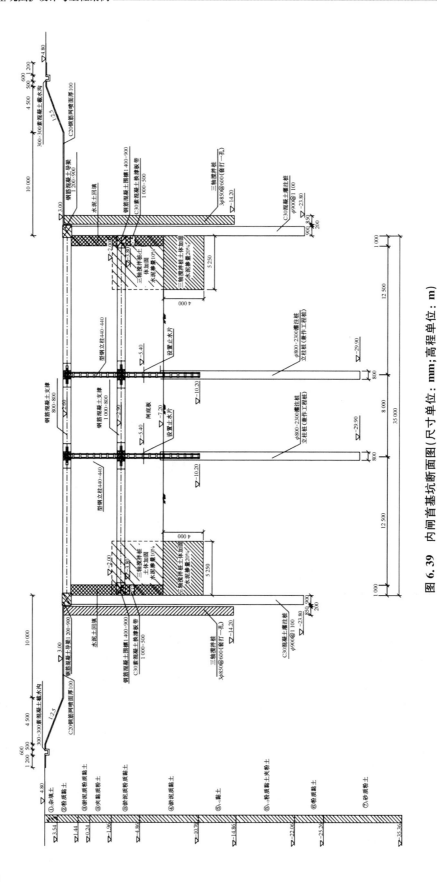

图 6.39 内闸首基坑断面图(尺寸单位:mm;高程单位:m)

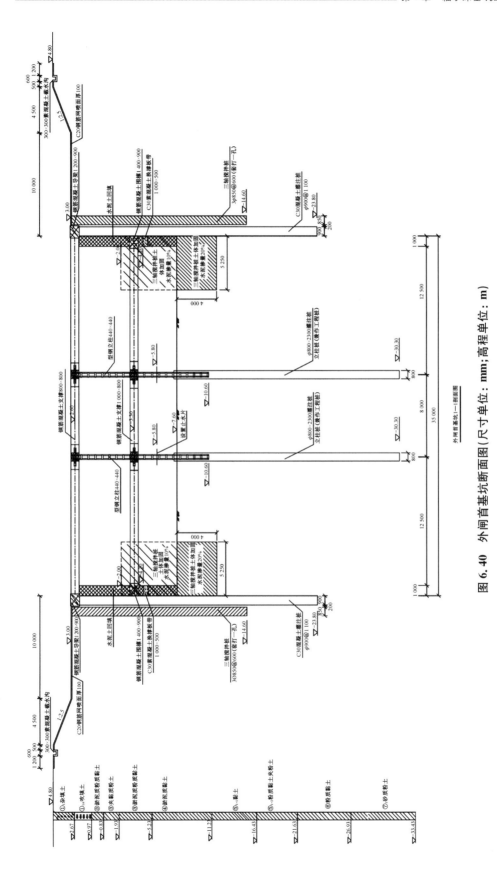

图 6.40　外闸首基坑断面图 (尺寸单位: mm; 高程单位: m)

197

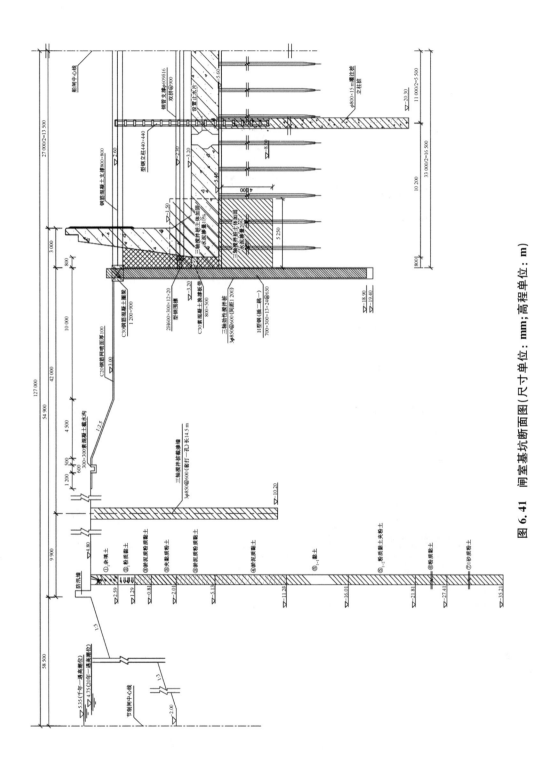

图 6.41 闸室基坑断面图(尺寸单位：mm；高程单位：m)

4. 临河侧止水帷幕

本基坑工程邻近河道,为截断河道与场地之间的水力联系,确保基坑有效降水及顺利开挖,在场地临河侧约 10 m 处,平行于河道岸线设置一道止水帷幕,止水帷幕采用 3ϕ850@600 三轴搅拌桩(套打一孔),桩长 15 m。

6.5.4　围护结构计算

1. 计算内容及方法

基坑围护结构的计算内容包括围护桩的内力与变形、各道支撑内力、基坑稳定性计算等。

基坑围护结构的内力及变形计算采用竖向弹性地基梁法,土的黏聚力值和内摩擦角值均采用固结快剪指标。围护墙变形、内力计算和各项稳定验算均采用水土分算,计算时地面超载取 20 kPa。在支撑体系的计算中,将支撑与围檩作为整体,按平面杆系进行内力、变形分析。

2. 计算结果

基坑围护主要计算结果见表 6.31—表 6.33。

表 6.31　　　　　　　　　　外闸首基坑围护计算结果汇总表

基坑部位	围护结构	计算内容		计算结果
外闸首基坑	开挖深度 12.4 m,围护结构采用 ϕ900@1 100 钻孔灌注桩	基坑稳定分项系数计算	整体稳定	2.07
			抗倾覆	2.07
			抗隆起	2.81
			抗管涌	2.65
		基坑围护结构内力及变形计算	最大正弯矩 M_{max}/(kN·m·m^{-1})	1 211.1
			最大负弯矩 M_{min}/(kN·m·m^{-1})	−590.5
			最大正剪力 Q_{max}/(kN·m^{-1})	365.4
			最大负剪力 Q_{min}/(kN·m^{-1})	−493.7
			最大位移 S_{max}/mm	35.3
			第一道支撑力 N_{max}/(kN·m^{-1})	274.9
			第二道支撑力 N_{max}/(kN·m^{-1})	603.3

表 6.32　　　　　　　　　　内闸首基坑围护计算结果汇总表

基坑部位	围护结构	计算内容		计算结果
内闸首基坑	开挖深度 12.0 m,围护结构采用 ϕ900@1 100 钻孔灌注桩	基坑稳定分项系数计算	整体稳定	2.14
			抗倾覆	2.13
			抗隆起	2.88
			抗管涌	3.71

（续表）

基坑部位	围护结构	计算内容		计算结果
内闸首基坑	开挖深度 12.0 m，围护结构采用 φ900@1100钻孔灌注桩	基坑围护结构内力及变形计算	最大正弯矩 M_{max}/(kN·m·m^{-1})	1 194.2
			最大负弯矩 M_{min}/(kN·m·m^{-1})	−669.3
			最大正剪力 Q_{max}/(kN·m^{-1})	350.9
			最大负剪力 Q_{min}/(kN·m^{-1})	−482.7
			最大位移 S_{max}/mm	32.5
			第一道支撑力 N_{max}/(kN·m^{-1})	245.3
			第二道支撑力 N_{max}/(kN·m^{-1})	569.8

表 6.33　　　　　闸室基坑围护计算结果汇总表

基坑部位	围护结构	计算内容		计算结果
闸室（常规段）基坑	开挖深度 10.4 m，围护结构采用SMW工法围护桩：3φ850@600三轴搅拌桩（套打一孔），H型钢（700×300×13×24）(插二跳一)	基坑稳定分项系数计算	整体稳定	1.73
			抗倾覆	1.44
			抗隆起	2.68
			抗管涌	4.23
		基坑围护结构内力及变形计算	最大正弯矩 M_{max}/(kN·m·m^{-1})	1 090.1
			最大负弯矩 M_{min}/(kN·m·m^{-1})	−468.7
			最大正剪力 Q_{max}/(kN·m^{-1})	337.3
			最大负剪力 Q_{min}/(kN·m^{-1})	−583.4
			最大位移 S_{max}/mm	23.2
			第一道支撑力 N_{max}/(kN·m^{-1})	151.4
			第二道支撑力 N_{max}/(kN·m^{-1})	434.8

6.5.5　施工总体安排

为了保证内、外闸首及闸室的施工安全，两导航段之间的施工段按基坑围护区域细化成三块相对独立的区域进行施工，分别包含内、外闸首独立基坑和中部闸室基坑。由于内、外闸首基坑开挖较深，施工过程中要求闸室段基坑及内、外引航道段分别邻近闸首处土方最后开挖，确保内、外闸首四周基坑安全稳定。工程总体施工安排如下：

（1）场地平整，内、外闸首及闸室和内、外导航段施工工程桩、围护墙、立柱桩、坑内坑外加固等；闸首、闸室基坑部位开挖至高程 3.0 m，做坡面钢筋网喷面，浇筑导梁及第一道支撑。

（2）内、外闸首及闸室段分层向下开挖土方，逐道施工支撑。

（3）内、外闸首开挖土方到基底，及时浇筑垫层及底板；闸室分段开挖土方。

（4）内、外闸首换撑后拆除第二道支撑，向上浇筑主体结构至第一道支撑下方；闸室继续分段开挖土方到基底，及时浇筑垫层及底板。

（5）在闸首墩墙与围护墙之间回填水泥土，同步对称开挖导航段和闸室两侧土方至高程 1.00(0.50)m，拆除闸首两侧闸墩范围上方第一道支撑，保留闸首基坑内通航孔 27 m 范围内第一道支撑。

（6）拆除内、外导航段挡墙底板范围内围护灌注桩至高程 1.0(0.5)m，浇筑导航段底板，同步对称开挖导航段、闸室土方至闸室第二道支撑高程位置，拆除闸首剩余的第一道支撑，拆除闸室、导航段范围内的灌注桩围护墙至高程 −2.70 m，闸室施工完成第二道支撑。

（7）开挖闸室与导航段基坑土方至基底，继续拆除闸室、导航段范围内的围护墙至基底高程，及时浇筑完成闸室底板，施工导航段护坦和闸首上部结构。

（8）闸室换撑后拆除第二道支撑，浇筑闸室墙至高程 1.7 m，拆除闸室第一道支撑，浇筑上部结构直至完成。

图 6.42 为基坑工程施工过程实景图。

图 6.42　基坑工程施工过程实景图

6.5.6　基坑监测

1. 监测内容

本工程内、外闸首及闸室段施工采取基坑围护，工程施工期间必须进行必要的工程监测。根据相关规范要求，并结合本工程周边环境保护要求，对基坑自身及周边建(构)筑物监测主要项目如下：①围护顶部变形监测；②围护结构侧向位移监测；③支撑轴力监测；④基坑内、外地下水位监测；⑤地表沉降监测；⑥周边建(构)筑物沉降及水平位移监测。

2. 监测点布置要求

（1）围护墙顶部变形监测。围护墙顶部水平位移和垂直位移监测点应为共用点，并布置在压顶上，监测点间距不大于 15 m。

（2）围护结构测斜。监测点布置间距不大于 30 m，监测点布置深度与围护墙入土深度相同。

（3）围护墙侧向土压力监测。监测点平面布置间距不大于 30 m，监测点垂直间距为 3 m。

（4）围护墙内力监测。监测点平面布置间距不大于 30 m，监测点垂直向布置在支撑点等弯矩较大处，间距为 3～5 m。

（5）圈梁及围檩内力监测。监测点布置间距不大于 30 m，布置在弯矩较大处，垂直方向上监测点的位置保持一致。

（6）支撑轴力监测。每间隔一道支撑布置一个支撑轴力计，监测点布置在支撑内力较大、受力较复杂的支撑上。

（7）坑内立柱垂直位移监测。监测点优先选择基坑中部、多道支撑交汇处、施工栈桥下等位置。不同结构类型的立柱宜分别布点，监测点不少于总立柱桩数的 20%。

（8）基坑内、外地下水位监测。坑外水位监测点间距不小于 30 m，监测点宜布置在搅拌桩搭接处、转角处；坑内水位监测点布置在相邻降水井近中间部位，基坑四个角点及各边中点均需布置观测点。

（9）土体深层侧向位移监测。监测点布置间距不大于 30 m，监测点布置深度大于 2.5 倍基坑开挖深度。

（10）坑底隆起（回弹）监测。监测点按剖面布置在基坑中部，剖面间距 30 m。

（11）地表沉降监测。监测点宜按剖面垂直于基坑边布置，间距不小于 30 m。

（12）周边建（构）筑物沉降及水平位移监测。对周边保留的建（构）筑物布置沉降及水平位移监测点，监测点宜布置在建（构）筑物角点处。

3. 监测点频率及报警值

（1）监测频率。根据工况合理安排监测时间间隔，做到既经济又安全。根据以往同类工程的经验，监测频率见表 6.34。

（2）报警指标。监测报警指标一般以总变化量和变化速率两个量控制，累计变化量的报警指标一般不宜超过设计限值。本工程报警指标根据有关要求确定，见表 6.35。

表 6.34　　　　　　　　　　　主体结构施工期间监测频率

监测内容	监 测 频 率					
	基坑抽水	沉桩及地基处理	基坑降水	基坑工程开挖	底板浇筑后	基坑回填后
围护顶部变形监测	—	—	—	1 次/d	2 次/周	1 次/周
围护结构侧向位移监测	—	—	—	1 次/d	2 次/周	1 次/周
围护墙侧向土压力监测	—	—	—	1 次/d	2 次/周	1 次/周

（续表）

监测内容	监测频率					
	基坑抽水	沉桩及地基处理	基坑降水	基坑工程开挖	底板浇筑后	基坑回填后
围护墙内力监测	—	—	—	1次/d	2次/周	1次/周
圈梁及围檩内力监测	—	—	—	1次/d	2次/周	1次/周
支撑轴力监测	—	—	—	1次/d	2次/周	1次/周
立柱沉降监测	—	—	—	1次/d	2次/周	1次/周
坑内、外地下水位监测	—	—	1次/2 d	1次/d	2次/周	1次/周
土体深层侧向位移监测	—	—	—	1次/d	2次/周	1次/周
坑底隆起（回弹）监测	—	—	—	1次/d	2次/周	1次/周
周边地表沉降监测	1次/d	2次/周	1次/2 d	1次/d	2次/周	1次/周
周边建（构）筑物沉降及水平位移监测	1次/d	2次/周	1次/2 d	1次/d	2次/周	1次/周

表 6.35　　　　　　　　　　　　　主体结构施工期间报警指标列表

项　　目	报　警　指　标
围护顶部变形监测	累计 30 mm，3 mm/d
围护结构侧向位移监测	累计 30 mm，3 mm/d
支撑轴力监测	大于设计值的 80%
立柱沉降监测	累计 15 mm，2 mm/d
周边土体沉降位移监测	累计 50 mm，3 mm/d
地下水位监测	日变化 500 mm
建（构）筑物变形监测	累计 30 mm，3 mm/d

6.6　上海某泵闸基坑工程

实例提示

　　围堰是保证水闸、泵站等水工建筑物干地施工的主要临时措施,当在城区中施工该类水工建筑物面临复杂的周边环境时,与其他结构方案组合或许能更好地解决施工中所面临的问题。

　　上海某泵闸工程,位于城市内河之中,两面临水,一面临陆,一面紧邻现状通航船闸。为尽量减小对周边环境影响及节省工程投资,施工采用围堰+基坑围护组合方案,即在河道中直接临水二面采用传统的施工围堰,不临水两侧采用钻孔灌注桩围护+对撑,围堰与围护之间的过渡段采用双排灌注桩悬臂式结构。

6.6.1 工程概况

本工程位于上海市闵行区,是一座排涝泵闸,泵站设计流量为 90 m³/s,节制闸闸孔净宽 24 m,底坎高程−1.40 m。河道两侧现有护岸结构,地势较为平坦,北侧地面标高平均 4.5 m,南侧隔离岛地面标高 3.8 m 左右,河道内现状泥面高程为−1.0 m 左右。本泵闸工程基坑顺水流方向长约 230 m(两侧围堰内坡脚线距离),垂直于水流方向宽约 80 m(围护结构外缘距离),基坑周长约 620 m,基坑总面积约 1.84 万 m²。基坑工程整体开挖深度为 6.10~12.10 m,其中站身闸首段基坑挖深为 8.98~12.10 m。本工程位置见图 6.43。

图 6.43　工程位置示意图

6.6.2 建设条件

1. 水文

本工程所在泵闸枢纽外河特征水位:由于泵闸枢纽距离黄浦江较远,枢纽外河特征水位与河口潮位存在一定差值,根据闸下游及河口水位的实测资料,采用水动力数学模型分析推演,结果表明,闸外各频率高潮位比河口值高 0.14 m 左右,其特征水位为防汛高潮位 5.70 m,平均高潮位 3.12 m,平均低潮位 1.44 m,历史最低潮位 0.45 m。

本工程所在泵闸枢纽内河特征水位:规划除涝最高水位 3.50 m,常水位 2.50~2.70 m,规划控制最低水位 1.80 m。

2. 工程地质

工程区为滨海平原地貌,本场地自地表至 40.0 m 深度范围内所揭露的土层均为第四纪松散沉积物,按其成因可分为 7 层,由上至下依次为

第①层,填土,普遍分布,以杂色黏性土为主,表层夹有碎石、植物根据等杂物,层厚 1~2.8 m。

第②层,褐黄~灰黄色粉质黏土,在本场区遍布,层厚 1.5~3.0 m,状态可塑,中等压缩性,上海地区俗称浅层的"硬土壳",是天然地基的良好持力层。

第③₁ 层,灰色淤泥质黏土层,层面埋深 6.0~9.3 m,层厚 1.5~4.0 m,土质较软,本层也夹较多薄层砂质粉土,属高压缩性、高灵敏度和低强度土。

第④₂ 层,灰色黏质粉土,局部区域可见。

第⑤₁ₐ 层,灰色黏土,第⑤₁ᵦ 层,灰色粉质黏土,状态软塑,高压缩性,土质一般。

第⑤₂ 层,灰色黏质粉土,在本场地东面淀浦河北岸分布,层厚不匀,土质较上部第⑤₁ᵦ 层好,稍密。

第⑥层,暗绿色粉质黏土,层面埋深约 26.0 m,平均层厚 3.0 m(局部为 2 m),可塑,中等压缩性。

第⑦₁ 层,草黄色砂质粉土,层面埋深约 29.0 m,平均层厚 2.0 m,状态中密,但该层层厚较薄。

第⑦₂ 层,草黄色粉砂,层面埋深约 31 m。

基坑围护设计岩土参数如表 6.36 所示。

表 6.36　　　　　　　　　　基坑围护设计岩土参数

序号	土层名称	重度 γ /(kN·m^{-3})	黏聚力 c /kPa	内摩擦角 φ /(°)	渗透系数建议值 K /(cm·s^{-1})
②	粉质黏土层	18.5	20	18	5×10^6
③₁	淤泥质粉质黏土夹砂质粉土层	17.8	10	21.5	8×10^5
④₁	淤泥质黏土层	16.8	13	12.5	1×10^5
④₂ₐ	黏质粉土层	16.8	6	26	2×10^4
④₂ᵦ	砂质粉土层	16.8	5	26.5	3×10^4
⑤₁	粉质黏土层	17.8	15	15.5	3×10^6
⑤₂	黏质粉土层	18.4	5	26.5	2.5×10^4
⑥	粉质黏土层	19.4	37	18	2×10^6
⑦₁ₐ	黏质粉土层	18.6	5	33	2.5×10^4
⑦₁ᵦ	砂质粉土层	18.6	4	32	5.0×10^4
⑦₂	粉砂层	18.6	1	34	9×10^4

3. 周边环境

排涝泵闸基坑北侧现状地面标高 4.5 m 左右,有 2011 年建成的 $\phi1\,400$ mm 的原水管

通过,与基坑最近距离为 14.3 m。排涝泵闸基坑的南侧为现状枢纽的隔离岛,隔离岛宽约 17 m,现状地面高程约为 3.8 m。隔离岛南侧(船闸侧)闸首护岸结构为拉锚板桩结构,锚碇板距离闸首板桩墙迎水面约 10.1 m。隔离岛北侧(节制闸侧)护岸为斜坡式结构。在本工程施工期间,南侧船闸要保持运行。根据相关规范要求,经综合考虑,确定基坑工程的环境保护等级为一级。

6.6.3 围护结构选型

1. 工程等级

排涝泵闸的基坑最大开挖深度为 12.1 m,根据《基坑工程技术标准》(DG/TJ 08—61—2018),本工程基坑安全等级为一级。

排涝泵闸基坑北侧有 ϕ1 400 mm 的原水管通过,最近距离为 14.3 m;与南侧现状运行船闸距离约 17 m,根据《基坑工程技术标准》(DG/TJ 08—61—2018),基坑工程的环境保护等级为一级。

2. 设计总体思路

(1) 该工程是在河道中新建排涝泵闸,首选采用围堰截流形成干地施工条件,但由于垂直于水流方向的泵闸两侧受现状船闸及管线限制无法放坡开挖,需考虑基坑围护结构。

(2) 垂直于水流方向的泵站和水闸之间最大高差达 4.45 m,因此,水闸与泵站之间的基坑围护设计要考虑深浅坑之间的衔接。

(3) 开敞式基坑端部结构尽量考虑永临结合形式,同时要注意止水结构的封闭。

3. 围护方案选择

本基坑开挖深度为 6.1~12.1 m,对于上海软土地区,一般开挖 10 m 以上的基坑可采用地下连续墙、钻孔灌注桩、SMW 工法桩等方案作为围护结构。根据主体工程布置(主体结构采用闸+泵的非对称布置),水闸布置在南侧,泵站布置在北侧,经综合比选,考虑安全性、经济性、施工可操作性、周围施工空间大小及施工对周围环境影响等方面因素,本基坑采用刚度较大的钻孔灌注桩基坑围护结构形式。该工法在上海软土地区有大量成熟的工程经验,钻孔灌注桩刚度大、控制变形能力强,结合外侧的水泥土搅拌桩止水,能够满足本基坑的环境保护要求。本工程基坑平面布置及纵剖面见图 6.44 和图 6.45。

1) 站身(闸首)段

如图 6.46 中 1—1 剖面所示,站身(闸首)段基坑最大开挖深度为 12.1 m。围护结构采用 ϕ950 mm@1 150 mm 钻孔灌注排桩结合三道水平支撑的围护结构形式。站身侧钻孔灌注桩长 25 m,入土深度为 15.35 m;水闸侧钻孔灌注桩长 20 m,入土深度为 14.05 m。桩顶高程为 2.05 m,桩顶设 1 200 mm×1 000 mm 的 C30 钢筋混凝土冠梁,冠梁顶标高为 3.0 m,站身侧 3.0 m 以上采用 1:2 放坡开挖。第一道支撑采用 1 000 mm×800 mm 钢筋混凝土支撑,中心标高为 2.5 m;第二道支撑采用 ϕ609 mm×16 mm 的钢管支撑,钢管中心标高为 -0.5 m;站身的第三道支撑(中心标高 -3.25 m)采用 ϕ609 mm×16 mm 的钢管支撑,一端支撑在水闸底板上,一端支撑在围护结构灌注桩上。灌注桩后方设 ϕ850 mm 三轴搅拌桩止水帷幕,考虑到降承压水的需要,需伸入不透水层一定的深度,泵

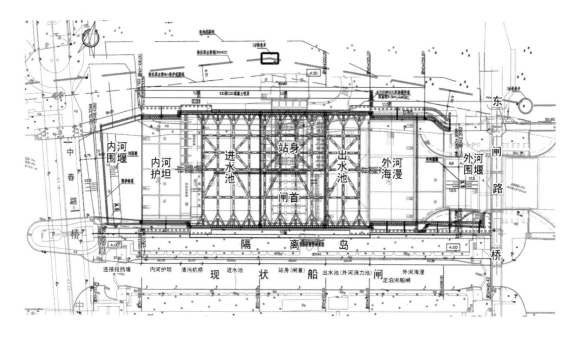

图 6.44　工程基坑平面布置示意图

站侧三轴搅拌桩桩长定为 23.0 m,水闸侧为 19.5 m。三轴搅拌桩采用套接一孔法施工,灌注桩和搅拌桩之间的空隙采用压密注浆进行加固。基坑站身和闸首存在最大 3.8 m 高差,因此,考虑在站身和闸首之间设置 ϕ850 mm@1 050 mm 钢筋混凝土灌注桩一道,桩长 15 m,在桩后设置 ϕ850 mm 三轴搅拌桩止水帷幕。

2—2 剖面最大开挖深度为 8.98 m。围护结构采用 ϕ950 mm@1 050 mm 钻孔灌注排桩结合两道水平支撑的围护结构形式,钻孔灌注排桩外面设置止水帷幕。站身钻孔灌注桩长 20 m,入土深度为 13.47 m;水闸侧钻孔灌注桩长 20 m,入土深度为 14.65 m。桩顶高程为 2.05 m,桩顶设 1 200 mm×1 000 mm 的 C30 钢筋混凝土冠梁,冠梁顶标高为 3.0 m。3.0 m 高程以上同 1—1 剖面。在坑内设置两道支撑,具体同 1—1 剖面。灌注桩后面止水帷幕的设置也同 1—1 剖面。站身和闸首之间高差较小,为 1.18 m,结合坑内加固,采用重力式搅拌桩围护结构。

2) 进、出水池段

进水池段基坑结构见 3—3 剖面,最大开挖深度为 11.95 m。围护结构采用 ϕ950 mm@1 150 mm 钻孔灌注排桩结合三道水平支撑(第一道支撑为钢筋混凝土支撑,第二、三道为钢管支撑,支撑的规格、标高同 1—1 剖面)的围护结构形式。站身侧钻孔灌注桩长 25 m,入土深度为 15.4 m;水闸侧钻孔灌注桩长 18 m,入土深度为 13.15 m;桩顶高程及 3.0 m 高程以上放坡开挖同 1—1 剖面。灌注桩后方止水帷幕的设置同 1—1 剖面。站身和闸首存在最大 3.85 m 高差,考虑在站身和闸首之间设置直径 850 mm@1 050 mm 钢筋混凝土灌注桩一道,桩长 15 m,在桩后设置 ϕ850 mm 三轴搅拌桩止水帷幕。

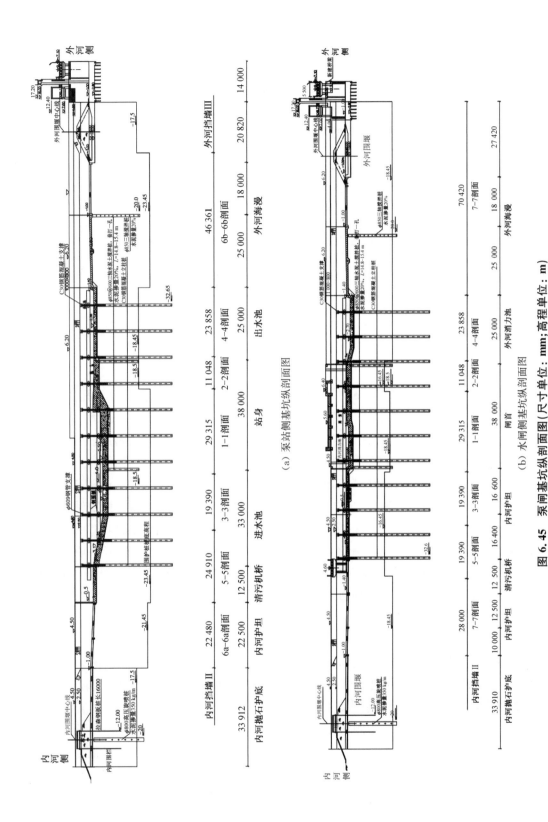

图 6.45 泵闸基坑纵剖面图（尺寸单位：mm；高程单位：m）

（a）泵站侧基坑纵剖面图

（b）水闸侧基坑纵剖面图

进水池段基坑结构见 4—4 剖面,最大开挖深度为 8.28 m。围护结构采用 φ950 mm @1 150 mm 钻孔灌注排桩结合二道水平支撑的围护结构形式。围护形式及灌注桩后方止水帷幕的设置同 1—1 剖面。站身侧钻孔灌注桩长 20 m,入土深度为 14.17 m;水闸侧钻孔灌注桩长 20 m,入土深度为 13.95 m;桩顶高程及 3.0 m 高程以上放坡开挖同 1—1 剖面。

4—4 剖面为带支撑的围护结构向不带支撑的围护结构的过渡段,由于本工程基坑为狭长状,端部易发生变形,影响基坑安全,故在不带支撑的结构相连接处增设 φ950 mm@ 2 300 mm 钻孔灌注排桩一排,两排桩排距为 3.95 m,桩顶高程为 2.05 m,在桩顶设置 5 100 mm×1 000 mm 的 C30 钢筋混凝土冠梁。

3) 内河护坦和外河海漫段

对于内河护坦和外河海漫部位北侧基坑围护,现场场地较为开阔,基坑开挖深度相对较小,最大开挖深度为 7.0~7.7 m。考虑采用双排灌注桩永临结合的围护结构。根据开挖深度及止水帷幕的不同,分为 6a—6a 剖面(用于内河护坦侧)和 6b—6b 剖面(用于外河海漫侧)两种。双排灌注桩永临结合的围护结构采用 φ950 mm 的双排灌注桩结构,桩长 23 m(6b—6b 剖面为 25 m)。前排灌注桩间距为 1 150 mm,后排灌注桩间距为 2 300 mm,在两排灌注桩之间设置三轴搅拌桩止水帷幕,深 17.5 m(6b—6b 剖面为 22.5 m)。灌注桩桩顶设 6 950 mm×1 000 mm 钢筋混凝土冠梁,冠梁顶标高为 2.5 m。 6a—6a 剖面 2.5 m 平台处设置 4.85 m 宽平台,6b—6b 剖面由于靠近徐泾原水管线,2.5 m 平台处不设平台。6a—6a 剖面、6b—6b 剖面 2.5 m 以上采用 1∶2 和 1∶1.5 放坡开挖。

对于内河护坦和外河海漫部位南侧基坑围护,基坑开挖深度相对也较小,为 6.2 m。如 7—7 剖面,考虑采用 φ950 mm 的双排灌注桩结构,桩长 20 m。前排灌注桩间距为 1 150 mm,后排灌注桩间距为 2 300 mm,在两排灌注桩之间设置三轴搅拌桩止水帷幕,深 22.5 m。灌注桩桩顶设 6 250 mm×1 000 mm 钢筋混凝土冠梁,冠梁顶标高为 2.5 m。 2.5 m 和 3.8 m 高程之间设置两排桩进行挡土,第一排为 φ300 mm 的密排树根桩,第二排为 φ600 mm 的钻孔灌注桩,间距为 2 400 mm。灌注桩主要承担三轴搅拌桩施工时的机械荷载。两排桩顶设置 2 460 mm×600 mm 的 C30 钢筋混凝土冠梁。

本工程基坑各典型剖面见图 6.46。

4. 临水侧围堰(围护)

根据施工方案的总体布置,在排涝泵闸上、下游侧均需填筑临时围堰。原老节制闸施工期间暂时保留,施工时,老节制闸封闭闸门,作为外河第一道临水侧围护结构使用,可以挡较高的水位。在排涝泵闸水下结构工程完工并和原防汛墙形成完整防汛封闭体系后,再拆除部分老节制闸结构。

外河侧围堰:如图 6.47 所示,采用两级挡水方式。第一级利用老闸挡水,第二级新建常规堆土围堰。由于原老闸结构基本良好,水闸闸门封闭后,仅在闸门内侧原消力池处布置二级挡水围堰,阻挡闸门渗漏水,并保证老闸闸首内外河水位差不宜过大。在二级挡水围堰与老闸之间布置水泵抽排积水,控制水位在 2.8 m 以内。围堰结构采用堆土结构,顶高程取 3.3 m,两侧边坡坡度为 1∶2,边坡及堤顶采用袋装土护面。

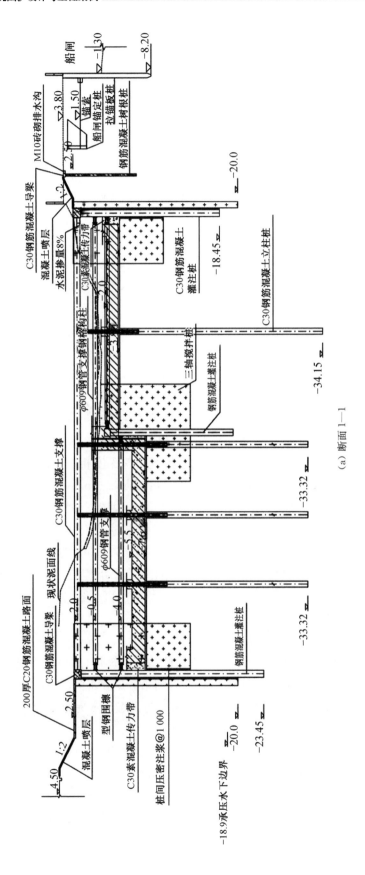

(a) 断面 1—1

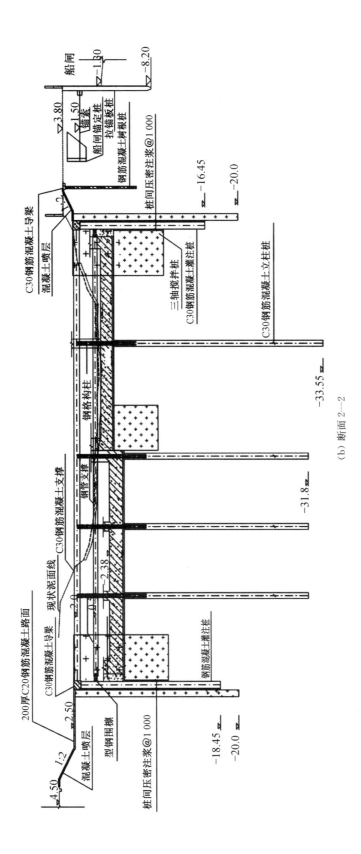

（b）断面 2—2

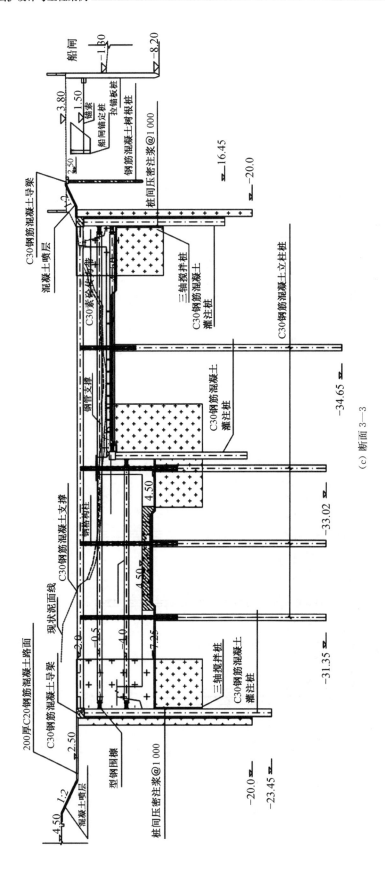

(c) 断面 3—3

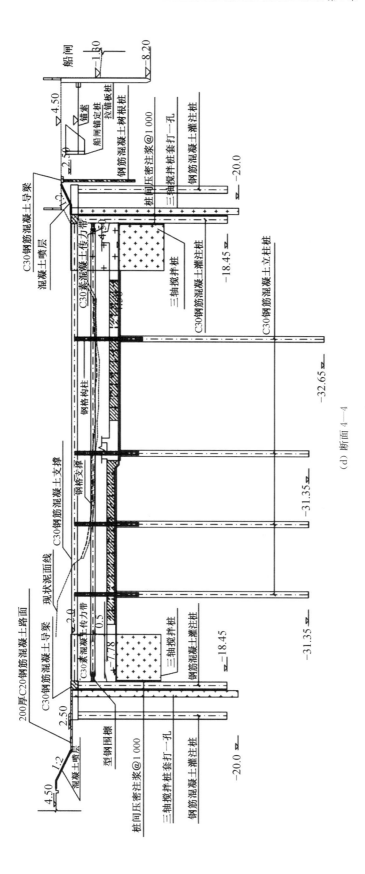

（d）断面 4—4

213

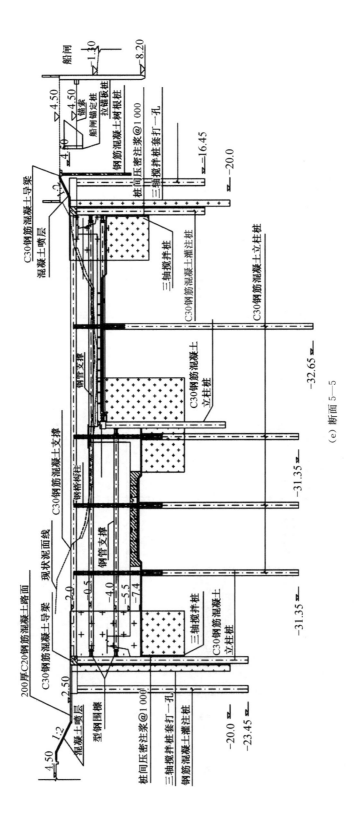

(e) 断面 5—5

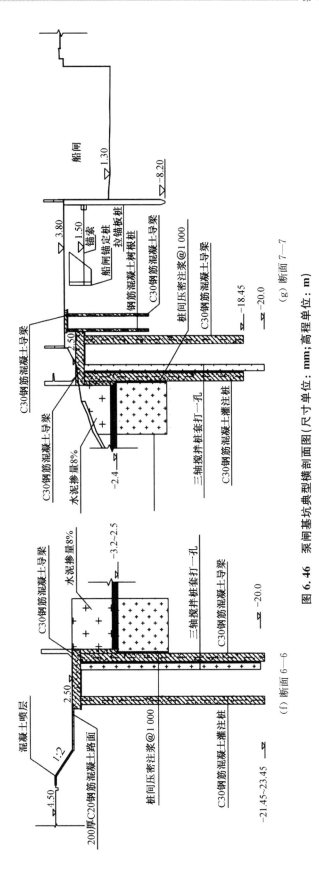

（f）断面 6—6

（g）断面 7—7

图 6.46　泵闸基坑典型横剖面图（尺寸单位：mm；高程单位：m）

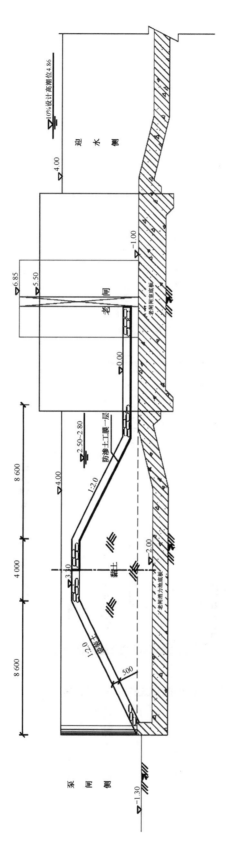

图 6.47 泵闸外河侧围堰断面图 (尺寸单位：mm；高程单位：m)

内河侧围堰：根据《水利水电工程施工组织设计规范》（SL 303—2017），本工程施工期围堰可确定为四级建筑物，挡水水位取闸内高水位 3.5 m，考虑安全超高，围堰顶高程取 4.0 m。如图 6.48 所示，围堰采用双排钢板桩结构，顶宽考虑两岸临时交通需要，取 6.0 m。围堰临水侧在 2.0 m 高程处设置填土棱体，棱体顶宽 2 m，外坡 1∶2.5，坡面采用袋装土护坡，围堰基坑侧在 2.0 m 高程处设置袋装土棱体，棱体顶宽 2 m，边坡取 1∶1.5。

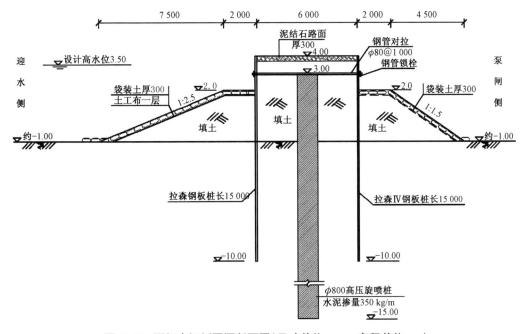

图 6.48　泵闸内河侧围堰断面图（尺寸单位：mm；高程单位：m）

5．基坑加固等措施

由于本基坑工程位于河道中，上、下游采用围堰，河岸两侧采用围护结构且有深浅坑，基坑也未形成封闭体系，同时周边环境保护要求较高，因此，此基坑受力相对比较复杂，需要采取必要的加固等措施。

（1）栈桥加固处理。由于隔离岛处有船闸锚碇结构，若施工通道直接设置在隔离岛上会影响船闸锚碇结构的安全，为形成环路的施工通道，需要建设栈桥体系，故在隔离岛侧围护桩后面增设钻孔灌注桩一道，两道桩桩顶设置 5 100 mm×1 000 mm 的钢筋混凝土冠梁，土方车在冠梁上行走。

（2）保护船闸加固。为尽量减小围护结构施工对船闸的影响，在围护结构施工前先施工一道 ϕ300 mm 的密排树根桩，树根桩长 10 m。另外，由于三轴搅拌桩的设备较重，为防止施工时三轴搅拌桩设备对锚碇结构产生不利的影响，在树根桩后侧再设置 ϕ600 mm 的钻孔灌注桩一排，桩长 25 m，三轴搅拌桩施工机械荷载由灌注桩来承担。两排桩顶设置 2 300 mm×600 mm 的 C30 钢筋混凝土圈梁，圈梁顶标高为 3.8 m。

（3）过渡段加固。对于带支撑的围护结构与围堰之间存在的不带支撑的过渡段，考虑到采用单排板桩不带支撑易发生变形，不利于基坑安全，因此，在不带支撑的结构相连接处增设钻孔灌注排桩一排,形成双排灌注桩悬臂式结构,上部采用钢筋混凝土冠梁与前排桩连接。

（4）深浅坑间的衔接处理。泵站坑深与水闸坑深存在达 4.45 m 的高差,若采用放坡开挖的形式,则水闸闸室基础将大部分坐落在回填土上,不利于稳定和沉降控制,且会对闸室侧基坑围护结构产生不利影响,因此,在深浅坑之间设置灌注桩围护墙,并设置三轴搅拌桩止水帷幕。泵站的第三道支撑一端支撑在后浇筑水闸底板上,一端支撑在围护结构灌注桩上。

6.6.4 围护结构计算

1. 计算内容及方法

本工程陆域侧围护结构采用上海市标准《基坑工程设计标准》(DG/TJ 08—61—2018)进行计算。临水侧围护结构采用《堤防工程设计规范》(GB 50286—2013)进行临水侧围护结构抗滑移和渗流稳定性计算。

基坑围护结构的计算内容包括围护桩的内力与变形、各道支撑内力、基坑稳定性计算等。

基坑围护结构的内力及变形计算采用竖向弹性地基梁法,土的黏聚力值和内摩擦角值均采用固结快剪指标,围护墙变形、内力计算和各项稳定验算均采用水土分算。在支撑体系的计算中,将支撑与围檩作为整体,按平面杆系采用有限元法进行内力、变形分析。

临水侧的围堰(围护)采用土围堰结构和双排钢板桩结构,采用《堤防工程设计规范》(GB 50286—2013)进行抗滑移和渗流稳定性计算。

2. 计算结果

1) 围护结构

基坑围护主要计算成果见表 6.37。

表 6.37　　　　　　　　　　　　基坑围护计算结果

计算项目	计算值									
	1—1 剖面		2—2 剖面		3—3 剖面		4—4 剖面		5—5 剖面	
	北	南	北	南	北	南	北	南	北	南
整体稳定性	2.03	2.3	2.35	2.49	1.89	2.99	2.56	2.21	3.56	2.15
坑底抗隆起	2.61	2.91	3.27	3.17	2.46	4.51	3.58	2.79	4.51	2.79
墙底抗隆起	3.98	3.05	2.97	3.16	3.98	14.76	3.09	2.99	19.41	3.11
抗倾覆	1.54	2.04	2.24	2.26	1.28	4.01	2.52	1.94	2.72	1.62
抗渗流	4.62	5.36	5.92	5.98	4.14	6.01	6.64	5.09	5.44	5.77
抗突涌	1.16	1.48	1.38	1.53	1.16	1.52	1.43	1.46	1.45	1.53
水平位移/mm	9.1 ǀ 8.8*	6.7	9.3 ǀ 9.7*	6.1	7.8 ǀ 6.8*	7.9	8.7	7.1	8.1	5.7
弯矩/(kN·m)	638 ǀ 602.6*	432.8	560.2 ǀ 607.9*	371.1	489.4 ǀ 462.5*	457.3	533.1	465.4	413.9	293.8
剪力/kN	551.4 ǀ 536.6*	246.6	313.8 ǀ 329.9*	221.8	482 ǀ 469.3*	244.9	292.4	258.5	260.9	208.1
地表沉降/mm	12.1	8.8	12.5	7.9	12.2	10.6	11.2	9.3	8.6	9.0

注: 表中带 * 的数据表示在拆撑过程中围护结构的位移和内力值。

2）支撑体系

计算采用同济启明星软件 BSC4.1,计算结果如下：

第一道支撑的最大位移（水平面）为 2.4 mm,支撑的最大轴力为 1 292 kN,支撑的最大弯矩为 1 405 kN·m。

第二道支撑的最大轴力为 1 162 kN,第二道支撑的最大位移为 10.9 mm,第二道支撑的最大弯矩为 1 179 kN·m,第二道支撑的最小钢管稳定性为 5.173。

第三道支撑的最大轴力为 2 805 kN,第三道支撑的最大位移为 15.7 mm,第三道支撑的最大弯矩为 2 913 kN·m,第三道支撑的最小钢管稳定性为 2.722。

3）围堰（围护）

围堰抗滑移边坡稳定性计算采用北京理正边坡稳定计算软件,渗流稳定性计算采用北京理正渗流稳定计算软件,主要计算结果见表 6.38。

表 6.38　　　　　　　　　　施工期临时围堰稳定计算结果

围堰断面	计算工况	水位组合/m		抗滑稳定安全系数	单宽流量 q /($m^3 \cdot d^{-1} \cdot m$)	渗透坡降
		外河侧	基坑侧			
外河围堰	施工期内坡	2.8	−1.0	1.152	0.244	0.058
	施工期外坡	2.8	−1.0	1.230		
内河围堰	施工期内坡	3.5	−1.0	1.243	0.085	0.031
	施工期外坡	3.5	−1.0	1.266		

6.6.5　施工总体安排

根据本工程特点,可将施工区域划分为三个区块,如图 6.49 所示。三个区块总体施工进度安排为Ⅰ区→Ⅱ区→Ⅲ区(可并行施工)。

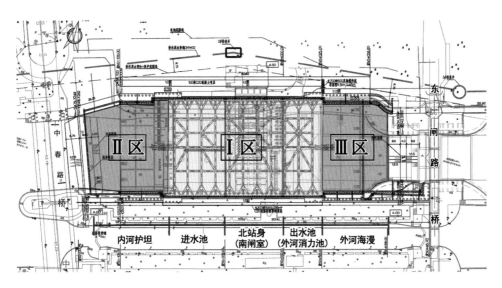

图 6.49　基坑工程施工总体筹划示意图

Ⅰ区集中了泵站(水闸闸室)、进水池、出水池(外河消力池)等结构,汇集了泵闸工程中大部分钢筋混凝土结构工程,所需施工工期较长,需最先安排施工。Ⅰ区内部根据结构重要性及各部位的开挖深度,按闸室→泵站→进水池、出水池(外河消力池)的顺序进行施工。

Ⅱ区为内河海漫段。两侧的围护结构为双排灌注桩悬臂式结构,该区域施工时需加强护砌结构跟进速度,减少基坑暴露时间,减小基坑的变形,并加强监测。Ⅱ区施工顺序由站身(闸首)侧往内河方向进行。

Ⅲ区为外河海漫段。两侧的围护结构为双排灌注桩悬臂式结构,该区域施工时需加强护砌结构跟进速度,减少基坑暴露时间,减小基坑的变形,并加强监测。Ⅲ区施工顺序由站身(闸首)侧往外河方向进行。

图 6.50 为基坑工程施工过程实景图。

图 6.50　基坑工程施工过程实景图

6.6.6　基坑监测

1. 监测内容

基坑工程施工期间须进行必要的工程监测。根据相关规范要求,并结合本工程周边环境保护要求,对基坑自身及周边建(构)筑物监测主要项目如下:①围护顶部变形监测;②围护结构侧向位移监测;③支撑轴力监测;④基坑内、外地下水位监测;⑤地表沉降剖面监测;⑥周边建(构)筑物沉降及水平位移监测。

2. 监测频率

根据关规范要求及以往同类工程经验,合理安排监测时间间隔,做到既经济又安全,拟定监测频率见表 6.39。

表 6.39　　　　　　　　　　基坑主体结构施工期间监测频率

监测内容	监 测 频 率					
	基坑抽水	沉桩及地基处理	基坑降水	基坑工程开挖	底板浇筑后	基坑回填后
围护顶部变形监测	—	—	—	1 次/d	2 次/周	1 次/周
围护结构侧向位移监测	—	—	—	1 次/d	2 次/周	1 次/周
支撑轴力监测	—	—	—	1 次/d	2 次/周	1 次/周
立柱沉降监测	—	—	—	1 次/d	2 次/周	1 次/周
坑内外地下水位监测	—	—	1 次/2 d	1 次/d	2 次/周	1 次/周
周边地表沉降监测	1 次/d	2 次/周	1 次/2 d	1 次/d	2 次/周	1 次/周
周边建(构)筑物沉降及水平位移监测	1 次/d	2 次/周	1 次/2 d	1 次/d	2 次/周	1 次/周

3. 监测报警指标

监测报警指标一般以总变化量和变化速率两个量控制,累计变化量的报警指标一般不宜超过设计限值,根据相关要求,本工程监测拟定报警指标见表 6.40。

表 6.40　　　　　　　　　　基坑主体结构施工期间报警指标

项　　目	报　警　指　标
围护顶部变形监测	累计 30 mm,3 mm/d
围护结构侧向位移监测	累计 30 mm,3 mm/d
支撑轴力监测	大于设计值的 80%
立柱沉降监测	累计 15 mm,2 mm/d
周边土体沉降位移监测	累计 50 mm,3 mm/d
地下水位监测	日变化 500 mm
建(构)筑物变形监测	累计 30 mm,3 mm/d

参考文献

［1］ Sunirmai B. Design charts for double-walled cofferdam[J]. Journal of Geotechnical 1993, 119(2): 214-222.

［2］ Lefas I D, Georgiannou V N. Analysis of a cofferdam support and design implications[J]. Computers and Structures, 2001, 79: 2461-2469.

［3］ Noh J, Lee S, Kim J S, et al. Numerical modeling of flow and scouring around a cofferdam[J]. Journal of Hydro-environment Research, 2012, 6(4):299-309.

［4］ Xu F, Li S C, Zhang Q Q, et al. Analysis and design implications on stability of cofferdam subjected to water wave action[J]. Marine Geotechnology, 2016, 34(2):181-187.

［5］ 胡黎明,濮家骝. 施工及运行期三峡二期围堰防渗墙有限元分析[J]. 清华大学学报,2001,41(54): 240-243.

［6］ 杜闯,丁红岩,张浦阳,等. 钢板桩围堰有限元分析[J]. 岩土工程学报,2014,36(S2):159-164.

［7］ 孔德森,吴燕开. 基坑支护工程[M]. 北京:冶金工业出版社. 2012.

［8］ 熊智彪. 建筑基坑支护[M]. 北京:中国建筑工业出版社,2013.

［9］ 顾宽海,张逸帆. 软土地基中格形地下连续墙护岸前沿土体加固参数研究[J]. 水运工程,2018(4): 134-139.

［10］ 丁勇春,顾宽海,程泽坤,等. 船坞坞口水上基坑力学性状数值分析[J]. 水运工程,2013(10):34-39.

［11］ 李森平,汤涛. 水上独立基坑施工关键技术[J]. 水运工程,2009(10):169-173.

［12］ 顾宽海,刘家才,张逸帆. 某邮轮码头后沿深厚抛石地基中的临水基坑设计[J]. 水运工程,2018 (10):71-76,107.

［13］ 马海龙,张永利. 某深基坑工程事故分析[J]. 四川建筑,2002,22(3):63-64.

［14］ 张旷成,李继民. 杭州地铁湘湖站"08.11.15"基坑坍塌事故分析[J]. 岩土工程学报,2010,32(S1): 338-342.

［15］ 肖晓春,袁金荣,朱雁飞. 新加坡地铁环线 C824 标段失事原因分析(二)围护体系设计中的错误 [J]. 现代隧道技术,2010,47(1):22-34.

［16］ 肖晓春,袁金荣,朱雁飞. 新加坡地铁环线 C824 标段失事原因分析(三)反分析的瑕疵与施工监测 不力[J]. 现代隧道技术,2009,46(6):22-28.

［17］ 上海轨道交通 4 号线工程事故原因查明[J]. 岩石力学与工程学报,2004(1):30.

［18］ 刘伟,邱敬舒. 上海临港新城滨海旅游项目设计研究[J]. 中国人口·资源与环境,2014,24(S3): 235-237.

［19］ 钱洪华,梁黎明,薛松辉. 上海临港新城港区及其航行和靠离泊作业[J]. 中国航海,2014,37(3):

95-99.

[20] 屠怡倩.上海临港新城滴水湖站交通枢纽工程给排水与消防系统设计及关键技术探讨[J].中国市政工程,2014(3):32-34,102.

[21] 姜豪.上海临港新城标准厂房的建筑设计[J].上海建设科技,2014(3):30-32.

[22] 马凤.上海临港新城开发对土地利用及生态系统服务价值影响研究[D].上海:华东师范大学,2012.

[23] 陈万逸.上海临港新城围垦区土地利用动态分析和湿地生态修复评价[D].上海:华东师范大学,2012.

[24] 孟李美.上海临港新城产业发展模式研究[J].科技和产业,2010,10(6):6-9.

[25] 刘宗仁.基坑工程[M].哈尔滨:哈尔滨工业大学出版社,2008.

[26] 赵明华.基础工程[M].北京:高等教育出版社,2003.

[27] 孙文怀.基础工程设计与地基处理[M].北京:中国建材工业出版社,1999.

[28] 黄向平,刘家才,顾宽海.塑性混凝土咬合桩在临海基坑工程中的应用[J].水运工程,2018(6):252-256.

[29] 顾宽海,程泽坤.某船厂船坞设计关键技术[J].中国港湾建设,2014(2):22-28.

[30] 叶上扬,刘术俭,顾宽海,等.深厚软基上澳门机场护岸设计技术[J].水运工程,2020(5):6-12.

[31] 马海龙.土力学[M].杭州:浙江大学出版社,2014.

[32] 李镜培,梁发云,赵春风.土力学[M].北京:高等教育出版社,2015.

[33] 马海龙,马宇飞.饱和软土中深基坑主动土压力实测研究[J].工程勘察,2016,44(2):7-12.

[34] 张永波,孙新忠.基坑降水工程[M].北京:中国建筑工业出版社,1998.

[35] 龚晓南.深基坑工程设计施工手册[M].北京:中国建筑工业出版社,1998.

[36] 龚晓南,高有潮.深基坑工程设计施工手册[M].北京:中国建筑出版社,1998.

[37] 李光明.在临水砂层地质条件下的深基坑施工技术[J].建筑施工,2012,34(6):518-519,522.

[38] 中华人民共和国住房和城乡建设部.建筑基坑工程监测技术规范:GB 50497—2019[S].北京:中国计划出版社,2020.

[39] 中华人民共和国住房和城乡建设部.建筑变形测量规范:JGJ 8—2016[S].北京:中国建筑工业出版社,2016.

[40] 华东建筑设计研究院有限公司,上海建工集团股份有限公司.基坑工程技术标准:DG/TJ 08—61—2018[S].上海:同济大学出版社,2018.

[41] 浙江省建筑设计研究院,浙江大学.建筑基坑工程技术规程:DB33/T 1096—2014[S].杭州:浙江工商大学出版社,2014.

[42] 中华人民共和国住房和城乡建设部.建筑基坑支护技术规程:JGJ 120—2012[S].北京:中国建筑工业出版社,2012.

[43] 中华人民共和国住房和城乡建设部.海堤工程设计规范:GB/T 51015—2014[S].北京:中国计划出版社,2015.

[44] 刘国彬,王卫东.基坑工程手册[M].2版.北京:中国建筑工业出版社,2009.

[45] 赵善利.三维动画技术在水利工程设计中的应用——评《软土水利基坑工程的设计与应用》[J].人民黄河,2019,41(9):175-176.

[46] 于文华,田利勇,司鹏飞,等.软土承载桩地基土水平抗力比例系数取值研究[J].人民黄河,2021,43(S2):125-127.

[47] 司鹏飞.临水基坑围护结构的变形控制措施研究[J].人民黄河,2020,42(S2):152-154.

[48] 司鹏飞,孙陆军,田利勇.临水距离对基坑围护受力变形特性的影响研究[J].人民黄河,2020,42(S1):92-94.

[49] 司鹏飞,田利勇,张雨剑,等.双排钢板桩围堰变形特性研究[J].水运工程,2020(6):172-176,187.

[50] 谢立全,张佳灵,张海涛,等.双排板桩堤施工过程的数值模拟与设计优化[J].辽宁工程技术大学学报(自然科学版),2011,30(S1):101-104.

[51] 王杰,谢立全,秦少华,等.板桩墙水平承载机理的细观模拟[J].山东建筑大学学报,2011,26(S6):25-27.

[52] 丁勇春,杭建忠,顾群,等.水上基坑围护结构方案设计与分析[J].岩土工程学报,2012,34(7):1560-1564.

[53] 杨建学,侯伟生,郑陈旻,等.冲孔咬合桩在某邻海深基坑围护中的工程应用[J].岩土工程学报,2010,32(S1):207-209.

[54] 赵遵华.冲孔咬合灌注桩在滨海深基坑支护体系中的应用[J].福建建筑,2009,(11):75-76,132.

[55] 杨志伟,王新.软土地区某临水条形深基坑支护设计分析[J].施工技术,2014,43(S1):50-52.

[56] 曹信红,王涛,卢静.承台临水深基坑支护结构的设计计算[J].公路,2005(10):17-21.

[57] 程泽坤,顾宽海.水上抗风浪基坑围护结构:CN202610816U[P].2012-12-19.

[58] 顾宽海,杨闽中,于志强.一种基坑围护型的沉箱码头结构:CN204530612U[P].2015-08-05.

[59] 顾宽海,齐明柱,徐升.一种设有双壁围护墙的高桩码头结构:CN204530613U[P].2015-08-05.

[60] 顾宽海,杭建忠,唐照评,等.一种设有单排围护板桩的高桩码头结构:CN204703119U[P].2015-10-14.

[61] 钟梅华,汤涛,孙伟明,等.水上基坑旋喷桩止水帷幕施工工艺:CN101289852[P].2008-10-22.

[62] 钟梅华,汤涛,孙伟明,等.水上基坑水下护坡施工方法:CN101289860[P].2008-10-22.

[63] 杨建学,侯伟生,郑陈旻,等.冲孔咬合桩在某邻海深基坑围护中的工程应用[J].岩土工程学报,2010,32(S1):207-209.

[64] 赵遵华.冲孔咬合灌注桩在滨海深基坑支护体系中的应用[J].福建建筑,2009(11):75-76,132.

[65] 李森平,汤涛.水上独立基坑施工关键技术[J].水运工程,2009(10):169-173.

[66] 顾宽海,张逸帆.软土基坑开挖中坑底加固优化设计方法[C].《工业建筑》2018年全国学术年会论文集(上册),2018:228-232,222.

[67] 秦爱芳,李永圃,陈有亮.上海地区基坑工程中的土体注浆加固研究[J].土木工程学报,2000,33(1):69-72.

[68] 黄宏伟,魏磊,张平云.坑内加固对围护结构侧向位移影响的实测分析[J].大坝观测与土工测试,2000,24(4):28-30.

[69] 沈伟跃,赵锡宏.基坑土层局部加固对减小支护结构位移的效果分析[J].勘察科学技术,1996(1):8-11.

[70] 张健超,孔祥荣,陈克明.浅析坑底加固对基坑稳定性的作用[J].建筑施工,2009,31(6):438-439.

[71] 蒋建平.被动区土体加固范围对整个深基坑的影响[J].建筑科学与工程学报,2012(4):96-105.

[72] 熊春宝,高鹏,田力耘,等.不同坑底加固方式对深基坑变形影响的研究[J].建筑技术,2015,46(6):486-490.

[73] 刘雪珠,张艳书,顾蒙娜,等.坑底加固置换率对杭州地铁湘湖站深基坑安全的影响分析[J].岩土工程学报,2016,38(S2):136-142.

[74] 钟梅华,汤涛,孙伟明,等.水上基坑桩基施工方法:CN101289861[P].2008-10-22.

[75] 钟梅华,汤涛,孙伟明,等.水上基坑支撑围檩施工方法:CN101289862[P].2008-10-22.

[76] 钟梅华,汤涛,孙伟明,等.水上基坑拆除施工工艺:CN101289867[P].2008-10-22.

[77] 钟梅华,汤涛,孙伟明,等.水上基坑降水取土施工方法:CN101555692[P].2009-10-14.

[78] 郑春雷.水利水下护坡施工技术探析[J].科技创新与应用,2014(18):170.

[79] 王龙华.何巷分洪闸施工期基坑稳定性分析[J].安徽水利水电职业技术学院学报,2003(3):20-23.

[80] 余建平,吴留伟,吴蕾.紧邻曹娥江堤脚某泵站深基坑围护方案研究[J].浙江水利科技,2021,49(2):33-37,46.

[81] 杨勋,邓清树,刘翔.居甫渡水电站导流与防洪度汛[J].云南水力发电,2009,25(4):66-68,86.

[82] 安钢,平有洪,李开敏.居甫渡水电站中期导流优化[J].云南水力发电,2009,25(4):55-57.

[83] 李树巍,徐剑,严斌.钱塘江北岸深基坑工程对城市防洪堤的影响分析[J].水电能源科学,2011,29(2):93-95.

[84] 王南江,王旭华,耿雪飞.台儿庄泵站工程基坑支护边坡稳定研究[J].小水电,2009(4):88-90.

[85] 杨凤梅,叶至盛.在建地铁项目防汛措施探讨[J].山西建筑,2021,47(18):133-135.

[86] 刘闯.在建工程对堤防度汛影响分析及工程措施[J].珠江水运,2021(1):59-60.

[87] 李文杏.长洲水利枢纽工程施工期防洪度汛[J].红水河,2009,28(6):96-99.